高等职业教育“十二五”规划教材
中国高等职业技术教育研究会推荐
高等职业教育精品课程

互换性与测量

杨好学　周文超　主编

国防工业出版社
·北京·

内容简介

本书为国家示范性高职院校课程改革成果，采用最新的国家标准，介绍新国家标准的规定及应用。其内容包括绪论、极限与配合、测量技术基础、几何公差、表面粗糙度、普通结合件的互换性、典型零件的公差与测量。本书配有"职业导航"、"教学导航"、"知识轮廓树形图"、"知识梳理与总结"等内容，还附有相关的公差表格、思考题与习题，以便于教学及读者学习相关知识与技能。

根据目前高职高专教学改革的特点、市场人才的知识需求和生产一线的需要，本书对传统内容进行了大刀阔斧的精简。将尺寸链并入极限与配合；将光滑极限量规并入测量技术基础；将滚动轴承、圆锥、键与花键、螺纹、齿轮等结合件的公差组合为普通结合件的互换性。增加典型零件的公差与测量一章，突出了高职高专的应用性。同时利用一个综合实例贯穿全书的所有章节，目的是对典型零件的合格性有一个整体的理解。

本书可作为高职高专院校机械类各专业的教学用书，也可供其他相关专业以及有关工程技术人员参考。

图书在版编目(CIP)数据

互换性与测量/杨好学，周文超主编.—北京：国防工业出版社，2017.4 重印
高等职业教育"十二五"规划教材
ISBN 978-7-118-09084-0

Ⅰ.①互... Ⅱ.①杨... ②周... Ⅲ.①零部件－互换性－高等职业教育－教材 ②零部件－测量技术－高等职业教育－教材 Ⅳ.①TG801

中国版本图书馆 CIP 数据核字(2013)第 211181 号

※

国防工業出版社出版发行

(北京市海淀区紫竹院南路 23 号 邮政编码 100048)
天利华印刷装订有限公司印刷
新华书店经售

*

开本 787×1092 1/16 印张 15¼ 字数 344 千字
2017 年 4 月第 1 版第 2 次印刷 印数 4001—7000 册 **定价** 32.00 元

(本书如有印装错误，我社负责调换)

国防书店：(010)88540777 发行邮购：(010)88540776
发行传真：(010)88540755 发行业务：(010)88540717

高等职业教育制造类专业“十二五”规划教材
编审专家委员会名单

《互换性与测量》
编委会

主　编　杨好学　周文超

副主编　罗宗平　蔡　霞　周养萍

编　委　杨好学　周文超　罗宗平　蔡　霞

周养萍　户　艳　李晓玲　谢　健

总　序

在我国高等教育从精英教育走向大众化教育的过程中,作为高等教育重要组成部分的高等职业教育快速发展,已进入提高质量的时期。在高等职业教育的发展过程中,各院校在专业设置、实训基地建设、双师型师资的培养、专业培养方案的制定等方面不断进行教学改革。高等职业教育的人才培养还有一个重点就是课程建设,包括课程体系的科学合理设置、理论课程与实践课程的开发、课件的编制、教材的编写等。这些工作需要每一位高职教师付出大量的心血,高职教材就是这些心血的结晶。

高等职业教育制造类专业赶上了我国现代制造业崛起的时代,中国的制造业要从制造大国走向制造强国,需要一大批高素质的、工作在生产一线的技能型人才,这就要求我们高等职业教育制造类专业的教师们担负起这个重任。

高等职业教育制造类专业的教材一要反映制造业的最新技术,因为高职学生毕业后马上要去现代制造业企业的生产一线顶岗,我国现代制造业企业使用的技术更新很快;二要反映某项技术的方方面面,使高职学生能对该项技术有全面的了解;三要深入某项需要高职学生具体掌握的技术,便于教师组织教学时切实使学生掌握该项技术或技能;四要适合高职学生的学习特点,便于教师组织教学时因材施教。要编写出高质量的高职教材,还需要我们高职教师的艰苦工作。

国防工业出版社组织一批具有丰富教学经验的高职教师所编写的机械设计制造类专业、自动化类专业、机电设备类专业、汽车类专业的教材反映了这些专业的教学成果,相信这些专业的成功经验又必将随着本系列教材这个载体进一步推动其他院校的教学改革。

方新

前　言

“互换性与测量”是高职院校、高等专科学校机械类各专业的重要技术基础课。它包含几何量公差与误差两大方面的内容，把标准化和计量学两个学科有机地结合在一起，与机械设计、机械制造、质量控制等多方面密切相关，是机械工程人员和管理人员必备的基本知识和技能。

本书是在广泛征求高职院校、高等专科学校各专业人士意见的基础上，根据全国高职专科机械工程类专业教学指导委员会审批的教材编写大纲编写的。书中采用最新国家标准，重点讲述新国家标准的基本概念，公差表格紧跟在相应的公差标准之后，有助于对各类公差的应用；较全面地介绍了几何量的各种误差和常用的检测方法，而把不便在课堂上讲授的仪器结构、操作步骤留在实验时介绍；吸取了各校多年的教学经验，充分了解机械类各专业课程的要求。本书的重点放在专业课和生产一线的应用上，注重各标准的标注与通用量具的使用。

本书的特点是：首先利用一个综合实例贯穿基础标准（绪论、极限与配合、几何公差、表面粗糙度和测量技术基础）与典型零件标准（轴承、平键和齿轮），使学生对零件互换性的要求有全面的理解；其次对某些章节进行重组（将尺寸链并入极限与配合，将光滑极限量规并入测量技术基础，将滚动轴承、圆锥、键与花键、螺纹、齿轮等结合件的公差组合为普通结合件的互换性）；最后增加了典型零件的公差与测量一章，利用两个零件（一个为轴类，另一个为箱体类），分析它们的互换性要求以及如何测量，以突出实用性。

近年来，由于各校对“互换性与测量”课程教学内容改革的情况有所不同，本书为扩大适用面，按50学时编写，带“ * ”的章节较难，可在使用中根据具体情况进行取舍。

本书由高职高专院校具有丰富教学经验的教师编写。全书由西安航空学院杨好学、宜宾职业技术学院周文超担任主编，由宜宾职业技术学院罗宗平、西安航空学院蔡霞、西安航空职业技术学院周养萍担任副主编。参与本书编写的有杨好学（第1、2章）、周文超（第6章）、罗宗平（第7章）、蔡霞（第4章）、周养萍（第3章）、户艳（第5章）。谢健在本书的编写过程中提供了大力支持与帮助。

本书在策划、编写及出版过程中，得到了西安航空学院、宜宾职业技术学院、西安航空职业技术学院、张家界航空工业职业技术学院的大力支持与帮助，在此表示衷心感谢！此外，在编写中还引用了部分标准和技术文献资料，在此，对相关的单位、人员和专家一并表示衷心感谢。

由于编者水平有限，书中难免存在缺点和错误，敬请广大读者批评指正。

编　者

目　录

职业导航

机械产品的制造包括设计、加工和检测三个过程。

机械产品设计包括四个方面，即运动设计、结构设计、强度设计和精度设计(见下图)，其中精度设计是本课程的研究内容。设计结果以机械图样的形式体现。

机械产品的加工以机械图样为依据，无论机械加工操作人员还是工艺员，都必须能够识读机械图样结构及精度要求。

零件加工后能否满足精度要求需要通过检测加以判断，检测是产品达到精度要求的技术保证，检测人员要求具备机械精度基本知识和检测操作能力。

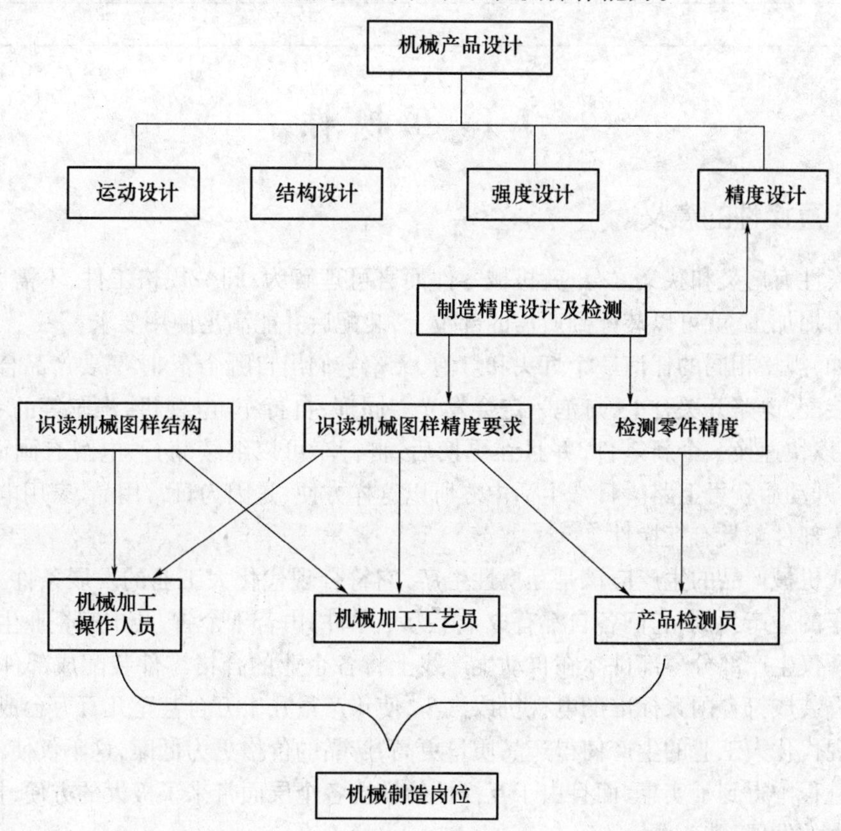

第1章 绪 论

本章教学导航

知识重点：互换性的概念及意义、优先数。

教学难点：实现互换性的条件及与标准化的关系。

推荐的学习方法：课堂上，听课 + 互动；课外，了解生活或生产中零件互换性的实例。

必须掌握的理论知识：互换性、公差与加工误差、标准和标准化。

课堂随笔：______________________________

____

____

1.1 互 换 性

1.1.1 互换性的意义

互换性有广义和狭义之分，就机械零件而言可理解为：同一规格工件，不需要作任何挑选和附加加工，就可以装配到所需的部位上，装配后并能满足使用要求。

例如，规格相同的任何一个灯头和灯泡，无论它们出自哪个企业，只要产品合格，都可以相互装配，电路开关合上，灯泡一定会发光。同理，自行车、电视机、汽车等的零件被损坏，也可以快速换一个新零件，并且在更换后，自行车可以继续骑行、电视有画面并有伴音、汽车开动后就可上路。日常生活中之所以这样方便，是因为日常用品、家用电器、交通工具的零部件都具有互换性。

现代机械产品的生产应该是互换性生产，它符合现代化大工业的发展条件。以电视机和汽车的生产为例，它们各自都有成千上万个零件，由若干个省、几十家企业生产制造，而总装厂仅生产部分零部件。在自动生产线上将各企业的合格零件装配成部件，再由部件迅速总装成符合国家标准的电视机或汽车，使年产量几十万台甚至几百万台成为可能，而这种现代化大工业的生产使得产品质量更高，产品的价格更为低廉，这不仅使消费者在现代化进程中得到了实惠，而且由于互换性给社会各个层面带来了极大的方便，推动了社会生产力的发展。

由于电视机或汽车要在生产线上装配，要求各个企业在制造零部件时必须符合国家的统一技术标准。这种跨地区、跨行业，大型国有企业和民营企业不同的设备条件，工人的技术水平也不尽相同，但加工出来的零件可以不经选择、修配或调整，就能装配成合格的产品，这说明了零件的加工是按规定的精度要求制造的。

如何使工件具有互换性？设加工一批零件的实际参数(尺寸、形状、位置等几何参数及硬度、塑性、强度等其他物理参数)的数值都为理论值,即这批零件完全相同。装配时,任取其中一件配合的效果都是相同的。但是,要获得这种绝对准确和完全相同的产品在实际生产中是根本不可能的,而且也没有必要。

现代加工业可以制造出精确度很高的工件,但仍然会有误差(尽管加工误差相当小)。而从机器设备的使用和互换性生产要求来看,只要制成的零件实际参数值变动在控制的范围内,保证零件几何参数充分近似即可。所以要使产品具有互换性,就必须按照技术标准的规定来制造,而控制几何参数的技术规定就称为“公差”(即实际参数值所允许的最大变动量)。

1.1.2 互换性的作用

1. 产品设计

由于标准零部件采用互换性原则设计和生产,因而可以简化绘图、计算等工作,缩短设计周期,加速产品的更新换代,且便于计算机辅助设计(CAD)。

2. 生产制造

按照互换性原则组织加工,实现专业化协调生产,便于计算机辅助制造(CAM),以提高产品质量和生产效率,同时降低生产成本。

3. 装配过程

零部件具有互换性,可以提高装配质量,缩短装配时间,便于实现现代化的大工业自动化,提高装配效率。

4. 使用过程

由于工件具有互换性,则在它磨损到极限或损坏后,很方便地用备件来替换。可以缩短维修时间和节约费用,提高修理质量,延长产品的使用寿命,从而提高机器的使用价值。

综上所述,在机械制造中,遵循互换性原则,不仅能保证又多又快地进行生产,而且能保证产品质量和降低生产成本。所以,互换性是在机械制造中贯彻“多快好省”方针的技术措施。

1.1.3 互换性的分类

按照零部件互换的程度可分为以下两类。

1. 完全互换

零件在装配或更换时,不需要辅助加工与修配,也不需要选择,如螺钉、螺母、滚动轴承、齿轮等零件。

2. 不完全互换

有些机器的零件精度要求很高,按完全互换法加工困难,生产成本高。此时可将工件的尺寸公差放大,装配前,先进行测量,然后分组进行装配,以保证使用要求。

1.2 互换性与技术测量

1.2.1 几何参数的误差与公差

零件在机械加工时,由于“机床—工具—辅具”工艺系统的误差、刀具的磨损、机床的振动等因素的影响，使得工件在加工后总会产生一些误差。加工误差就几何量来讲，可分为以下几种。

1. 尺寸误差

零件在加工后实际尺寸与理想尺寸之间的差值。零件的尺寸要求如图1－1（a）所示，但经过加工，它的d_{a1}、d_{a2}、d_{a3}、d_{a4}、d_{a5}的实际尺寸各有不同，有的在极限尺寸范围内，个别的则超出了极限尺寸，即为尺寸误差。

2. 几何形状误差

由于机床、刀具的几何形状误差及其相对运动的不协调，使光滑圆柱的表面在加工中产生了误差。如图1－1(b)所示，产生了素线的不直(d_{a1}、d_{a2}、d_{a3}的直径尺寸大小不一)，即为直线度误差；因为光滑圆柱的横截面理论上都是理想的几何圆，而加工后实际形状变成一个误差圆，如图1－1(c)所示(d_{a4}、d_{a5}横剖面尺寸不同)，出现了圆度误差，即为几何形状误差。

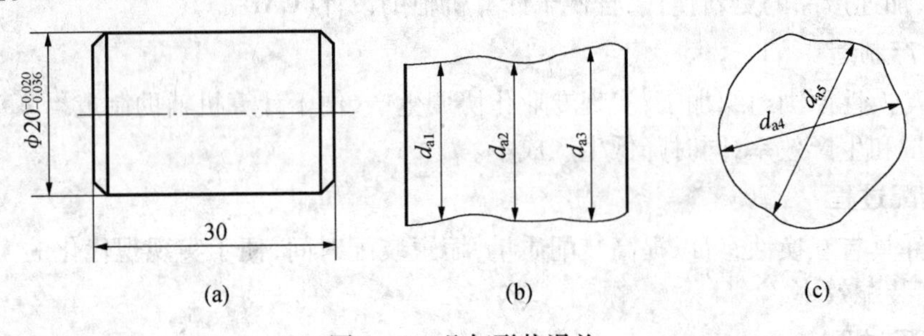

图1－1　几何形状误差

(a) 零件的尺寸要求；(b) 零件的轴剖面；(c) 零件的横剖面。

3. 相互位置误差

如图1－2所示，在车削台阶轴时，由于其结构的特点，需要先加工大尺寸一端，然后再调头车削小直径一端。如果操作者调整轴线不仔细，加工后该零件会产生台阶轴的轴线错位，从而会出现同轴度误差，造成了零件的实际位置与理想位置的偏离。

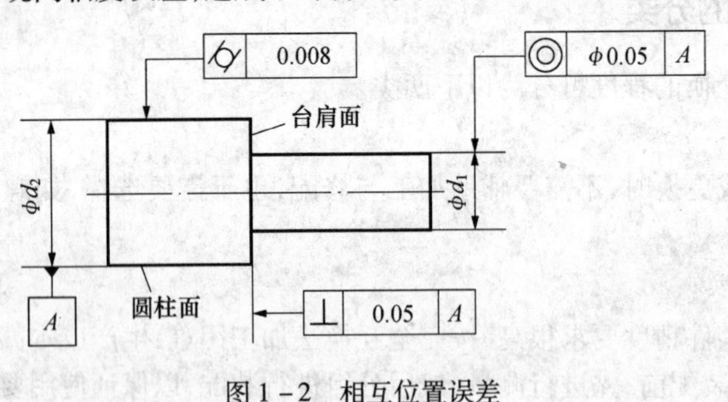

图1－2　相互位置误差

4. 表面粗糙度(微观的几何形状误差)

它是加工后刀具在工件表面上留下的微小波形，即使经过精细加工，目视很光亮的表面，经过放大观察，也可看到工件表面的凸峰和凹谷，使工件表面产生粗糙不平。

加工误差在机械制造中是不可避免的，只要将工件的加工误差(尺寸、形状、位置和表面粗糙度)都控制在公差范围内就为合格品，如图1－3所示。

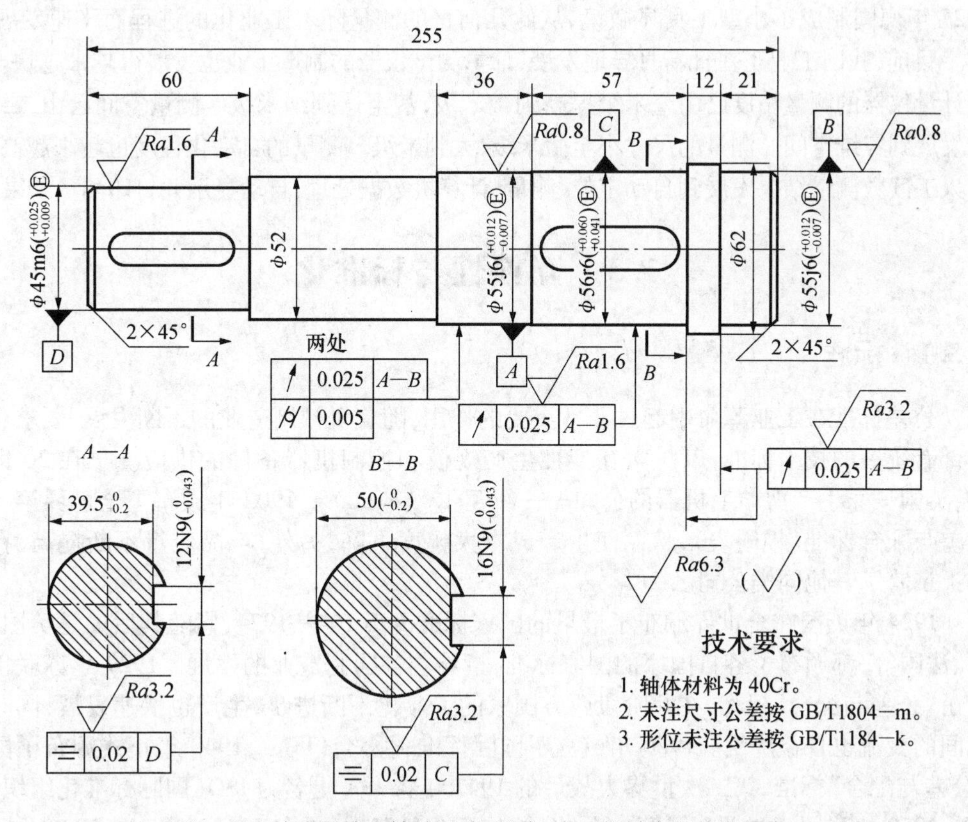

图1-3　减速器输出轴的尺寸、形位、表面粗糙度的公差要求

图1-3中表示了输出轴的尺寸、几何、表面粗糙度的公差要求，即在加工过程中各要素不能超出所规定的极限值，否则该零件为不合格产品。例如，*A*—*A*剖面，键槽宽度的尺寸只能在11.957~12这个范围；对称度要控制在0.02之内；键槽两侧面的表面粗糙度不允许超过0.0032；同时键槽底部的另一个尺寸只能在39.3~39.5之间，只有这四个要求都达到，此剖面才认为合格。

所以，一般工件都会有这三个基本的公差要求（有的零件图纸也许没有标注尺寸和几何公差，此时，应该按国家标准的未注公差来理解和执行），这也正是本教材中最重要的、需要重点掌握的基础性国家标准。在机械加工中，由于各种误差存在，一般认为：公差是误差的最大允许值，所以，误差是在加工过程中产生的，而公差则是由设计人员确定的。

1.2.2　技术测量

技术测量是实现互换性的技术保证，如果仅有与国际接轨的公差标准，而缺乏相应的技术测量措施，实现互换性生产还是不可能的。

测量中首先要统一计量单位。解放前我国长度单位采用市尺，1955年成立了国家计量局，1959年统一了全国计量制度，正式确定采用公制（米制）作为我国基本计量制度。1977年颁布了计量管理条例。1984年颁布了国家法定计量单位。1985年颁布了国家计量法。

伴随着长度基准的发展，计量器具也在不断改进。1850年美国制成游标卡尺以后，

1927 年德国制成了小型工具显微镜，从此几何量的测量随着工业化的进程而飞速发展。

目前，我国工业正在日新月异地发展，计量测试仪器的制造工业也发展得越来越快。长度计量仪器的测量精度已由毫米级提高到微米级，甚至达到纳米级。测量空间已由二维空间发展到三维空间。测量的尺寸小至微米级，大到米级。测量的自动化程度也越来越高，已由人工读数测量结果发展到自动定位、测量，计算机数据处理，自动显示并打印测量结果。

1.3 互换性与标准化

1.3.1 标准

公差标准在工业革命中起过非常重要的作用，随着机械制造业的不断发展，要求企业内部有统一的技术标准，以扩大互换性生产规模和控制机器备件的供应。早在 20 世纪初，英国一家生产剪羊毛机器的公司——纽瓦尔（Newall）于 1902 年颁布了全世界第一个公差与配合标准（极限表），从而使生产成本大幅度下降，另外，产品质量不断提高，在市场上挤跨了其他同类公司。

1924 年英国在全世界颁布了最早的国家标准 B. S 164—1924，紧随其后的是美国、德国、法国等，都颁布了各自国家的国家标准，指导着各国制造业的发展。1929 年苏联也颁布了“公差与配合”标准，在此阶段西方国家的工业化不断进步，生产也快速发展，同时国际间的交流也日益广泛。1926 年成立了国际标准化协会（ISA），1940 年正式颁布了国际“公差与配合”标准，第二次世界大战后的 1947 年将 ISA 更名为 ISO（国际标准化组织）。

1959 年我国正式颁布了第一个《公差与配合》国家标准（GB 159 ~ 174—59），此国家标准完全依赖 1929 年苏联的国家标准，这个标准指导了我国 20 年的工业生产。

1979 年随着我国经济建设的快速发展，旧国家标准已不能适应现代大工业互换性生产的要求。因此，在原国家标准局的统一领导下，有计划、有步骤地对旧的基础标准进行了两次修订，一次是 20 世纪 80 年代初期：公差与配合（GB 1800 ~ 1804—79），几何公差（GB 1182 ~ 1184—80），表面粗糙度（GB 1031—83）；另一次是 20 世纪 90 年代中期：极限与配合（GB/T 1800. 1—1997、GB/T 1800. 4—1999 等），几何公差（GB/T 1182—1996 等），表面粗糙度（GB/T 1031—1995 等）多项国家标准。这些新国家标准的修订，正在对我国的机械制造业产生着越来越大的作用。

1.3.2 标准化

现代化生产的特点是品种多、规模大、分工细、协作多。为使社会生产有序地进行，必须通过标准化使产品规格品种简化，使分散的、局部的生产环节相互协调和统一。

几何量的公差与检测也应纳入标准化的轨道。

根据产品的使用性能要求和制造的可能性，既加工方便又经济合理，必须规定几何量误差变动范围，也就是规定合适的公差作为加工产品的依据，公差值的大小就是根据上述的基本原则进行制定和选取的。为了实现互换性，必须对公差值进行标准化，不能各行其是，标准化是实现互换性生产的重要技术措施。例如，一种机械产品的制造，往往涉及许多部门和企业，如果没有制定和执行统一的公差标准，是不可能实现互换性生产的。对零件的加工误差及其控制范围所制定的技术标准称“极限与配合、几何公差等”标准，它是实现互换性的基础。

因为新国家标准采用最新的国际标准制，国际标准制概念更加明确，结构更加严密，规律性也更强。另外，最新的国际标准制更有利于国际间的技术交流。随着机电产品的出口越来越多，现代工业化建设不断完善，技术引进和援外日益增多，采用国际标准制就显得十分重要。

1.3.3 优先数与优先数系

产品无论在设计、制造，还是在使用中，其规格（零件尺寸大小，原材料尺寸大小，公差大小、承载能力及所使用设备、刀具、测量器具的尺寸等性能与几何参数）都要用数值表示。而产品的数值是有扩散传播性的，例如，复印机的规格与复印纸的尺寸有关，复印纸的尺寸则取决于书刊、杂志的尺寸，复印机的尺寸又影响造纸机械、包装机械等的尺寸。又如，某一尺寸的螺栓会扩散传播到螺母尺寸，制造螺栓的刀具（丝锥、扳牙等）尺寸，检验螺栓的量具（螺纹千分尺、三针直径）的尺寸，安装刀具的工具，工件螺母的尺寸等。由此可见，产品技术参数的数值不能任意选，不然会造成产品规格繁杂，直接影响互换性生产、产品的质量以及产品的成本。

生产实践证明，对于产品技术参数合理分档、分级，对产品技术参数进行简化、协调统一，必须按照科学、统一的数值标准，即优先数与优先数系。它是一种科学的数值制度，也是国际上统一的数值分级制度，它不仅适用于标准的制定，也适用于标准制定前的规划、设计，从而把产品品种的发展一开始就引入科学的标准化轨道。因此优先数系是一个国际上统一的重要的基础标准。

优先数系由一些十进制等比数列构成，其代号 R（R 是优先数系创始人 Renard 的缩写），相应的公比代号为 R_r。r 代表 5、10、20、40 等数值，其对应关系为

R_5 系列　$R_5 = \sqrt[5]{10} \approx 1.6$

R_{10} 系列　$R_{10} = \sqrt[10]{10} \approx 1.25$

R_{20} 系列　$R_{20} = \sqrt[20]{10} \approx 1.12$

R_{40} 系列　$R_{40} = \sqrt[40]{10} \approx 1.06$

一般优先选择 R_5 系列，其次为 R_{10} 系列、R_{20} 系列等，其具体数值见附表 1－1。

1.3.4 本课程的研究对象与任务

本课程是机械类专业及相关专业的一门重要的技术基础课。在教学中起着联系基础课和专业课的桥梁作用，同时也是联系机械类基础课与机械制造工艺类课程的纽带。

各种公差的标准化属于标准化范畴，而技术测量是属于计量学范畴，它们是两个独立的系统，而本课程正是将公差标准与计量技术有机地结合在一起的学科。

本课程是从加工的角度研究误差，从设计的科学性去探讨公差。众所周知，科学技术越发达，对机械产品的精度要求越高，对互换性的要求也越高，机械加工就越困难，这就必须处理好产品的使用要求与制造工艺之间的矛盾，处理好公差选择的合理性与加工出现误差的必然性之间的矛盾。因此，随着机械工业的高速发展，我国作为一个制造大国的地位越来越明显，本课程的重要性也显得越来越突出。

本课程的基本要求：

(1) 掌握互换性原理的基础知识；

(2) 了解本课程所介绍的各种公差标准和基本内容并掌握其特点；

(3) 学会根据产品的功能要求,选择合理的公差并能正确地标注到图样上；

(4) 掌握一般几何参数测量的基础知识；

(5) 了解各种典型零件的测量方法,学会使用常用的计量器具。

附表 1-1 优先数系的基本系列(摘自 GB/T 321—1980)

R_5	R_{10}	R_{20}	R_{40}	R_5	R_{10}	R_{20}	R_{40}	R_5	R_{10}	R_{20}	R_{40}
1.00	1.00	1.00	1.00			2.24	2.24		5.00	5.00	5.00
			1.06				2.36				5.30
		1.12	1.12	2.50	2.50	2.50	2.50			5.60	5.60
			1.18				2.65				6.00
	1.25	1.25	1.25			2.80	2.80	6.30	6.30	6.30	6.30
			1.32				3.00				6.70
		1.40	1.40		3.15	3.15	3.15			7.10	7.10
			1.50				3.35				7.50
1.60	1.60	1.60	1.60			3.55	3.55		8.00	8.00	8.00
			1.70				3.75				8.50
		1.80	1.80	4.00	4.00	4.00	4.00			9.00	9.00
			1.90				4.25	10.00	10.00	10.00	10.00
	2.00	2.00	2.00			4.50	4.50				
			2.12				4.75				

本章知识梳理与总结

本章主要讲述互换性原理,围绕标准、标准化和技术测量来学习误差与公差的关系。完全互换性是现代化大工业生产的基础,而国家标准是现代化大工业生产的依据,技术测量则是现代化大工业生产的保证。互换性作为一根主线贯穿本书的所有章节。本章的重点是互换性的意义和几何参数的误差与公差,要求掌握完全互换性的定义和几何量的误差对互换性的影响,同时对图 1-3 要作深入的理解。

思考题与习题

1-1 完全互换性的含义是什么?

1-2 互换性有何优点?

1-3 最早的公差标准是在哪个国家颁布的?

1-4 几何量误差有几类?

1-5 试述标准化与技术测量之间的关系。

1-6 为什么要选择优先数系作为标准的基础?

第 2 章　极限与配合

本章教学导航

知识目标:尺寸公差与配合的有关术语和标准规定、极限偏差的计算、极限盈隙的计算、配合公差的计算。

技能目标:能够识读机械产品图样中尺寸公差及配合的标注;能够设计简单零件的尺寸精度。

教学重点:极限偏差的计算、极限盈隙的计算、配合公差的计算。

教学难点:设计尺寸精度——选择基准制、精度等级、配合类型,确定尺寸极限偏差。

课堂随笔:____

____

____

本章知识轮廓树形图

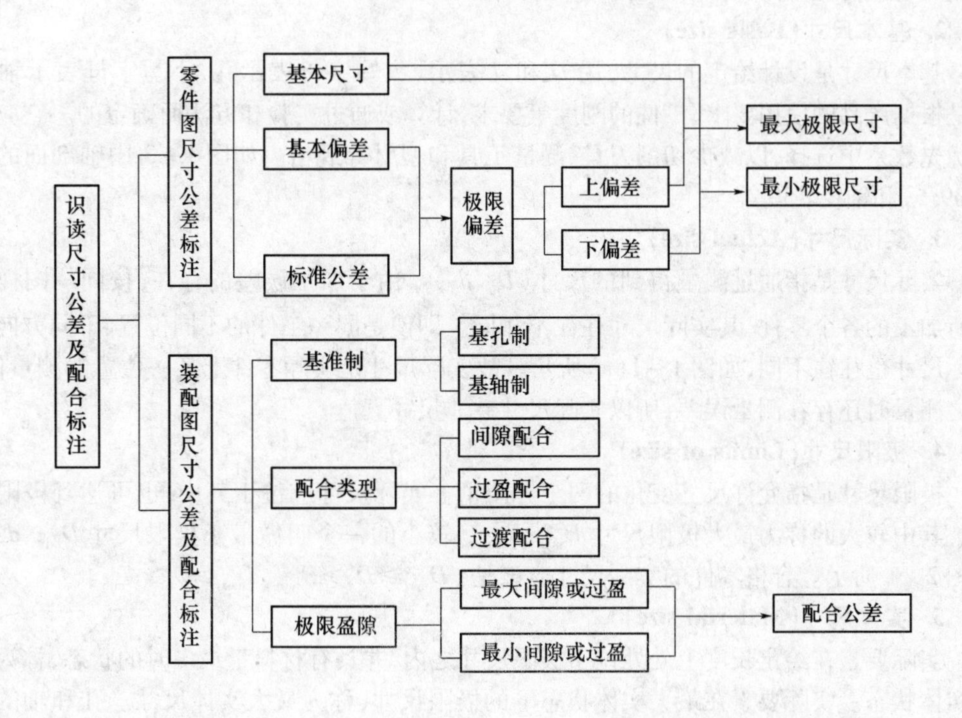

2.1 概　述

孔与轴的《极限与配合》标准是一项应用广泛的、最重要的基础标准，在机械工程中具有重要的作用。本章介绍尺寸的公差与配合以及尺寸链的基本内容及其应用。

《极限与配合》国家标准主要包括：GB/T 1800.1—1997《极限与配合 基础 第1部分：词汇》、GB/T 1800.2—1998《极限与配合 基础 第2部分：公差、偏差和配合的基本规定》、GB/T 1800.3—1999《极限与配合 基础 第3部分：标准公差和基本偏差数值表》、GB/T 1800.4—1999《极限与配合 标准公差等级和孔》、GB/T 1801—1999《极限与配合 公差带和配合的选择》、GB/T 1804—2000《一般公差 未注公差的线性和角度尺寸的公差》。这些新国家标准的依据是国际标准，以尽可能地使我国的国家标准与国际标准等同或等效。

2.2 极限与配合的基本内容

2.2.1 尺寸、公差和偏差的基本术语

1. 尺寸(Size)

尺寸是以特定单位表示线性尺寸的数值，通常用 mm 表示(一般不必注出)，如半径、直径、长度、高度、深度、中心距等。

2. 基本尺寸(Basic size)

基本尺寸是设计给定的尺寸，用 D 和 d 表示(大写字母表示孔，小写字母表示轴)。它是根据产品的使用要求、零件的刚度等要求，计算或通过实验和方法而确定的。它应该在优先数系中选择，以减少切削刀具、测量工具和型材等规格。如图1-3中轴剖面的尺寸39.5、和轴径 $\phi 50$ 等。

3. 实际尺寸(Actual size)

实际尺寸是指通过测量得到的尺寸(D_a、d_a)。由于加工误差的存在，按同一图样要求所加工的各个零件，其实际尺寸往往不相同。即使是同一工件的不同位置、不同方向的实际尺寸也往往不同，如图1-1(a)所示。故实际尺寸是实际零件上某一位置的测量值，加之测量时还存在测量误差，所以实际尺寸并非尺寸真值。

4. 极限尺寸(Limits of size)

极限尺寸是指允许尺寸变化的两个界限值。实际尺寸应位于其中，也可达到极限尺寸。其中较大的称为最大极限尺寸 D_{max}、d_{max}，较小的一个叫做最小极限尺寸 D_{min}、d_{min}，如图2-1所示。合格零件的实际尺寸应该是：$D_{max} \geqslant D_a \geqslant D_{min}$，$d_{max} \geqslant d_a \geqslant d_{min}$。

5. 实体尺寸(Material size)

实际要素在给定长度上处处位于极限尺寸之内，并具有材料量最多时的状态，称为最大实体状态。实际要素在最大实体状态下的极限尺寸，称为最大实体尺寸。孔和轴的最大实体尺寸分别用 D_M、d_M 表示。对于孔，$D_M = D_{min}$；对于轴，$d_M = d_{max}$。

实际要素在给定长度上处处位于极限尺寸之内，并具有材料量最少时的状态，称为最

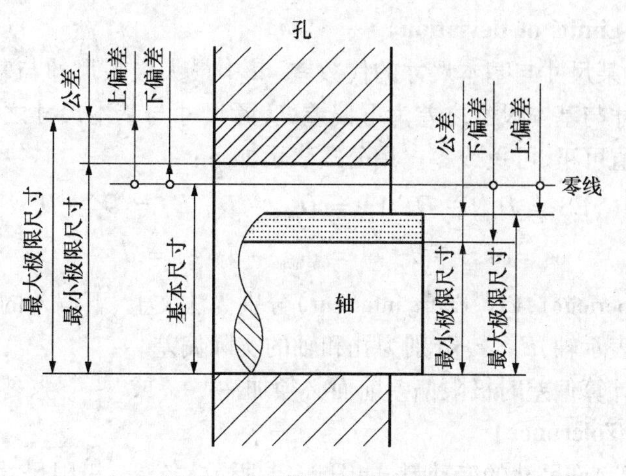

图 2-1　极限与配合示意图

小实体状态。实际要素在最小实体状态下的极限尺寸,称为最小实体尺寸。孔和轴的最小实体尺寸分别用 D_L、d_L 表示。对于孔,$D_L = D_{max}$;对于轴,$d_L = d_{min}$。

6. 作用尺寸(Mating size)

作用尺寸是指在被测要素的给定长度上,与实际内表面体外相接的最大理想面或与实际外表面体外相接的最小理想面的直径或宽度。

对于单一要素,实际内、外表面的作用尺寸分别用 D_{fe}、d_{fe} 表示,如图 2-2 所示。

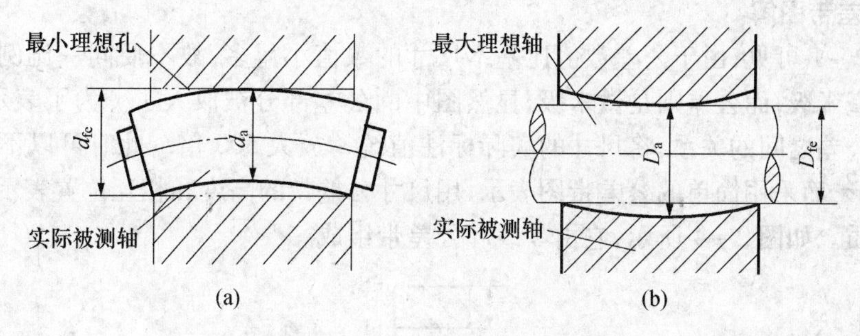

图 2-2　单一要素的作用尺寸

对于关联要素,实际内、外表面的作用尺寸分别用 D'_{fe}、d'_{fe} 表示,如图 2-3 所示。

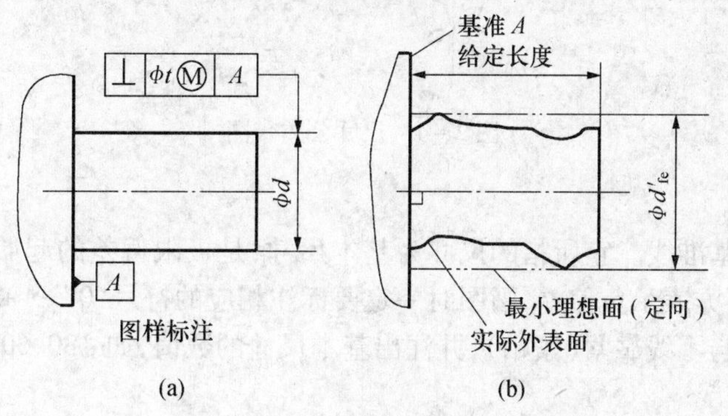

图 2-3　关联要素的作用尺寸

7. 极限偏差(Limits of deviation)

极限偏差是指某尺寸与基本尺寸的代数差,其中最大极限尺寸与基本尺寸之差为上偏差,最小极限尺寸与基本尺寸之差为下偏差,实际尺寸与基本尺寸之差为实际偏差,如图2-1所示。其值可正、可负或零。用公式表示如下:

孔: $ES = D_{max} - D \quad EI = D_{min} - D \quad E_a = D_a - D$

轴: $es = d_{max} - d \quad ei = d_{min} - d \quad e_a = d_a - d$ (2-1)

其中:ES(Ecart Superieur),EI(Ecart Interieur)分别为法文上、下偏差的缩写,其大写字母表示孔,小写字母表示轴,E_a、e_a 分别为孔和轴的实际偏差。

注意:标注和计算偏差时极限偏差前面必须加注"+"或"-"号(零除外)。

8. 尺寸公差(Tolerance)

尺寸公差是指允许尺寸的变动量,如图2-1所示。公差、极限尺寸、极限偏差之间的关系如下:

孔: $T_h = D_{max} - D_{min} = ES - EI$

轴: $T_s = d_{max} - d_{min} = es - ei$ (2-2)

注意:公差与偏差是两个不同的概念。公差表示制造精度的要求,反映加工的难易程度。而偏差表示与基本尺寸远离程度,它表示公差带的位置,影响配合的松紧程度。图2-1中的公差是将半径方向叠加到直径上(为了分析和图解方便)。

9. 公差带图解

由图2-1可见,由于公差数值比基本尺寸的数值小得多,故不便同一比例表示。由于尺寸是毫米级,而公差则是微米级,显然图中的公差部分被放大了。为了表示尺寸、极限偏差和公差之间的关系,将尺寸的实际标注值统一放大500倍。此时可以不必画出孔和轴的全形,而采用简单的公差带图表示,用尺寸公差带的高度和相互位置表示公差大小和配合性质。如图2-4所示,它由零线和公差带组成。

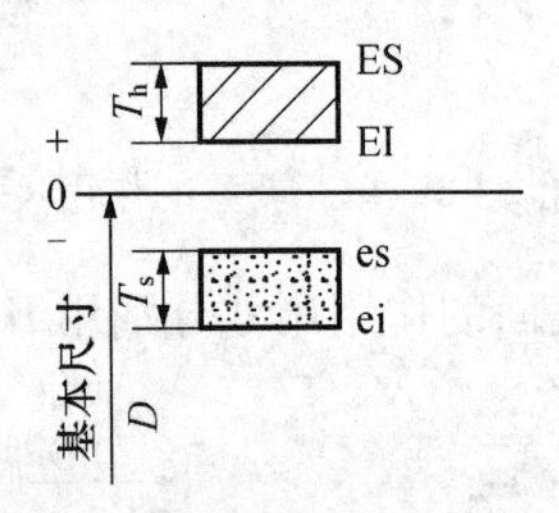

图2-4 尺寸公差带图

1) 零线

确定偏差的基准线。它所指的尺寸为基本尺寸,是极限偏差的起始线。零线上方表示正偏差,零线下方表示负偏差,画图时一定要标注相应的符号"0"、"+"、"-"。零线下方的单箭头必须与零线靠紧(紧贴),并注出基本尺寸的数值,如 ϕ30、60 等。

2) 公差带

公差带是指由代表上偏差和下偏差或最大极限尺寸与最小极限尺寸的两条直线所限定的区域。沿零线垂直方向的宽度表示公差值,代表公差带的大小。沿零线长度方向可适当选取。

例 2-1 已知孔 $\phi40^{+0.025}_{0}$、轴 $\phi40^{-0.010}_{-0.026}$，求孔、轴的极限尺寸与公差。

解：

1. 公差带图解法(图 2-5)

孔的极限尺寸：

$$D_{\max}=40.025 \quad D_{\min}=40$$

轴的极限尺寸：

$$d_{\max}=39.990 \quad d_{\min}=39.974$$

其孔、轴公差为

$$T_{\mathrm{h}}=0.025 \quad T_{\mathrm{s}}=0.016$$

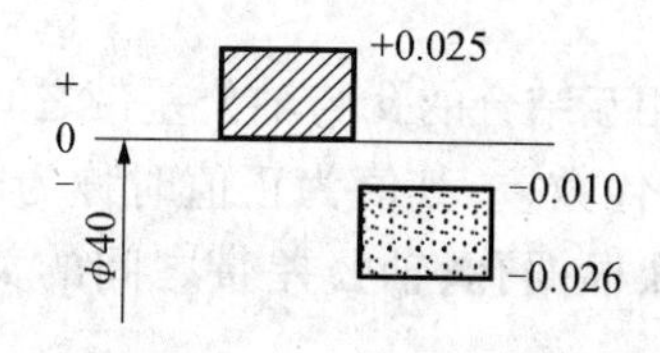

图 2-5 公差带图解法

2. 公式法：利用公式来解

$$D_{\max}=D+\mathrm{ES}=40+0.025=40.025$$

$$D_{\min}=D+\mathrm{EI}=40+0=40$$

$$d_{\max}=d+\mathrm{es}=40-0.01=39.990$$

$$d_{\min}=d+\mathrm{ei}=40-0.026=39.974$$

$$T_h=D_{\max}-D_{\min}=40.025-40=0.025$$

$$T_s=\mathrm{es}-\mathrm{ei}=-0.01-(-0.026)=0.016$$

2.2.2 配合的基本术语

1. 孔与轴(Hole and shaft)

孔通常指工件的圆柱形内表面，也包括非圆柱形的内表面(由两个平行平面或切面而形成的包容面)，如图 2-6 中的 B、ϕD、L、B_1、L_1。轴是指工件的圆柱形外表面，也包括非圆柱形的外表面(由两个平行平面或切面而形成的被包容面)，如图 2-6 中的 ϕd、l、l_1。

所谓孔(或轴)的含义是广义的。其特性是：孔为包容面(尺寸之间无材料)，在加工过程中，尺寸越加工越大；而轴是被包容面(尺寸之间有材料)，尺寸越加工越小。

采用广义孔和轴的目的，是为了确定工件的尺寸极限和相互的配合关系，同时也就拓展了《极限与配合》的应用范围，它不仅应用于圆柱内、外表面的结合，也可以用于非圆柱的内外表面配合。例如，单键与键槽的配合；花键结合中的大径、小径及键与键槽的配合等。

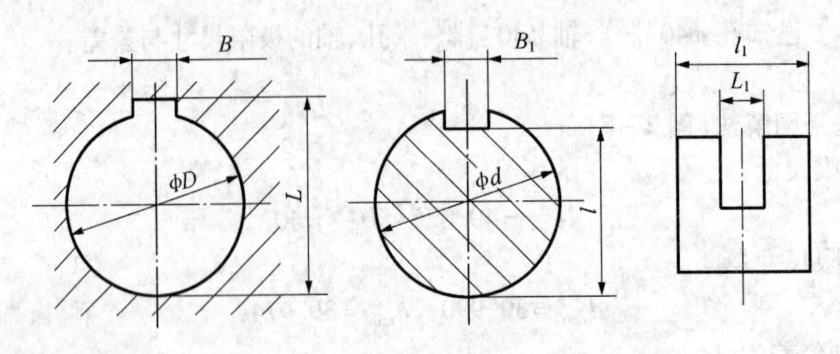

图 2-6　孔与轴

2. 配合(Fit)

配合是指基本尺寸相同,相互结合的孔与轴公差带之间的关系。在孔与轴的配合中,孔的尺寸减去轴的尺寸所得的代数差,其值为正值时称为间隙(用 X 表示),其值为负值时叫做过盈(用 Y 表示)。那么根据孔、轴公差带之间的关系,配合分为三大类:间隙配合、过盈配合和过渡配合。

1) 间隙配合(Clearance fit)

间隙配合是指具有间隙(含最小间隙等于零)的配合。此时孔的公差带位于轴的公差带之上,通常指孔大、轴小的配合,也可以是零间隙配合,如图 2-7 所示。

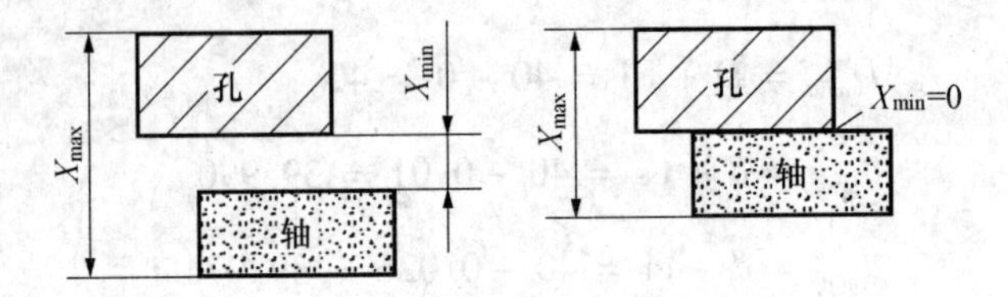

图 2-7　间隙配合

间隙配合的性质用最大间隙 X_{max} 和最小间隙 X_{min} 来表示。

其极限间隙与配合公差公式如下:

$$X_{max} = D_{max} - d_{min} = ES - ei$$

$$X_{min} = D_{min} - d_{max} = EI - es$$

$$T_f = |X_{max} - X_{min}| = (D_{max} - d_{min}) - (D_{min} - d_{max}) = (D_{max} - D_{min}) + (d_{max} - d_{min}) = T_h + T_s \qquad (2-3)$$

2) 过盈配合(Interference fit)

过盈配合是指具有过盈(含最小过盈等于零)的配合。此时孔的公差带位于轴公差带之下,通常是指孔小、轴大的配合,如图 2-8 所示。

过盈配合的性质用最小过盈 Y_{min} 和最大过盈 Y_{max} 来表示。

其极限过盈与配合公差公式如下:

$$Y_{min} = D_{max} - d_{min} = ES - ei$$

$$Y_{max} = D_{min} - d_{max} = EI - es$$

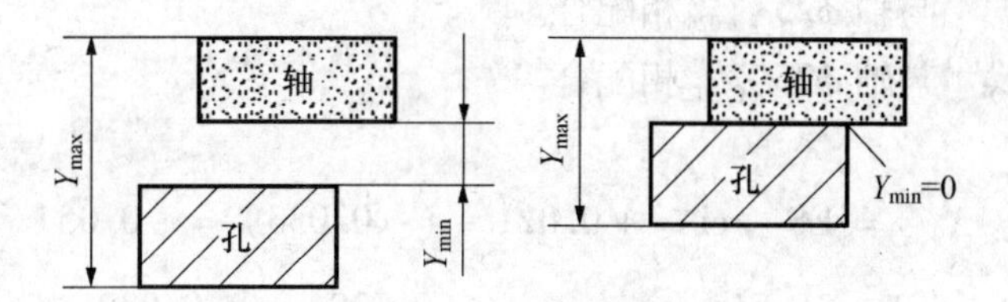

图 2-8　过盈配合

$$T_f = |Y_{min} - Y_{max}| = (ES - ei) - (EI - es) = (ES - EI) + (es - ei) = T_h + T_s \quad (2-4)$$

3) 过渡配合(Transition fit)

过渡配合是指可能产生间隙或过盈的配合。此时孔、轴公差带相互交叠，是介于间隙配合与过盈配合之间的配合，如图 2-9 所示。但其间隙或过盈的数值都较小，一般来讲，过渡配合的工件精度都较高。

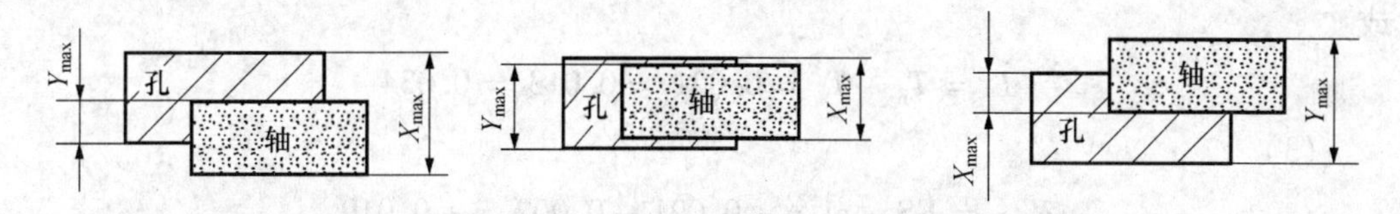

图 2-9　过渡配合

过渡配合的性质用最大间隙 X_{max} 和最大过盈 Y_{max} 来表示。

其极限间隙或过盈与配合公差公式如下：

$$X_{max} = D_{max} - d_{min} = ES - ei$$
$$Y_{max} = D_{min} - d_{max} = EI - es$$
$$T_f = |X_{max} - Y_{max}| = T_h + T_s \quad (2-5)$$

4) 配合公差(Fit tolerance)

配合公差是指组成的孔、轴公差之和。它是允许间隙和过盈的变动量。它表示配合精度，是评定配合质量的一个重要综合指标。其计算见式(2-3)~式(2-5)。

对于间隙配合：

$$T_f = |X_{max} - X_{min}| = T_h + T_s$$

对于过盈配合：

$$T_f = |Y_{min} - Y_{max}| = T_h + T_s$$

对于过渡配合：

$$T_f = |X_{max} - Y_{max}| = T_h + T_s \quad (2-6)$$

式(2-6)表明配合精度(配合公差)取决于相互配合的孔与轴的尺寸精度(尺寸公差)，设计时，可根据配合公差来确定孔与轴的公差。

例 2-2　求下列三种孔、轴配合的极限间隙或过盈、配合公差，并绘制公差带图。

(1) 孔 $\phi25^{+0.021}_{0}$ 与轴 $\phi25^{-0.020}_{-0.033}$ 相配合。

（2）孔 $\phi25^{+0.021}_{0}$ 与轴 $\phi25^{+0.041}_{+0.028}$ 相配合。

（3）孔 $\phi25^{+0.021}_{0}$ 与轴 $\phi25^{+0.015}_{+0.002}$ 相配合。

解:（1）

$$X_{max} = ES - ei = +0.021 - (-0.033) = +0.054$$

$$X_{min} = EI - es = 0 - (-0.020) = +0.020$$

$$T_f = X_{max} - X_{min} = -0.054 - 0.020 = 0.034$$

或

$$T_f = T_h + T_s = 0.021 + 0.013 = 0.034$$

（2）

$$Y_{min} = ES - ei = +0.021 - 0.028 = -0.007$$

$$Y_{max} = EI - es = 0 - 0.041 = -0.041$$

$$T_f = Y_{min} - Y_{max} = -0.007 + 0.041 = 0.034$$

或

$$T_f = T_h + T_s = 0.021 = 0.013 = 0.034$$

（3）

$$X_{max} = ES - ei = +0.021 - 0.002 = +0.019$$

$$Y_{max} = EI - es = 0 - 0.015 = -0.015$$

$$T_f = X_{max} - Y_{max} = 0.019 + 0.015 = 0.034$$

或

$$T_f = T_h + T_s = 0.021 + 0.013 = 0.034$$

如图2-10所示,同一孔与三个不同尺寸轴的配合,形成三种配合关系,左边为间隙配合,中间为过盈配合,右边则为过渡配合。计算后得知轴的公差均相同,由于位置不同,就构成了不同的配合关系。配合的种类是由孔、轴公差带的相互位置所决定的,而公差带的大小和位置又分别由标准公差和基本偏差所决定。

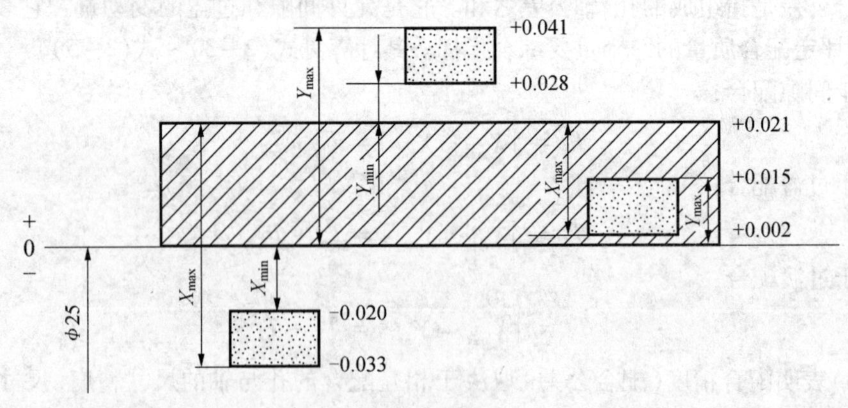

图2-10　配合公差带图

2.3 标准公差系列

为实现互换性生产和满足一般的使用要求,在机械制造业中常用的尺寸大多都小于500mm(最常用的是光滑圆柱体的直径),该尺寸段在一般工业中应用得最为广泛。本节仅对常用尺寸为小于或等于500mm的尺寸段进行介绍。

标准公差系列是国家标准制定出的一系列标准公差数值,用于确定公差带的大小。标准公差值由标准公差等级及公差单位决定。

2.3.1 公差等级

确定尺寸精确程度的等级称为标准公差等级。规定和划分公差等级的目的是为了简化和统一公差的要求,使规定的等级既能满足不同的使用要求,又能大致代表各种加工方法的精度,为零件的设计和制造带来了极大的方便。

公差等级分为20级,用IT01、IT0、IT1、IT2、IT3、…、IT18来表示(IT:International Tolerance 标准公差)。公差等级的高低、加工的难易、公差值的大小如图2-11所示。

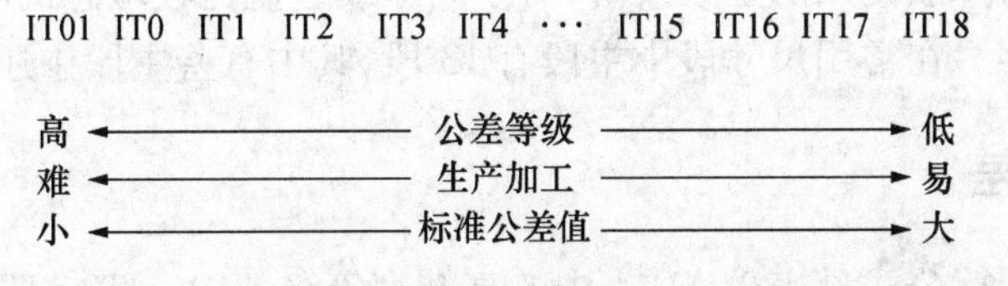

图2-11 公差等级的高低、加工的难易、公差值的大小示意图

2.3.2 公差单位*

公差单位是确定标准公差的基本单位,是制定标准公差数值的基础。生产实践证明,对于基本尺寸相同的零件,可按公差值的大小评定其尺寸制造精度的高低。相反,对于基本尺寸不同的工件,就不能仅看公差值的大小去评定其制造精度。因此,评定零件精度等级(或公差等级)的高低,合理规定公差数值就需要建立公差单位。

公差单位是计算标准公差的基本单位。对小于或等于500mm的尺寸,IT5~IT18用公差单位 i 的倍数计算公差。公差单位 i 按下式计算:

$$i = 0.45\sqrt[3]{D} + 0.001D \tag{2-7}$$

式中:D 为基本尺寸分段的计算尺寸,为几何平均值(mm)。式中第一项反映加工误差的影响,第二项反映测量误差的影响,尤其是温度变化引起的测量误差。

2.3.3 尺寸分段*

根据标准公差的计算公式,每一个基本尺寸都对应有一个公差值。但在实际生产中基本尺寸很多,因而就会形成一个庞大的公差数值表,给企业的生产带来不少麻烦,同时不利于公差值的标准化、系列化。为了减少标准公差的数目,统一公差值,简化公差表格,以利于生产实际的应用,国家标准对基本尺寸进行了分段,见表 2-1。

表 2-1　基本尺寸分段(GB/T 1800.3—1998)　(mm)

主段落		中间段落		主段落		中间段落		主段落		中间段落	
大于	至	大于	至	大于	至	大于	至	大于	至	大于	至
—	3	—	—	30	50	30 40	40 50	180	250	180 200 225	200 225 250
3	6	—	—								
6	10	—	—	50	80	50 65	65 80	250	315	250 280	280 315
10	18	10 14	14 18	80	120	80 100	100 120	315	400	315 355	355 400
18	30	18 24	24 30	120	180	120 140 160	140 160 180	400	500	400 450	450 500

在表 2-1 中,一般使用的是主段落,对于间隙或过盈比较敏感的配合,可以使用分段比较密的中间段落。在常用尺寸段中主段有 13 段,其中有些主段中还有中间段落。

2.3.4　标准公差*

标准公差的计算公式见表 2-2,表中的高精度等级 IT01、IT0、IT1 的公式,主要考虑测量误差。IT2 ~ IT4 是在 IT1 ~ IT5 之间插入三级,使 IT1、IT2、IT3、IT4、IT5 成等比数列。常用的公差等级 IT5 ~ IT18 的标准公差计算公式如下:

$$IT = a\,i \quad i = f(D) \tag{2-8}$$

式中:a 是公差等级系数;i 为公差单位(公差因子)。除了 IT5 的公差等级系数 $a = 7$ 以外,从 IT6 开始,公差等级系数采用 R_5 系列,每隔 5 级,公差数值增加 10 倍。

表 2-2　标准公差的计算公式(GB/T 1800.3—1998)

公差等级	公式	公差等级	公式	公差等级	公式
IT01	$0.3+0.008D$	IT6	$10i$	IT13	$250i$
IT0	$0.5+0.012D$	IT7	$16i$	IT14	$400i$
IT1	$0.8+0.020D$	IT8	$25i$	IT15	$640i$
IT2	$(IT1)(IT5/IT1)^{1/4}$	IT9	$40i$	IT16	$1000i$
IT3	$(IT1)(IT5/IT1)^{2/4}$	IT10	$64i$	IT17	$1600i$
IT4	$(IT1)(IT5/IT1)^{3/4}$	IT11	$100i$	IT18	$2500i$
IT5	$7i$	IT12	$160i$		

例 2-3 求基本尺寸为 $\phi30$,IT6、IT7 的公差值。

解:由表 2-1 可知 30 处于 18~30 尺寸段:

$$D = \sqrt{18 \times 30} = 23.24$$

$$i = 0.45\sqrt[3]{D} + 0.001D = 0.45\sqrt[3]{23.24} + 0.001 \times 23.24 = 1.31(\mu m)$$

查表 2-2 得

$$IT6 = 10\,i \quad IT7 = 16\,i$$

故

$$IT6 = 10\,i = 10 \times 1.31 = 13.1 \approx 13(\mu m)$$

$$IT7 = 16\,i = 16 \times 1.31 = 20.96 \approx 21(\mu m)$$

由上例可知,计算得出公差数值的尾数要经过科学地圆整,从而编制出标准公差数值表,见附表 2-1。

2.4 基本偏差系列

2.4.1 基本偏差代号

1. 基本偏差

基本偏差是指确定零件公差带相对零线位置的那个偏差,它可以是上偏差或下偏差。一般为靠近零线的那个偏差。当公差带位置在零线以上时,其基本偏差为下偏差;当公差带位置在零线以下时,其基本偏差为上偏差。以孔为例,如图 2-12 所示。

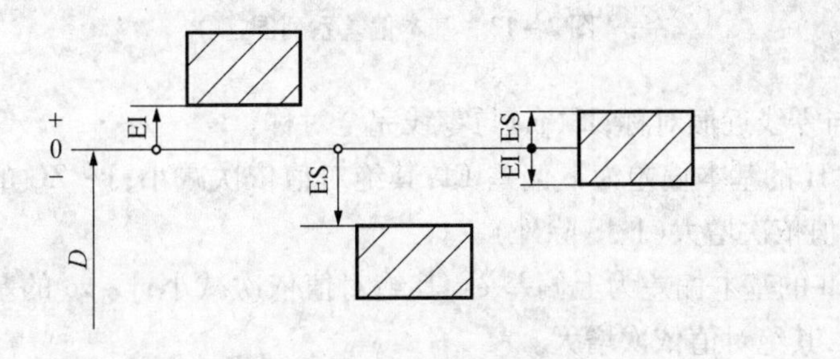

图 2-12 基本偏差

2. 基本偏差代号简介

图 2-13 为基本偏差系列图。基本偏差的代号用拉丁字母(按英文字母读音)表示,大写字母表示孔,小写字母表示轴。28 种基本偏差代号,去掉 26 个英文字母中易与其他学科的参数相混淆的字母 I、L、O、Q、W(i、l、o、q、w),国家标准规定采用 21 个,再加 7 个双写字母 CD、EF、FG、JS、ZA、ZB、ZC(cd、ef、fg、js、za、zb、zc),共有 28 个基本偏差代号。构成孔(或轴)的基本偏差系列,反映 28 种公差带相对与零线的位置。

3. 基本偏差系列的特点

H 的基本偏差为 EI = 0,公差带位于零线之上;h 的基本偏差为 es = 0,公差带位于

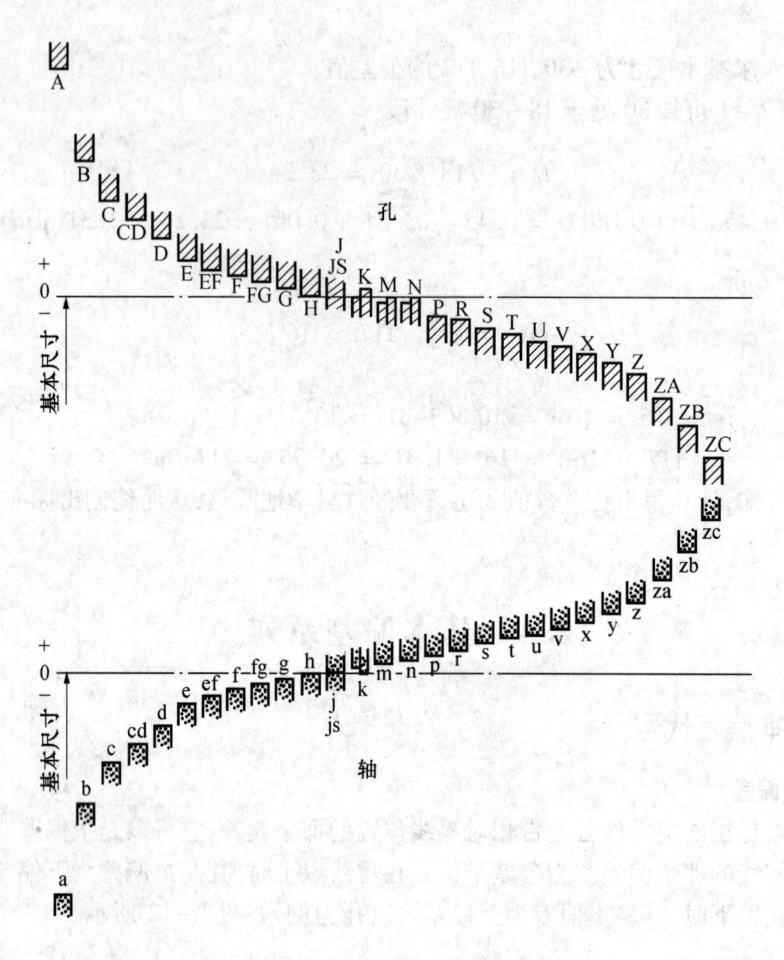

图 2 - 13　基本偏差系列图

零线之下；J(j)与零线近似对称；JS(js)与零线完全对称。

对于孔：A ~ H 的基本偏差为下偏差 EI，其绝对值依次减小；J ~ ZC 的基本偏差为上偏差 ES，其绝对值依次增大(J、JS 除外)。

对于轴：a ~ h 的基本偏差为上偏差 es，其绝对值依次减小；j ~ zc 的基本偏差为下偏差 ei(j、js 除外)，其绝对值依次增大。

由图 2 - 13 可知，公差带一端是封闭的，而另一端是开口的，其封闭开口公差带的长度取决于公差等级的高低(或公差值的大小)，这正体现了公差带包含标准公差和基本偏差这两个因素。

2.4.2　轴的基本偏差的确定

轴的基本偏差是在基孔制配合的基础上制定的。根据设计要求、生产经验、科学试验，并经数理统计分析，整理出一系列经验公式，见表 2 - 3。利用轴的基本偏差计算公式，以尺寸分段的几何平均值代入这些公式后，经过计算以及科学圆整尾数，编制出轴的基本偏差数值表，见附表 2 - 2。

表 2－3　轴的基本偏差计算公式(GB/T 1800.3—1998)　(mm)

代号	适用范围	基本偏差为上偏差(es)
a	$D \leqslant 120$mm	$-(265+1.3D)$
	$D>120$mm	$-3.5D$
b	$D \leqslant 160$mm	$-(140+0.85D)$
	$D>160$mm	$-1.8D$
c	$D \leqslant 40$mm	$-52D^{0.2}$
	$D>40$mm	$-(95+0.8D)$
cd		$-\sqrt{cd}$
d		$-16D^{0.44}$
e		$-11D^{0.41}$
ef		$-\sqrt{ef}$
f		$-5.5D^{0.41}$
fg		$-\sqrt{fg}$
g		$-2.5D^{0.34}$
h		0

代号	适用范围	基本偏差为下偏差(ei)
j	IT5 ~ IT8	经验数据
k	≤IT3 及 ≥IT8	0
	IT4 ~ IT7	$+0.6\sqrt[3]{D}$
m		+(IT7 ~ IT6)
n		$+5D^{0.34}$
p		+IT7 + (0 ~ 5)
r		$+\sqrt{ps}$
s	$D \leqslant 50$mm	+IT8 + (1 ~ 4)
	$D>50$mm	$+IT7+0.4D$
t		$+IT7+0.63D$
u		$+IT7+D$
v		$+IT7+1.25D$
x		$+IT7+1.6D$
y		$+IT7+2D$
z		$+IT7+2.5D$
za		$+IT8+3.15D$
zb		$+IT9+4D$
zc		$+IT10+5D$

$js = \pm \frac{IT}{2}$

注:D 的单位为 mm

轴的基本偏差数值确定后,在已知公差等级的情况下,可求出轴的另一极限偏差的数值(对公差带的另一端进行封口):

$$ei = es - IT\ (a \sim h)$$
$$es = ei + IT\ (k \sim zc) \tag{2-9}$$

2.4.3　孔的基本偏差的计算

基本尺寸≤500mm 时,孔的基本偏差是从轴的基本偏差换算得出。换算原则:在孔、轴为同一公差等级或孔比轴低一级的配合条件下,基孔制配合中轴的基本偏差代号与基轴制配合中孔的基本偏差代号相同时(例如:将 $\phi60\ \frac{H7}{f6}$、$\phi60\ \frac{H9}{m9}$、$\phi60\ \frac{H7}{p6}$分别换成 $\phi60\ \frac{F7}{h6}$、$\phi60\ \frac{M9}{h9}$、$\phi60\ \frac{P7}{h6}$),配合性质要完全相同。

根据上述换算原则,孔的基本偏差计算方法如下:

1. 间隙配合(A ~ H)

采用同一字母表示的孔、轴基本偏差要绝对值相等、符号相反。孔的基本偏差(A ~ H)是轴基本偏差(a ~ h)相对于零线的倒影,所以又称倒影规则。其公式为

$$EI = -es$$

例 2 -4 试将 $\phi 60\frac{H7}{f6}$换成 $\phi 60\frac{F7}{h6}$。

解:(1) 查标准公差:IT6 = 0.019 IT7 = 0.030

(2) 计算极限偏差:

基孔制:$\phi 60H7(^{+0.03}_{0})$ $\phi 60f6$ 的基本偏差:$es = -0.03$

另一偏差的计算: $ei = es - IT6 = -0.03 - 0.019 = -0.049$

故: $\phi 60f6(^{-0.003}_{-0.049})$

基轴制:$\phi 60h6(^{0}_{-0.019})$ $\phi 60F6$ 的基本偏差:

$$EI = -es = -(-0.03) = +0.03$$

另一偏差的计算:$ES = EI + IT7 = +0.03 + 0.03 = +0.06$

故: $\phi 60F7(^{+0.06}_{+0.03})$

(3) 计算极限间隙:

基孔制: $X_{max} = ES - ei = +0.03 - (-0.049) = +0.079$

$X_{min} = EI - es = 0 - (-0.03) = +0.03$

基轴制: $X_{max} = ES - ei = +0.06 - (-0.019) = +0.079$

$X_{min} = EI - es = +0.03 - 0 = +0.03$

从以上的计算结果可知,极限间隙完全相同,同名字母(f、F)换算成功,验证了 $EI = -es$。

2. 过渡配合(J ~ N)

在孔的较高精度配合时(≤IT8),国家标准推荐采用孔比轴低一级的配合。由于 J ~ N 都是靠近零线,而且与 j ~ n 形成倒影,从而就形成了孔的基本偏差在 $-ei$ 的基础上加一个 Δ。若孔与轴的配合为同级配合,则 Δ 即为零,正如倒影图里的体现:大小相等,符号相反。其公式为

$$ES = -ei + \Delta \quad \Delta = IT_n - IT_{n-1} = T_h - T_s$$

例 2 -5 将 $\phi 60\frac{H9}{m9}$换成 $\phi 60\frac{M9}{h9}$。

解:(1) 查标准公差:因为孔、轴同级,IT9 = 0.074。

(2) 计算极限偏差:

基孔制:$\phi 60H9(^{+0.074}_{0})$ $\phi 60m9$ 的基本偏差:$es = +0.011$

另一偏差的计算: $es = ei + IT9 = +0.011 + 0.074 = +0.085$

故: $\phi 60m9(^{+0.085}_{+0.011})$

基轴制: $\phi 60h9(^{0}_{-0.074})$

$\phi 60M9$ 的基本偏差:$ES = -ei + \Delta = -0.011 + 0 = -0.011$

另一偏差的计算：　　$EI = ES - IT9 = -0.011 + (-0.074) = -0.085$

故：　　$\phi60M9(^{-0.011}_{-0.085})$

(3) 计算极限间隙(或过盈)：

基孔制：　　$X_{max} = ES - ei = 0.074 - 0.011 = +0.063$

$Y_{max} = EI - es = 0 - 0.085 = -0.085$

基轴制：　　$X_{max} = ES - ei = -0.011 - (0.074) = +0.063$

$Y_{max} = EI - es = -0.085 - 0 = -0.085$

由以上计算可知：X_{max}、Y_{max}在两种基准制下都完全相同。此时基孔制的 m9 就换成基轴制 M9 了，验证了：$ES = -ei + \Delta(\Delta = 0)$。

3. 过盈配合(P ~ ZC)

同样 P ~ ZC 与 p ~ zc 形成倒影，但不能简单理解为大小相等，符号相反。必须注意的是：采用的公式与过渡配合一样。

例 2-6　试将 $\phi60\frac{H7}{p6}$换成 $\phi60\frac{P7}{h6}$。

解：(1) 查标准公差：IT6 = 0.019　IT7 = 0.030

(2) 计算极限偏差：

基孔制：$\phi60H7(^{+0.030}_{0})$　$\phi60p6$ 的基本偏差为

$ei = +0.032$

另一个极限偏差：　　$es = ei + IT6 = +0.051$

故：　　$\phi60p6(^{+0.051}_{+0.032})$

基轴制：$\phi60h6(^{0}_{-0.019})$　$\phi60P7$ 的基本偏差为

$ES = -ei + \Delta = 0.032 + 0.011 = -0.021$

$(\Delta = IT7 - IT6 = 0.030 - 0.019 = 0.011)$

另一个极限偏差：　$EI = ES - IT7 = -0.021 - 0.030 = -0.051$

故：　　$\phi60P7(^{-0.021}_{-0.051})$

(3) 计算极限过盈：

基孔制：　　$Y_{min} = ES - ei = +0.03 - 0.032 = -0.002$

$Y_{max} = EI - es = 0 - 0.051 = -0.051$

基轴制：　　$Y_{min} = ES - ei = -0.021 - (-0.019) = -0.002$

$Y_{max} = EI - es = -0.051 - 0 = -0.051$

以上得出在过渡、过盈配合的较高公差等级结合时，一般采用国家标准推荐的孔比轴低一级的配合，就会出现 Δ，证明了：$ES = -ei + \Delta$，$\Delta = IT_n - IT_{n-1}$，所以在查孔的基本偏差表时(K、M、N 高于或等于 8 级，P ~ ZC 高于或等于 7 级)要特别注意。

由三个实例说明孔的基本偏差表(附表 2-3)是国家标准采用 ISO 同样的方法来制定的，计算出孔的基本偏差按一定规则化整。实际使用时，可直接查此表，不必计算。

一般说来，高于或等于 7 级的配合，推荐采用工艺等价(即孔比轴低一级的配合)，而低于 8 级的配合选用同级配合。

孔的基本偏差数值确定后,在已知公差等级的情况下,可求出孔的另一极限偏差的数值(对公差带的另一端进行封口):

$$ES = EI + IT \quad (A \sim H)$$
$$EI = ES - IT \quad (K \sim ZC) \qquad (2-10)$$

2.4.4 极限与配合的标注

1. 零件图的标注

标注时必须注出公差带的两要素。基本偏差代号(位置要素)与公差等级数字(大小要素),标注时要用同一字号的字体(即两个符号等高)(GB/T 4458.5—2003)。如图1-3所示的尺寸标注:

孔: $\phi 45H7$ 或 $\phi 45^{+0.025}_{0}$ 或 $\phi 45H7\left(^{+0.025}_{0}\right)$

轴: $\phi 56r6$ 或 $\phi 56^{+0.060}_{+0.041}$ 或 $\phi 56r6\left(^{+0.060}_{+0.041}\right)$

图1-3中输出轴的径向配合尺寸:$\phi 45m6$、$\phi 55j6$、$\phi 56r6$、39.5、50以及键槽12N9、16N9。由于两处$\phi 55j6$与滚动轴承内圈配合,采用较紧的过渡配合,而$\phi 45m6$、$\phi 56r6$分别与齿轮和带轮配合,选择较松的过渡配合。同时从图1-3上的剖面得知,这两个配合面还加工有12和16的键槽,公差等级为9级,同样采用过渡配合(详见键的公差),而39.5、50公差相对较大(0.2),要注意尺寸公差较小的$\phi 45$(公差为0.016)、$\phi 56$(公差为0.021)。其余轴向尺寸(如255、60、36、57、12和21)都由未注尺寸公差控制。

2. 装配图的标注

在基本尺寸后标注配合代号。配合代号用分式表示,分子表示孔的公差带代号,分母表示轴的公差带代号。若图1-3采用基孔制配合,其配合标注的表示方法可用下列示例之一:

$$\phi 45\frac{H7}{m6} \quad 或 \quad \phi 45H7/m6$$

$$\phi 45\frac{H7\left(^{+0.025}_{0}\right)}{m6\left(^{+0.025}_{+0.009}\right)} \quad 或 \quad \phi 45H7\left(^{+0.025}_{0}\right)/m6\left(^{+0.025}_{+0.009}\right)$$

$$\phi 45\frac{\left(^{+0.025}_{0}\right)}{\left(^{+0.025}_{+0.009}\right)} \quad 或 \quad \phi 45\left(^{+0.025}_{0}\right)/\left(^{+0.025}_{+0.009}\right)$$

2.4.5 基准制配合

基准制是指同一极限制的孔和轴组成配合的一种制度。以两个相配合的孔和轴中的某一个为基准件,并选定标准公差带,而改变另一个非基准件的公差带的位置,从而形成了各种配合。在互换性生产中,需要各种不同性质的配合,即使配合公差确定后,也可通过改变孔和轴公差带位置,使配合获得多种的组合形式。为了简化孔、轴公差的组合形式,统一孔(或轴)公差带的评判基准,进而达到减少定值刀具、量具的规格数量,获得最大的经济效益。国家标准GB/T 1800.1—1997中规定了两种基准制配合:基孔制和基轴制。

1. 基孔制

基孔制是指基准孔H与非基准件(a~zc)轴形成各种配合的一种制度。这种制度之所以选用 H 做基准件，是因为孔在制造时容易把尺寸加工大，而 H 的基本偏差为零，公差带的上偏差 ES 就等于孔的公差，公差带在零线以上。

确定基准孔公差等级，将图 2-13 的 H 公差带向左右拉开即形成图 2-14。基准孔 H 与轴 a～h 形成间隙配合，与轴 j～n 一般形成过渡配合，与轴 p～zc 通常形成过盈配合。

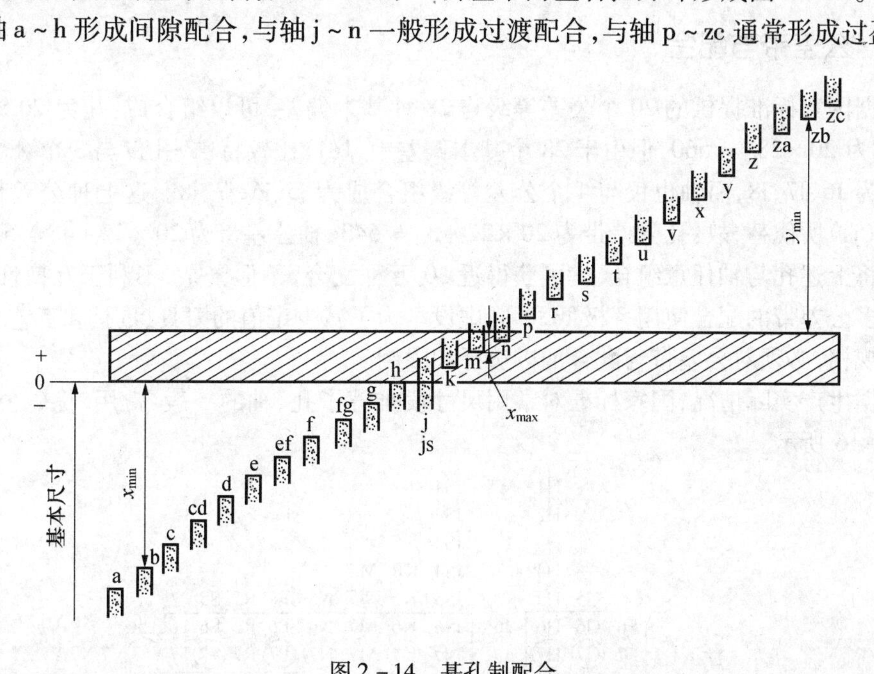

图 2-14　基孔制配合

2. 基轴制

基轴制是指基准轴 h 与非基准件（A～ZC）孔形成各种配合的一种制度。该制度选用 h 作为基准件，是因为轴在制造时容易把尺寸加工小，而 h 的基本偏差为零，公差带下偏差的绝对值为轴的公差，公差带在零线以下。

确定基准轴公差等级，将图 2-13 的 h 公差带向左右拉开即形成图 2-15。基准轴 h 与孔 A～H 形成间隙配合，与孔 J～N 一般形成过渡配合，与孔 P～ZC 通常形成过盈配合。

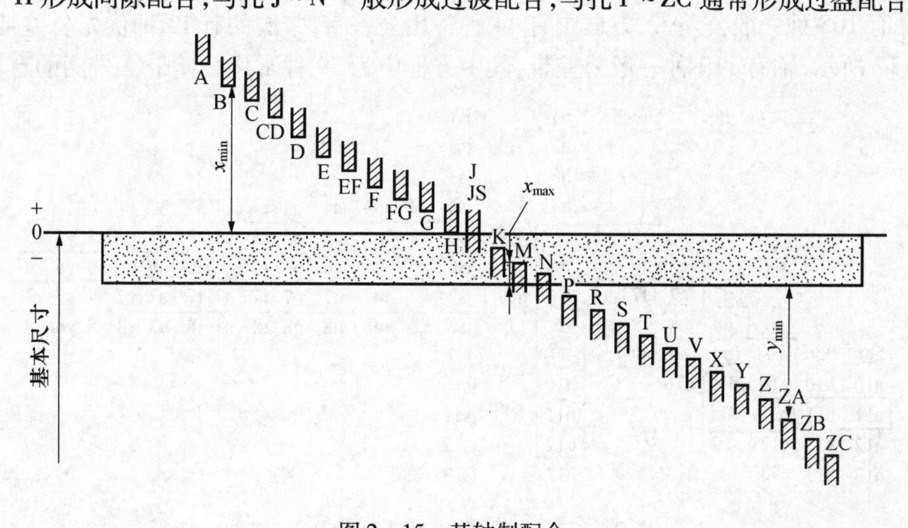

图 2-15　基轴制配合

2.5 尺寸公差带与未注公差

2.5.1 公差带与配合

根据国家标准提供的 20 个公差等级与 28 种基本偏差，可以组合成：孔为 20 × 28 = 560，轴为 20 × 28 = 560，但由于 28 个基本偏差中，J(j) 比较特殊，孔仅与 3 个公差等级组合成为 J6、J7、J8，而轴也仅与 4 个公差等级组合成为 j5、j6、j7、j8。这七种公差带逐渐会被 JS(js) 所代替，故：孔公差带为 20 × 27 + 3 = 543，轴公差带为 20 × 27 + 4 = 544。

若将上述孔与轴任意组合，就可获得近 30 万种配合，不但繁杂，不利于互换性生产，而且许多公差带的配合使用率极低，形同虚设。为了减少定值的刀具、量具和工艺装备的品种及规格，必须对公差带与配合加以选择和限制。

根据生产实际情况，国家标准对常用尺寸段推荐了孔、轴的一般、常用、优先公差带，如图 2-16 所示。

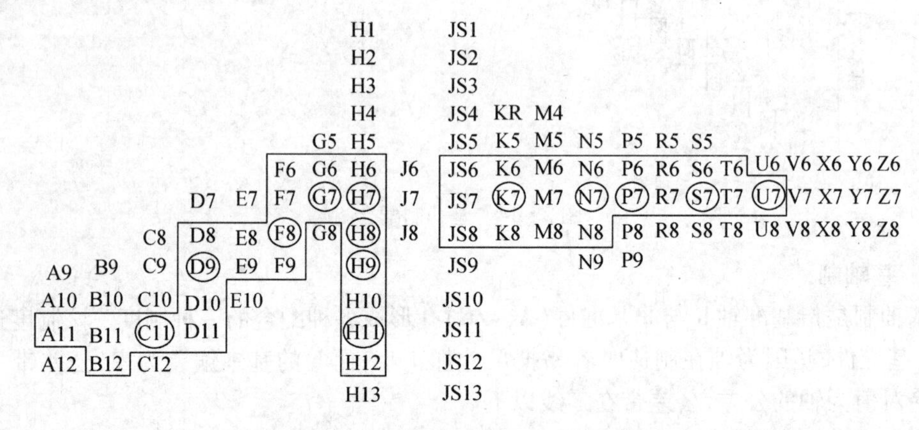

图 2-16 一般、常用、优先孔的公差带

孔有 105 种一般公差带，方框中有 44 种常用公差带，带圈的有 13 种优先公差带。如图 2-17 所示，轴有 119 种一般公差带，其中方框中为 59 种常用公差带，带圈的有 13 种

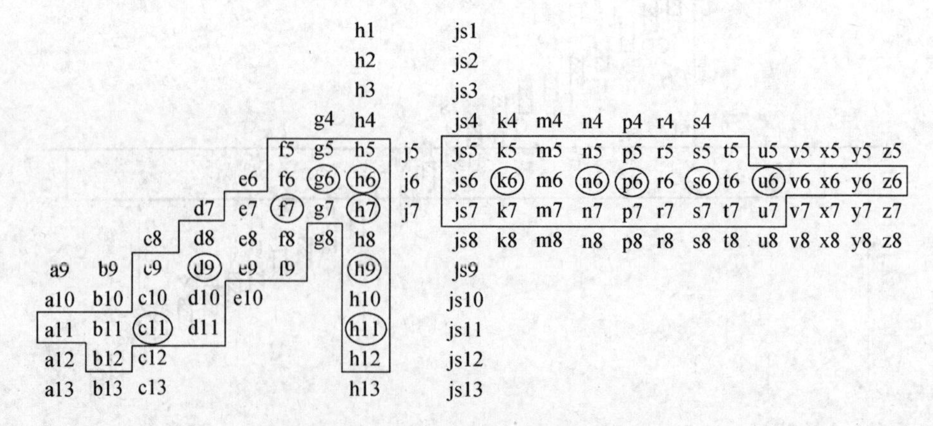

图 2-17 一般、常用、优先轴的公差带

优先公差带。选用公差带时，应按优先、常用、一般、任意公差带的顺序选用，特别是优先和常用公差带，反映了长期生产实践中积累较丰富的使用经验，应尽量选用。

表2-4和表2-5中，基轴制有47种常用配合、13种优先配合，基孔制中有59种常用配合、13种优先配合。同理，选择时应优先选用优先配合公差带，其次再选择常用配合公差带。

表2-4　基轴制优先、常用配合

基准轴	孔																				
	A	B	C	D	E	F	G	H	JS	K	M	N	P	R	S	T	U	V	X	Y	Z
	间隙配合								过渡配合				过盈配合								
h5						F6/h5	G6/h5	H6/h5	JS6/h5	K6/h5	M6/h5	N6/h5	P6/h5	R6/h5	S6/h5	T6/h5					
h6						F7/h6	◤G7/h6	◤H7/h6	JS7/h6	◤K7/h6	M7/h6	◤N7/h6	◤P7/h6	R7/h6	◤S7/h6	T7/h6	◤U7/h6				
h7					E8/h7	◤F8/h7		◤H8/h7	JS8/h7	K8/h7	M8/h7	N8/h7									
h8				D8/h8	E8/h8	F8/h8		H8/h8													
h9				◤D9/h9	E9/h9	F9/h9		◤H9/h9													
h10				D10/h10				H10/h10													
h11	A11/h11	B11/h11	◤C11/h11	D11/h11				◤H11/h11													
h12		B12/h12						H12/h12													

注：1. 标注◤的配合为优先配合；
2. 摘自GB/T 1801—1999

表2-5　基孔制优先、常用配合

基准孔	轴																				
	a	b	c	d	e	f	g	h	js	k	m	n	p	r	s	t	u	v	x	y	z
	间隙配合								过渡配合			过盈配合									
h6						h6/f5	H6/g5	H6/h5	H6/js5	H6/k5	K6/m5	H6/n5	H6/p5	H6/r5	H6/s5	H6/t5					
H7						H7/f6	◤H7/g6	◤H7/h6	H7/js6	◤H7/k6	H7/m6	◤H7/n6	◤H7/p6	H7/r6	◤H7/s6	H7/t6	◤H7/u6	H7/v6	H7/x6	H7/y6	H7/z6
H8					H8/e7	◤H8/f7	H8/g7	◤H8/h7	H8/js7	H8/k7	H8/m7	H8/n7	H8/p7	H8/r7	H8/s7	H8/t7	H8/u7				
				H8/d8	H8/e8	H8/f8		H8/h8													

(续)

基准孔	轴																				
	a	b	c	d	e	f	g	h	js	k	m	n	p	r	s	t	u	v	x	y	z
	间隙配合								过渡配合			过盈配合									
H9			$\frac{H9}{c9}$	◤ $\frac{H9}{d9}$	$\frac{H9}{e9}$	$\frac{H9}{f9}$		◤ $\frac{H9}{h9}$													
H10			$\frac{H10}{c10}$	$\frac{H10}{d10}$				$\frac{H10}{h10}$													
H11	$\frac{H11}{a11}$	$\frac{H11}{b11}$	$\frac{H11}{c11}$	$\frac{H11}{d11}$				◤ $\frac{H11}{h11}$													
H12		$\frac{H12}{b12}$						$\frac{H12}{h12}$													

注:1. $\frac{H6}{n5}$,$\frac{H7}{p6}$在基本尺寸小于或等于 3mm 和$\frac{H8}{r7}$在小于或等于 100mm 时,为过渡配合;

2. 标注◤的配合为优先配合;

3. 摘自 GB/T 1801—1999

2.5.2 线性尺寸未注公差

"未注公差尺寸"是指图样上只标注基本尺寸,而不标其公差带或极限偏差。如图 1-3 中的 36、57、12、21 等,尽管只标注了基本尺寸,没有标注极限偏差,不能理解为没有公差要求,其极限偏差应按"未注公差"标准规定选取。

对于那些没有配合要求、对机器使用影响不大的尺寸,仅仅从装配方便、减轻重量、节约材料、外形统一美观等方面考虑,而提出一些限制性的要求。这种要求一般较低,公差较大,所以不必标明公差,从而可以简化视图,使图面清晰,更加突出了重要的或有配合要求的尺寸。

GB/T 1804-2000 规定了线性尺寸的一般公差等级和极限偏差。一般公差等级分为四级:f、m、c、v。极限偏差全部采用对称偏差值,相应的极限偏差见表 2-6。

表 2-6 线性尺寸未注极限偏差的数值(摘自 GB/T 1804—2000) (mm)

公差等级	尺寸分段							
	0.5~3	>3~6	>6~30	>30~120	>120~400	>400~1000	>1000~2000	>2000~4000
f(精密级)	±0.05	±0.05	±0.1	±0.15	±0.2	±0.3	±0.5	—
m(中等级)	±0.1	±0.1	±0.2	±0.3	±0.5	±0.8	±1.2	±2
c(粗糙级)	±0.2	±0.3	±0.5	±0.8	±1.2	±2	±3	±4
v(最粗级)	—	±0.5	±1	±1.5	±2.5	±4	±6	±8

线性尺寸的一般公差主要用于较低精度的非配合尺寸。当功能上允许的公差等于或大于一般公差时,均应采用一般公差。选择时,应考虑车间的一般加工精度来选取公差等级。在图样上、技术文件或标注中,用标准号和公差等级符号表示。

例如:选用中等级时表示为 GB/T 1804 — m

选用粗糙级时表示为　　GB/T 1804 — c

2.6　极限与配合的选用

极限与配合的选择是机械制造中至关重要的一环。选用得是否恰当,对于机械的使用性能和制造成本有很大影响,有时甚至起决定性的作用。因此,极限与配合的选择原则实质上是尺寸的精度设计。其内容包括选择基准制、公差等级和配合种类三个方面。选择的方法有计算法、试验法和类比法。

2.6.1　基准制的选择

选用基准制时,主要应从零件的结构、工艺、经济等方面来综合考虑。

1. 基孔制配合——优先选用

由于选择基孔制配合的零件、部件生产成本低,经济效益好而广泛使用。具体理由如下:

(1) 加工工艺方面:加工中等尺寸的孔,通常需要采用价格较贵的扩孔钻、铰刀、拉刀等定值刀具。而且,一种刀具只能加工一种尺寸的孔,而加工轴则不同,一把车刀或砂轮可加工不同尺寸的轴。

(2) 技术测量方面:一般中等精度孔的测量,必须使用内径百分表,由于调整和读数不易掌握,测量时需要一定水平的测试技术。而测量轴则不同,可以采用通用量具卡尺或千分尺,测量非常方便且读数也容易掌握。

2. 基轴制配合——特殊场合选用

在有些情况下,采用基轴制配合更为合理。

(1) 直接采用冷拉棒料做轴。其表面不需要再进行切削加工,同样可以获得明显的经济效益(由于这种原材料具有一定的尺寸、几何、表面粗糙度),在农业、建筑、纺织机械中常用。

(2) 有些零件由于结构上的需要采用基轴制更合理。

图 2-18(a)所示为活塞连杆机构,根据使用要求,活塞销轴与活塞孔采用过渡配合,

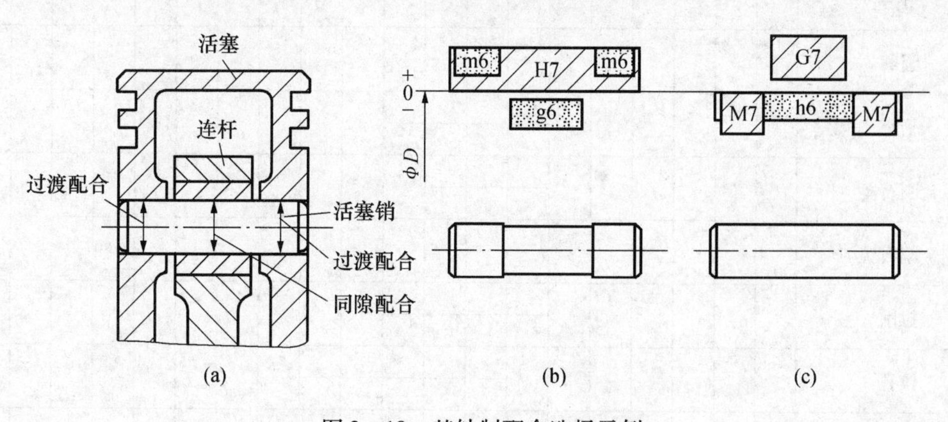

图 2-18　基轴制配合选择示例

而连杆衬套与活塞销轴则采用间隙配合。若采用基孔制(图 2 - 18(b)),活塞销轴将加工成台阶形状,而采用基轴制配合(图 2 - 17(c)),销轴可制成光轴。这种选择不仅有利于轴的加工,并且能够保证合理的装配质量。

3. 与标准件配合

当设计的零件需要与标准件配合时,应根据标准件来确定基准配合。例如,与滚动轴承内圈配合的轴应该选用基孔制,而与滚动轴承外圈配合的孔则宜选择基轴制。

4. 需要时可选择混合制配合

为了满足某些配合的特殊需要,国家标准允许采用任一孔、轴公差带组成的配合,如非基准件的相互配合。

2.6.2 公差等级的选用

公差等级的选用就是确定尺寸的制造精度与加工的难易程度。加工的成本和工件的工作质量有关,所以在选择公差等级时,要正确处理使用要求、加工工艺及生产成本之间的关系。其选择原则是:在满足使用要求的前提下,尽可能选择较低的公差等级。

通常采用的方法为类比法,即参考从生产实践中总结出来的经验汇编成资料,进行比较选择。选用时应考虑:

(1) 在常用尺寸段内,对于较高公差等级的配合(间隙和过渡配合中孔的公差等级高于或等于 8 级,过盈配合中孔的公差等级高于或等于 7 级)时,要考虑工艺等价:由于孔比轴难加工,确定孔比轴低一级,从而使孔、轴的加工难易程度相同。国家标准推荐低精度的孔与轴配合选择相同的公差等级。

(2) 常用加工方法所能达到的公差等级见表 2 - 7,选择时可供参考。

表 2 - 7 常用加工方法所能达到的公差等级

公差等级 / 加工方法	01	0	1	2	3	4	5	6	7	8	9	10	11	12	13	14	15	16	17	18
研磨																				
珩磨																				
圆磨																				
平磨																				
金刚石车																				
金刚石镗																				
拉削																				
铰孔																				
精车精镗																				

(续)

加工方法 \ 公差等级	01	0	1	2	3	4	5	6	7	8	9	10	11	12	13	14	15	16	17	18
粗车																				
粗镗																				
铣																				
刨																				
钻削																				
冲压																				
滚压、挤压																				
锻造																				
砂型铸造																				
金属型铸造																				
气割																				

（3）公差等级的应用范围见表2-8。

表2-8　公差等级的应用

应用 \ 公差等级	01	0	1	2	3	4	5	6	7	8	9	10	11	12	13	14	15	16	17	18
块规																				
量规																				
配合尺寸																				
特别精密零件																				
非配合尺寸																				
原材料																				

（4）选择时，既要保证设计要求，又要充分考虑加工工艺的可能性和经济性。图2-19为公差等级与生产成本之间的关系。

（5）在非基准制配合中，有的零件精度要求不高，可与相配合零件的公差等级相差2级~3级。

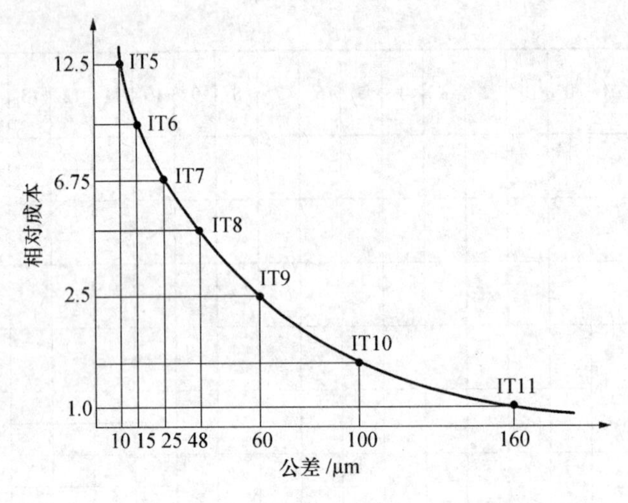

图2－19　公差等级与生产成本的关系

（6）常用公差等级的应用见表2－9。

表2－9　常用公差等级的应用

公差等级	应　用
5级	主要用在配合公差、形状公差要求甚小的地方，它的配合性质稳定，一般在机床、发动机、仪表等重要部位应用，如：与D级滚动轴承配合的箱体孔；与E级滚动轴承配合的机床主轴，机床尾架与套筒，精密机械及高速机械中轴径，精密丝杆轴径等
6级	配合性质能达到较高的均匀性，如：与E级滚动轴承相配合的孔、轴径；与齿轮、蜗轮、联轴器、带轮、凸轮等连接的轴径，机床丝杠轴径；摇臂钻立柱；机床夹具中导向件外径尺寸；6级精度齿轮的基准孔，7、8级精度齿轮基准轴径
7级	7级精度比6级稍低，应用条件与6级基本相似，在一般机械制造中应用较为普遍，如：联轴器、带轮、凸轮等孔径；机床夹盘座孔；夹具中固定钻套，可换钻套；7、8级齿轮基准孔，9、10级齿轮基准轴
8级	在机器制造中属于中等精度，如：轴承座衬套沿宽度方向尺寸，9级～12级齿轮基准孔；11、12级齿轮基准轴
9级、10级	主要用于机械制造中轴套外径与孔；操纵件与轴；空轴带轮与轴；单键与花键
11级、12级	配合精度很低，装配后可能产生很大间隙，适用于基本上没有什么配合要求的场合，如：机床上法兰盘与止口；滑块与滑移齿轮；加工中工序间尺寸；冲压加工的配合件；机床制造中的扳手孔与扳手座的连接

2.6.3　配合种类的选择

配合种类的选择就是在确定了基准制的基础上，根据使用中允许间隙或过盈的大小及变化范围，选定非基准件的基本偏差代号。有的配合同时确定基准件与非基准件的公差等级。

1. 根据需要确定配合的种类

若孔、轴有相对运动要求时，选择间隙配合；当孔、轴无相对运动时，应根据具体工作条件的不同确定过盈(用于传递扭矩)、过渡(主要用于精确定心)。确定配合类别后,首先应尽可能地选用优先配合,其次是常用配合,再次是一般配合,最后仍不能满足要求,可以选择其他任意的配合。

2. 选择基本偏差的方法

配合类别确定后,基本偏差的选择有三种方法。

1)计算法

计算法是根据配合的性能要求,由理论公式计算出所需的极限间隙或极限过盈。如滑动轴承需要根据机械零件中液体润滑摩擦公式,计算出保证液体润滑摩擦的最大、最小间隙。过盈配合需按材料力学中的弹性变形、许用应力公式计算出最大、最小过盈,以使其既能传递所需力矩,又不至于破坏材料。由于影响间隙和过盈的因素很多,理论计算也只是近似的,所以在实际应用中还需经过试验来确定,一般情况下,较少使用计算法。

2)试验法

用试验的方法来确定满足产品工作性能的间隙和过盈的范围,该方法主要用于特别重要的配合。试验法根据数据显示,使用比较可靠,但周期长、成本高,应用范围较小。

3)类比法

参照同类型机器或结构中经过长期生产实践验证的配合,再结合所设计产品的使用要求和应用条件来确定配合,该方法应用最为广泛。

3. 类比法选择配合种类

用类比法选择配合,要着重掌握各种配合的特征和应用的场合,尤其是对国家标准所规定的常用与优先配合的特点要熟悉。表2-10所列为尺寸至500,基孔制、基轴制优先配合的特征及应用场合。

表2-10 优先配合选用说明

配合类别	配合特征	配合代号	应用
间隙配合	特大间隙	$\frac{H11}{a11}$ $\frac{H11}{b11}$ $\frac{H12}{b12}$	用于高温或工作时要求大间隙的配合
	很大间隙	$\left(\frac{H11}{c11}\right)$ $\frac{H11}{d11}$	用于工作条件较差、受力变形或为了便于装配而需要大间隙的配合和高温工作的配合
	较大间隙	$\frac{H9}{c9}$ $\frac{H10}{c10}$ $\frac{H8}{d8}$ $\left(\frac{H9}{d9}\right)$ $\frac{H10}{d10}$ $\frac{H8}{e7}$ $\frac{H8}{e8}$ $\frac{H9}{e9}$	用于高速重载的滑动轴承或大直径的滑动轴承,也可用于大跨距或多支点支承的配合
	一般间隙	$\frac{H6}{f5}$ $\frac{H7}{f6}$ $\left(\frac{H7}{f7}\right)$ $\frac{H8}{f8}$ $\frac{H9}{f9}$	用于一般转速的动配合。当温度影响不大时,广泛应用于普通润滑油润滑的支承处
	较小间隙	$\left(\frac{H7}{g6}\right)$ $\frac{H8}{g7}$	用于精密滑动零件或缓慢间歇回转的零件的配合部位
	很小间隙和零间隙	$\frac{H6}{g5}$ $\frac{H6}{h5}$ $\left(\frac{H7}{h6}\right)$ $\left(\frac{H8}{h7}\right)$ $\frac{H8}{h8}$ $\left(\frac{H9}{h9}\right)$ $\frac{H10}{h10}$ $\left(\frac{H11}{h11}\right)$ $\frac{H12}{h12}$	用于不同精度要求的一般定位件的配合和缓慢移动及摆动零件的配合

（续）

配合类别	配合特征	配合代号	应用
过渡配合	绝大部分有微小间隙	$\frac{H6}{js5}$ $\frac{H7}{js6}$ $\frac{H8}{js7}$	用于易于装拆的定位配合或加紧固件后可传递一定静载荷的配合
	大部分有微小间隙	$\frac{H6}{k5}$ $\left(\frac{H7}{k6}\right)$ $\frac{H8}{k7}$	用于稍有振动的定位配合。加紧固件可传递一定载荷。装拆方便可用木锤敲入
	大部分有微小过盈	$\frac{H6}{m4}$ $\frac{H7}{m6}$ $\frac{H8}{m7}$	用于定位精度较高且能抗振的定位配合。加键可传递较大载荷。可用铜锤敲入或小压力压入
	绝大部分有微小过盈	$\left(\frac{H7}{n6}\right)$ $\frac{H8}{n7}$	用于精确定位或紧密组合件的配合。加键能传递大力矩或冲击性载荷。只在大修时拆卸
	绝大部分有较小过盈	$\frac{H8}{p7}$	加键后能传递很大力矩，且承受振动和冲击的配合。装配后不再拆卸
过盈配合	轻型	$\frac{H6}{n5}$ $\frac{H6}{p5}$ $\left(\frac{H7}{p6}\right)$ $\frac{H6}{r5}$ $\frac{H7}{r6}$ $\frac{H8}{r7}$	用于精确的定位配合。一般不能靠过盈传递力矩。要传递力矩尚需加紧固件
	中型	$\frac{H6}{s5}$ $\left(\frac{H7}{s6}\right)$ $\frac{H8}{s7}$ $\frac{H6}{t5}$ $\frac{H7}{t6}$ $\frac{H8}{t7}$	不需加紧固件就可传递较小力矩和轴向力。加紧固件后可承受较大载荷或动载荷的配合
	重型	$\left(\frac{H7}{u6}\right)$ $\frac{H8}{u7}$ $\frac{H7}{v6}$	不需加紧固件就可传递和承受大的力矩和动载荷的配合。要求零件材料有高强度
	特重型	$\frac{H7}{x6}$ $\frac{H7}{y6}$ $\frac{H7}{z6}$	能传递和承受很大力矩和动载荷的配合，须经试验后方可应用

注：1. 括号内的配合为优先配合。
2. 国家标准规定的44种基轴制配合的应用与本表中的同名配合相同

表2－11为轴的基本偏差选用说明，可供选择时参考。

表2－11　轴的基本偏差选用说明

配合	基本偏差	特性及应用
间隙配合	a、b	可得到特别大的间隙，应用很少
	c	可得到很大的间隙，一般适用于缓慢、松弛的动配合。用于工作条件较差（如农业机械）、受力变形或为了便于装配，而必须有较大间隙时。也用于热动间隙配合
	d	适用于松的转动配合，如密封盖、滑轮、空转皮带轮与轴的配合，也适用于大直径滑动轴承配合以及其他重型机械中的一些滑动支承配合。多用IT7级～IT11级
	e	适用于要求有明显间隙，易于转动的支承配合，如大跨距支承、多支点支承等配合。高等级的e轴适用大的、高速、重载支承。多用IT7级～IT9级

（续）

配合	基本偏差	特性及应用
间隙配合	f	适用于一般转动配合，广泛用于普通润滑油（或润滑脂）润滑的支承，如齿轮箱、小电动机、泵等的转轴与滑动支承的配合。多用 IT6 级～IT8 级
	g	配合间隙很小，制造成本高，除很轻负荷的精密装置外，不推荐用于转动配合。最适合不回转的精密滑动配合，也用于插销等定位配合。多用 IT5 级～IT7 级
	h	广泛用于无相对转动的零件，作为一般的定位配合；若没有温度、变形影响，也用于精密滑动配合。多用 IT4 级～IT11 级
过渡配合	js	平均间隙较小，多用于要求间隙比 h 轴小，并允许略有过盈的定位配合，如联轴节、齿圆与钢制轮毂等，一般可用手或木锤装配。多用 IT4 级～IT7 级
	k	平均间隙接近于零，推荐用于要求稍有过盈的定位配合，例如为了消除振动用的定位配合。一般用木锤装配。多用 IT4 级～IT7 级
	m	平均过盈较小，适用于不允许活动的精密定位配合。一般可用木锤装配。多用 IT4 级～IT7 级
	n	平均过盈比 m 稍大，很少得到间隙，适用于定位要求较高且不常拆的配合。用锤或压力机装配。多用 IT4 级～IT7 级
过盈配合	p	用于小过盈配合。与 H6 或 H7 配合时是过盈配合，而与 H8 配合时为过渡配合。对非铁类零件，为轻的压入配合，对钢、铸铁或铜—钢组件装配是标准压入配合。多用 IT5 级～IT7 级
	r	用于传递大扭矩或受冲击载荷需要加键的配合。对铁类零件，为中等打入配合，对非铁类零件，为轻的打入配合。多用 IT5 级～IT7 级
	s	用于钢制和铁制零件的永久性和半永久性结合，可产生相当大的结合力。用压力机或热胀冷缩法装配。多用 IT5 级～IT7 级
	t～z	过盈量依次增大，除 u 外，一般不推荐

选择配合时还应考虑：

（1）载荷的大小。载荷过大时，需要过盈配合的过盈量要增大；对间隙配合要求减小间隙；对于过渡配合要选用过盈概率大的过渡配合。

（2）配合的装拆。经常需要装拆的配合比不常拆装的配合要松，有时零件虽然不常装拆，但受结构限制、装配困难的配合，也要选择较松配合。

（3）配合件的长度。若部位结合面较长时，由于受几何误差的影响，实际形成的配合比结合面短的配合要紧，所以在选择配合时应适当减小过盈或增大间隙。

（4）配合件的材料。当配合件中有一件是铜或铝等塑性材料时，考虑到它们容易变形，选择配合时可适当增大过盈或减小间隙。

（5）温度的影响。当装配温度与工作温度相差较大时，要考虑热变形对配合的影响。

(6) 工作条件。不同的工作情况对过盈或间隙的影响,见表 2-12。

表 2-12 工作情况对过盈或间隙的影响

具体情况	过盈(增或减)	间隙(增或减)	具体情况	过盈(增或减)	间隙(增或减)
材料强度低	减	—	装配时可能歪斜	减	增
经常拆卸	减	—	旋转速度增高	增	减
有冲击载荷	增	减	有轴向运动	—	增
工作时孔温高于轴温	增	减	润滑油黏度增大	—	增
工作时轴温高于孔温	减	增	表面趋向粗糙	增	减
配合长度增大	减	增	单件生产相对于成批生产	减	增
配合面形状和位置误差增大	减	增			

4. 计算法选择配合

若两工件结合面间的过盈或间隙量确定后,可以通过计算并查表选定其配合。根据极限间隙(或极限过盈)确定配合的步骤如下:

(1) 首先确定基准制;

(2) 根据极限间隙(或极限过盈)计算配合公差;

(3) 根据配合公差查表选取孔、轴的公差等级;

(4) 按公式计算基本偏差值;

(5) 反查表确定基本偏差代号;

(6) 校核计算结果。

例 2-7 设有基本尺寸为 $\phi40$ 的孔、轴配合,要求配合间隙为 $+0.025 \sim +0.066$,试确定其配合。

解:(1) 一般情况下优选基孔制,确定代号 H。

(2) 配合公差的计算:

$$T_f = |X_{max} - X_{min}| = 0.066 - 0.025 = 0.041$$

(3) 查附表 2-1 确定孔、轴的公差等级,根据工艺等价原则和配合公差的计算公式,查出:$T_f = T_h + T_s$, IT7 = 0.025, IT6 = 0.016, $T_f = 0.025 + 0.016 = 0.041$,结果等于 0.041 的给定配合公差,故选择合适。若选择孔、轴的公差等级都为 IT6,则 $T_f = 2 \times 0.016 = 0.032$ 与给定的配合公差相比较太小,加工难度加大,成本一定会提高。若都选择 IT7,则 $T_f = 2 \times 0.025 = 0.05$,结果大于 0.041,满足不了设计要求。故最佳选择为孔是 IT7,轴为 IT6。

(4) 计算基本偏差值:

因为 $X_{min} = EI - es$,又由于选择基孔制 $EI = 0$, $es = -X_{min} = -25\mu m$,故轴的基本偏差为

$$es = -0.025$$

(5) 确定基本偏差代号。反查表(附表 2-3),轴的基本偏差为 f,即上偏差为

$$es = -0.025$$

(6) 校核。由以上结果可知：$\phi40\ \frac{H7}{f6}$，$\phi40H7(^{+0.025}_{0})$，$\phi40f6(^{-0.025}_{-0.041})$，此时所得的 $X_{max}=+0.066$，$X_{min}=+0.025$，经校核基本满足设计要求。

2.7 尺寸链*

2.7.1 尺寸链的基本概念

在制造行业的产品设计、工艺规程设计、零部件加工和装配、技术测量等工作中，经常遇到的不是一些孤立的尺寸，而是一些相互联系的尺寸。为了保证机器或仪器能顺利地进行装配，并达到预定的工作要求，要在设计与生产过程中，正确分析和确定各零部件尺寸关系，合理确定构成各有关零部件的几何精度（尺寸公差、几何公差），它们之间的关系需用尺寸链来计算和处理。

1. 尺寸链的基本术语与定义

1）尺寸链与尺寸链线图

在零件加工或机器装配过程中，由相互连接的尺寸形成封闭的尺寸组，称为尺寸链。

如图 2-20(a)所示工件，若以右端面为基准先加工 A_2 尺寸，再按尺寸 A_1 加工左端面，则尺寸 A_0 也就随之确定。A_0、A_1 和 A_2 形成尺寸链，尺寸链线图如图 2-20(b)所示。A_0 根据实际加工顺序来确定，在零件图上是不标注的。

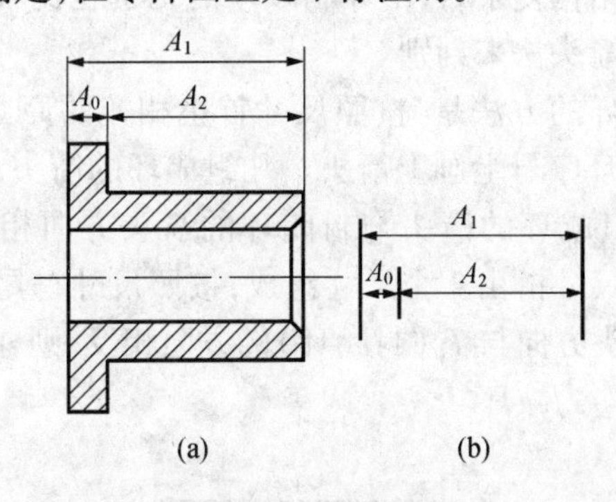

图 2-20 零件尺寸链

如图 2-21(a)所示孔、轴装配图，间隙 S_0 的大小由孔径 S_1 和轴径 S_2 所确定。S_0、S_1 和 S_2 连接成封闭的尺寸组，形成尺寸链，尺寸链线图如图 2-21(b)所示。

2）环

尺寸链中的每一个尺寸称为环。

3）封闭环

尺寸链在加工过程或装配过程中最后自然形成的一环，称为封闭环。封闭环代号用下角标“0”表示。在任何尺寸链中，只有一个封闭环，如图 2-20、图 2-21 中的 A_0 和 S_0。

4）组成环

在尺寸链中对封闭环有影响的全部环，即尺寸链除封闭环以外的所有环称为组成环。根据它们变动对封闭环的影响不同，分为增环和减环。组成环代号用下角标注阿拉伯数

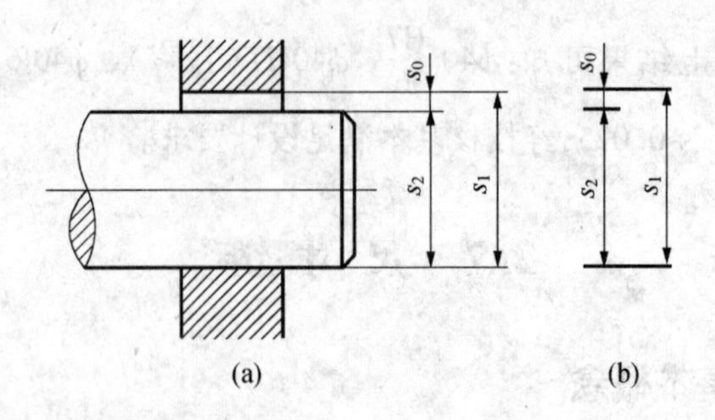

图 2-21　装配尺寸链

字表示,如图 2-20、图 2-21 中的 A_1 和 A_2、S_1 和 S_2。

(1) 增环。若在其他尺寸不变的条件下,某一组成环的尺寸变化引起封闭环的尺寸同向变化,则该类环称为增环。同向变化是指该组成环尺寸增大封闭环的尺寸也随之增大,该组成环尺寸减小时封闭环尺寸也随之减小,如图 2-20、图 2-21 中的 A_1 和 S_1。

(2) 减环。若在其他尺寸不变的条件下,某一组成环的尺寸变化引起封闭环的尺寸反向变化,则该类环称为减环。反向变化是指该组成环尺寸增大封闭环的尺寸反而随之减小,该组成环尺寸减小时封闭环尺寸反而随之增大,如图 2-20、图 2-21 中的 A_2 和 S_2。

当尺寸链环数较多、结构复杂时,增环和减环的判别也比较复杂。为了准确、简便地判别增环和减环,可以用箭头法来判别。

箭头法判别增环、减环的方法是:按照尺寸首尾相接的原则,顺着一个方向(顺时针或逆时针)在尺寸链中各环字母上画上箭头。凡组成环的箭头与封闭环的箭头方向相同者,此组成环为减环;若组成环的箭头与封闭环的箭头方向相反,此组成环为增环。图 2-22尺寸链线图所示的尺寸链由 4 个尺寸组成,按照尺寸首尾相接的原则,顺时针方向画箭头,其中 A_1、A_3 的箭头方向与 T_0(封闭环)的方向相反,则 A_1、A_3 为增环;A_2 的箭头方向与 T_0 的方向相同,则 A_2 为减环。

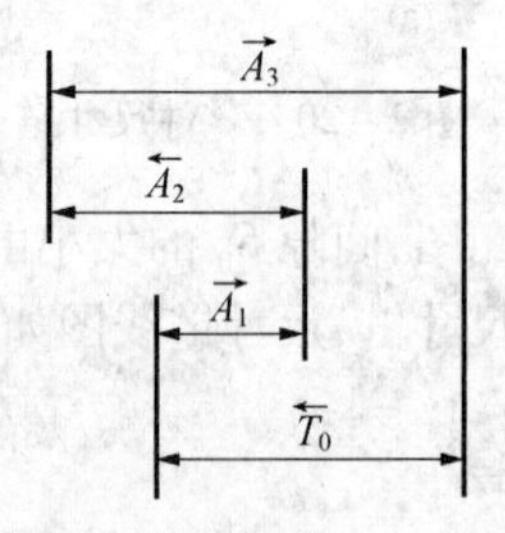

图 2-22　箭头法判断增环、减环示例

5) 传递系数

表示各组成环对封闭环影响大小的系数称为传递系数,用 ξ 表示。传递系数值等于组成环在封闭环上引起的变动量对该组成环本身变动量之比。

设 L_1、L_2、…、L_m 为各组成环(m 为组成环的环数),L_0 为封闭环,则有

$$L_0 = f(L_1、L_2、\cdots、L_m)$$

设第 i 组成环的传递系数为 ξ_i，则

$$\xi_i = \frac{\partial f}{\partial L_i} \tag{2-11}$$

对于增环 ξ_i 为正值，对于减环 ξ_i 为负值。一般直线尺寸链 $|\xi| = 1$。

2. 尺寸链的分类

1）按其几何特征分

（1）长度尺寸链。链中各环均为长度尺寸，长度环的代号用大写斜体英文字母 A、B、C、…表示。

（2）角度尺寸链。链中各环均为角度，角度环的代号用小写斜体希腊字母 α、β、γ、…等示。

2）按应用范围分

（1）装配尺寸链。链中各环属于相互联系的不同零件和部件。这种链用于确定组成机器零部件有关尺寸的精度关系。

（2）零件尺寸链。链中各环均为同一零件设计尺寸。这种链用于确定同一零件上各尺寸的联系。

（3）工艺尺寸链。链中各环为同一零件工艺尺寸所形成的尺寸链。

装配尺寸链和零件尺寸链统称为设计尺寸链，设计尺寸指零件图上标注的尺寸；工艺尺寸包括工序尺寸、定位尺寸和基准尺寸，是工件加工过程中所遵循的依据。

3）按各环在空间中的位置分

（1）直线尺寸链。链中各环均位于同一平面内且平行于封闭环的尺寸链。

（2）平面尺寸链。链中各环位于同一平面或平行的几个平面内，且某些组成环不平行于封闭环的尺寸链。

（3）空间尺寸链。链中各环位于几个不平行的平面内。

此外还有一些其他尺寸链，本节重点讨论直线尺寸链。

2.7.2 完全互换法计算尺寸链

用完全互换法（又称极值法）解尺寸链是从各环的最大极限尺寸和最小极限尺寸出发来计算的，所以它能保证零、部件的完全互换。

1. 基本公式

设尺寸链的组成环为 n 个，其中 m 个增环，$n-m$ 个减环，L_0 为封闭环的基本尺寸，L_i 为第 i 个组成环的基本尺寸。

1）封闭环的基本尺寸 L_0

尺寸链中封闭环的基本尺寸为所有增环基本尺寸之和减去所有减环基本尺寸之和，即

$$L_0 = \sum_{i=1}^{m} L_i - \sum_{i=m+1}^{n} L_i \tag{2-12}$$

2）封闭环的极限尺寸

封闭环的最大极限尺寸等于所有增环的最大极限尺寸之和减去所有减环的最小极限

尺寸之和;封闭环的最小极限尺寸等于所有增环的最小极限尺寸之和减去所有减环的最大极限尺寸之和,即

$$L_{0\max} = \sum_{i=1}^{m} L_{i\max} - \sum_{i=m+1}^{n} L_{i\min} \tag{2-13}$$

$$L_{0\min} = \sum_{i=1}^{m} L_{i\min} - \sum_{i=m+1}^{n} L_{i\max} \tag{2-14}$$

3) 封闭环的极限偏差

封闭环的上偏差等于所有增环的上偏差之和减去所有减环的下偏差之和;封闭环的下偏差等于所有增环的下偏差之和减去所有减环的上偏差之和,即

$$\mathrm{ES}_0 = \sum_{i=1}^{m} \mathrm{ES}_i - \sum_{i=m+1}^{n} \mathrm{EI}_i \tag{2-15}$$

$$\mathrm{EI}_0 = \sum_{i=1}^{m} \mathrm{EI}_i - \sum_{i=m+1}^{n} \mathrm{ES}_i \tag{2-16}$$

4) 封闭环的公差

封闭环的公差 T 等于所有组成环公差之和,即

$$T_0 = \sum_{i=1}^{n} T_i \tag{2-17}$$

2. 尺寸链计算

根据尺寸链的应用目的,它可分为两种计算类型:校核计算、设计计算。

1) 校核计算

已知各组成环的基本尺寸和极限偏差,求封闭环的基本尺寸和极限偏差,以校核几何精度设计的正确性和求工序间的加工余量。

例 2-8 如图 2-23 所示的结构中,轴是固定的,齿轮在轴上回转,设计要求齿轮左、右端面与挡环之间有间隙,现将间隙集中在齿轮右端面与右挡环左端面之间。已知:$L_1 = 43^{+0.20}_{+0.10}$,$L_2 = L_5 = 5^{\ 0}_{-0.05}$,$L_3 = 30^{\ 0}_{-0.10}$,$L_4 = 3^{\ 0}_{-0.05}$,按工作条件,要求 $L_0 = 0.1 \sim 0.45$,问规定的零件公差及极限偏差能否保证齿轮部件装配后的技术要求?

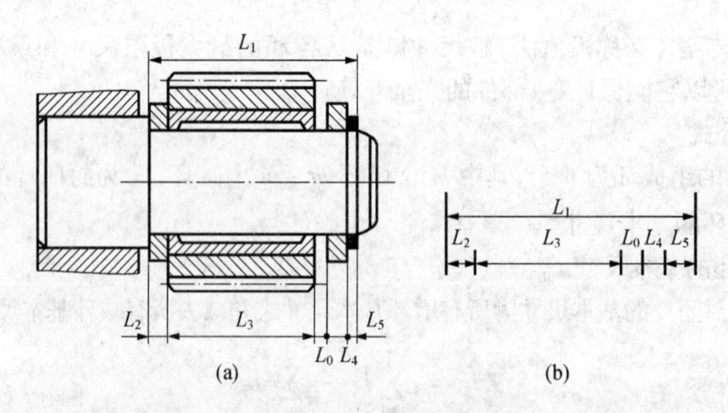

图 2-23 齿轮部件尺寸链

解:(1) 绘制尺寸链线图,如图 2-23(b)所示。

(2) 确定封闭环。齿轮部件的间隙是装配过程中最后形成的,故 L_0 是封闭环。

(3) 区分组成环中增环、减环。$L_1 \sim L_5$ 是五个组成环,其中 L_1是增环,$L_2 \sim L_5$ 是减环。

(4) 计算封闭环基本尺寸、极限偏差:

$$L_0 = \sum_{i=1}^{m} L_i - \sum_{i=m+1}^{n} L_i = L_1 - (L_2 + L_3 + L_4 + L_5) = 43 - (5 + 30 + 3 + 5) = 0$$

$$T_0 = \sum_{i=1}^{n} T_i = \sum_{i=1}^{5} T_i = 0.1 + 0.05 + 0.1 + 0.05 + 0.05 = 0.35$$

$$ES_0 = \sum_{i=1}^{m} ES_i - \sum_{i=m+1}^{n} EI_i = 0.2 - (-0.05 \times 3 - 0.01) = +0.45$$

$$EI_0 = \sum_{i=1}^{m} EI_i - \sum_{i=m+1}^{n} ES_i = 0.1 - 0 = +0.10$$

$$L_{0\max} = L_0 + ES_0 = 0 + 0.45 = 0.45$$

$$L_{0\min} = L_0 + EI_0 = 0 + 0.1 = 0.1$$

(5) 校核。封闭环 L_0 的最大、最小极限尺寸分别为 0.45 和 0.1,满足工作条件要求 $L_0 = 0.1 \sim 0.45$,故可保证齿轮部件装配后的技术要求。

2) 设计计算

已知封闭环的基本尺寸和极限偏差及各组成环的基本尺寸,求各组成环的极限偏差,即合理分配各组成环公差问题。各组成环公差的确定可用两种方法:等公差法和等公差等级法。

(1) 等公差法。等公差法是假设各组成环的公差值相等,按照已知的封闭环公差 T_0 和组成环的环数 m,计算各组成环的平均公差 T_{av},即

$$T_{av} = \frac{T_0}{m} \tag{2-18}$$

在此基础上,根据各组成环的尺寸、加工难易程度对各组成环的公差做适当调整,同时必须满足各组成环公差值之和等于封闭环公差的关系。

(2) 等公差等级法。等公差等级法是假设各组成环的公差等级是相等的,对于尺寸 ≤500mm,公差等级在 IT5 ~ IT18 范围内,根据公差值计算公式 IT = a,按照已知的封闭环公差 T_0 和各组成环公差因子 i_i(表 2-13),计算各组成环的平均公差系数 a_{av},即

$$a_{av} = \frac{T_0}{\sum i_i} \tag{2-19}$$

为方便计算,各尺寸分段的 i($i = 0.45\sqrt[3]{D} + 0.001D$)值列于表 2-13。

表 2-13 尺寸≤500mm 各尺寸分段的公差因子值

分段尺寸/mm	≤3	>3~6	>6~10	>10~18	>18~30	>30~50	>50~80	>80~120	>120~180	>180~250
D/mm	1.73	4.24	7.75	13.42	23.24	38.73	63.25	97.98	146.97	212.13
i/μm	0.54	0.73	0.90	1.08	1.31	1.56	1.86	2.17	2.52	2.90

查表得到 i 值带入式(2-19)计算得到 a_{av}，将其与标准公差公式表比较，得出最接近的公差等级后，按照该等级查标准公差表，求出各组成环的公差值，并进而确定各组成环的极限偏差，同时必须满足各组成环公差值之和等于封闭环公差的关系。

例2-9 如图2-24所示齿轮箱，根据要求，间隙应在1~1.75范围内。已知各零件的基本尺寸为 $A_1=101$，$A_2=50$，$A_3=5$，$A_4=140$，$A_5=5$。试确定它们的极限偏差。

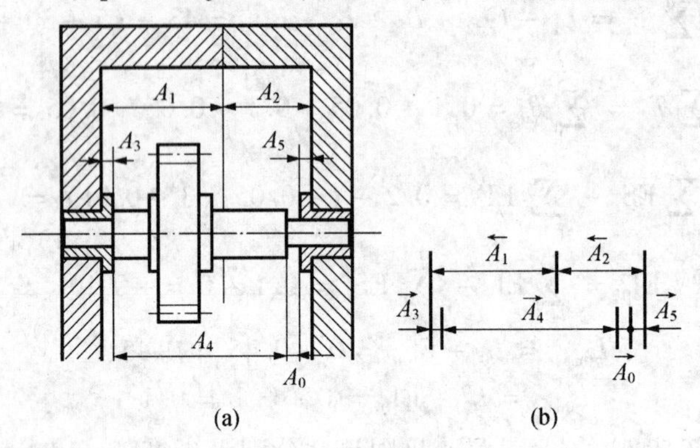

图2-24　齿轮箱尺寸链

解：① 绘制尺寸链线图，如图2-24(b)所示。

② 确定封闭环。间隙 A_0 是装配过程中最后形成的，故 A_0 是封闭环。

③ 区分组成环中增环、减环。$A_1\sim A_5$是五个组成环，其中 A_1、A_2是增环，$A_3\sim A_5$ 是减环。

④ 计算：

$$A_0 = A_1 + A_2 - (A_3 + A_4 + A_5) = 101 + 50 - (5 + 140 + 5) = 1$$

故 A_0 为 $1^{+0.75}_{0}$，$T_0=0.75$。

(1) 用等公差法计算。假设各组成环公差相等，显然公差是各组成环公差的平均值，即

$$T_{av} = \frac{T_0}{m} = \frac{0.75}{5} = 0.15$$

根据各组成环的尺寸、加工难易程度对各组成环的公差做适当调整，图中 A_1、A_2 为左右两个箱体尺寸，加工较困难，而 A_3、A_5 为衬套尺寸，加工较容易，且 A_1、A_2 尺寸大，A_3、A_5 尺寸小，因此，确定 $T_1=0.23$，$T_2=0.2$，$T_3=T_5=0.05$。

又因调整后必须满足各组成环公差值和等于封闭环公差的关系，故取 A_4 为补偿环，即

$$T_4 = T_0 - (T_1 + T_2 + T_3 + T_5) = 0.75 - (0.23 + 0.2 + 0.05 + 0.05) = 0.22$$

按“向体原则”确定各组成环的极限偏差，即轴用 h、孔用 H_0。由轴、孔的定义确定 A_1、A_2为孔，A_3、A_4、A_5 为轴，所以各环的极限偏差为

$$A_1 = 101^{+0.23}_{0} \qquad A_2 = 50^{+0.2}_{0}$$

$$A_3 = A_5 = 5^{0}_{-0.05} \qquad A_4 = 140^{0}_{-0.22}$$

从以上计算可以看出，用等公差法解尺寸链，在调整各环公差时，很大程度上取决于

设计者的实践经验及主观上对加工难易程度的看法。

(2) 用等公差等级法计算。假设各组成环的公差等级相同,即各组成环的公差等级系数相同,按照各组成环基本尺寸查表 2-13,并由式(2-19)得

$$a_{av} = \frac{T_0}{\sum i_i} = \frac{750}{2.17 + 1.56 + 0.73 + 2.52 + 0.73} = 97.3$$

由第二标准公差计算式(表 2-1)查得,接近 IT11 级。根据各组成环的基本尺寸,查标准公差表得各组成环的公差为

$$T_1 = 0.22, T_2 = 0.16, T_3 = T_5 = 0.075$$

又因调整后必须满足各组成环公差值之和等于封闭环公差的关系,故取 A_4 为补偿环,即

$$T_4 = T_0 - (T_1 + T_2 + T_3 + T_5) = 0.75 - (0.22 + 0.16 + 0.075 + 0.075) = 0.22$$

按"向体原则"确定各组成环的极限偏差,即轴用 h、孔用 H。由轴、孔的定义确定 A_1、A_2为孔,A_3、A_4、A_5 为轴,所以各环的极限偏差为

$$A_1 = 101^{+0.22}_{0} \qquad A_2 = 50^{+0.16}_{0}$$

$$A_3 = A_5 = 5^{0}_{-0.075} \qquad A_4 = 140^{0}_{-0.22}$$

附表 2-1 标准公差数值(GB/T 1800.3—1998)

基本尺寸/mm		公差等级																			
		IT01	IT0	IT1	IT2	IT3	IT4	IT5	IT6	IT7	IT8	IT9	IT10	IT11	IT12	IT13	IT14	IT15	IT16	IT17	IT18
大于	至	μm													mm						
—	3	0.3	0.5	0.8	1.2	2	3	4	6	10	14	25	40	60	0.10	0.14	0.25	0.40	0.60	1.0	1.4
3	6	0.4	0.6	1	1.5	2.5	4	5	8	12	18	30	48	75	0.12	0.18	0.30	0.48	0.75	1.2	1.8
6	10	0.4	0.6	1	1.5	2.5	4	6	9	15	22	36	58	90	0.15	0.22	0.36	0.58	0.90	1.5	2.2
10	18	0.5	0.8	1.2	2	3	5	8	11	18	27	43	70	110	0.18	0.27	0.43	0.70	1.10	1.8	2.7
18	30	0.6	1	1.5	2.5	4	6	9	13	21	33	52	84	130	0.21	0.33	0.52	0.84	1.30	2.1	3.3
30	50	0.6	1	1.5	2.5	4	7	11	16	25	39	62	100	160	0.25	0.39	0.62	1.00	1.60	2.5	3.9
50	80	0.8	1.2	2	3	5	8	13	19	30	46	74	120	190	0.30	0.46	0.74	1.20	1.90	3.0	4.6
80	120	1	1.5	2.5	4	6	10	15	22	35	54	87	140	220	0.35	0.54	0.87	1.40	2.20	3.5	5.4
120	180	1.2	2	3.5	5	8	12	18	25	40	63	100	160	250	0.40	0.63	1.00	1.60	2.50	4.0	6.3
180	250	2	3	4.5	7	10	14	20	29	46	72	115	185	290	0.46	0.72	1.15	1.85	2.90	4.6	7.2
250	315	2.5	4	6	8	12	16	23	32	52	81	130	210	320	0.52	0.81	1.30	2.10	3.20	5.2	8.1
315	400	3	5	7	9	13	18	25	36	57	89	140	230	360	0.57	0.89	1.40	2.30	3.60	5.7	8.9
400	500	4	6	8	10	15	20	27	40	63	97	155	250	400	0.63	0.97	1.55	2.50	4.00	6.3	9.7

注;基本尺寸小于 1mm 时,无 IT14 ~ IT18

附表2-2 轴的基本偏差值

基本尺寸/mm	基本偏																
	上偏差 es												下偏				
	a	b	c	cd	d	e	ef	f	fg	g	h	js	j			k	
	所有公差等级												5~6	7	8	4~7	≤3 >7
≤3	-270	-140	-60	-34	-20	-14	-10	-6	-4	-2	0		-2	-4	-6	0	0
>3~6	-270	-140	-70	-46	-30	-20	-14	-10	-6	-4	0		-2	-4	-	+1	0
>6~10	-280	-150	80	-56	-40	-25	-18	-13	-8	-5	0		-2	-5	-	+1	0
>10~14 >14~18	-290	-150	-95	—	-50	-32	—	-16	—	-6	0		-3	-6	-	+1	0
>-18~24 >24~30	-300	-160	-110	—	-65	-40	—	-20	—	-7	0		-4	-8	-	+2	0
>30~40 >40~50	-310 -320	-170 -180	-120 -130	-	-80	-50	—	-25	—	-9	0		-5	-10	-	+2	0
>50~65 >65~80	-340 -360	-190 -200	-140 -150	-	-100	-60	-	-30	-	-10	0		-7	-12	-	+2	0
>80~100 >100~120	-380 -410	-220 -240	-170 -180	-	-120	-72	-	-36	-	-12	0	偏差等于 $\pm\frac{IT}{2}$	-9	-15	-	+3	0
>120-140 >140-160 >160-180	-460 -520 -580	-260 -280 -310	-200 -210 -230	-	-145	-85	-	-43	-	-14	0		-11	-18	-	+3	0
>180-200 >200-225 >225-250	-660 -740 -820	-340 -380 -420	-240 -260 -280	-	-170	-100	-	-50	-	-15	0		-13	-21	-	+4	0
>250-280 >280-315	-920 -1050	-480 -540	-300 -330	-	-190	-110	-	-56	-	-17	0		-16	-26	-	+4	0
>315-355 >355-400	-1200 -1350	-600 -680	-360 -400	-	-210	-125	-	-62	-	-18	0		-18	-28	-	+4	0
>400-450 >450-500	-1500 -1650	-760 -840	-440 -480	-	-230	-135	-	-68	-	-20	0		-20	-32	-	+5	0

注:1. 基本尺寸小于1mm时,各级的a和b均不采用。

2. js的数值:对IT7至IT11,若IT的数值(μm)为奇数,则取 $js = \pm\frac{IT-1}{2}$

（GB/T 1800. 3—1998）

差 /μm													
差 ei													
m	n	p	r	s	t	u	v	X	y	z	za	zb	zc
所有公差等级													
+2	+4	+6	+10	+14	—	+18	—	+20	—	+26	+32	+40	+60
+4	+8	+12	+15	+19	—	+23	—	+28	—	+35	+42	+50	+80
+6	+10	+15	+19	+23	—	+28	—	+34	—	+42	+52	+67	+97
+7	+12	+18	+23	+28	—	+33	— +39	+40 +45	— —	+50 +60	+64 +77	+90 +108	+130 +150
+8	+15	+22	+28	+35	— +41	+41 +48	+47 +55	+54 +64	+63 +75	+73 +88	+98 +118	+136 +160	+188 +218
+9	+17	+26	+34	+43	+48 +54	+60 +70	+68 +81	+80 +97	+94 +114	+112 +136	+148 +180	+200 +242	+274 +325
+11	+20	+32	+41 +43	+53 +59	+66 +75	+87 +102	+102 +120	+122 +146	+144 +174	+172 +210	+226 +274	+300 +360	+405 +480
+13	+23	+37	+51 +54	+71 +79	+91 +104	+124 +144	+146 +172	+178 +210	+214 +256	+258 +310	+335 +400	+445 +525	+585 +690
+15	+27	+43	+63 +65 +68	+92 +100 +108	+122 +134 +146	+170 +190 +210	+202 +228 +252	+248 +280 +310	+300 +340 +380	+365 +415 +465	+470 +535 +600	+620 +700 +780	+800 +900 +1000
+17	+31	+50	+77 +80 +84	+122 +130 +140	+166 +180 +196	+236 +258 +284	+284 +310 +340	+350 +385 +425	+425 +470 +520	+520 +575 +640	+670 +740 +820	+880 +960 +1050	+1150 +1250 +1350
+20	+34	+56	+94 +98	+158 +170	+218 +240	+315 +350	+385 +425	+475 +525	+580 +650	+710 +790	+920 +1000	+1200 +1300	+1550 +1700
+21	+37	+62	+108 +114	+190 +208	+268 +294	+390 +435	+475 +530	+590 +660	+730 +820	+900 +1000	+1150 +1300	+1500 +1650	+1900 +2100
+23	+40	+68	+126 +132	+232 +252	+330 +360	+490 +540	+595 +660	+740 +820	+920 +1000	+1100 +1250	+1450 +1600	+1850 +2100	+2400 +2600

附表 2-3 孔的基本偏差值

基本尺寸/mm	基本偏差																		
	下偏差 EI												上偏						
	A	B	C	CD	D	E	EF	F	FG	G	H	Js	J			K		M	
	所有的公差等级												6	7	8	≤8	>8	≤8	>8
≤3	+270	+140	+60	+34	+20	+14	+10	+6	+4	+2	0	偏差等于 $\pm\frac{IT}{2}$	+2	+4	+6	0	0	-2	-2
>3~6	+270	+140	+70	+36	+30	+20	+14	+10	+6	+4	0		+5	+6	+10	-1+Δ	—	-4+Δ	-4
>6~10	+280	+150	+80	+56	+40	+25	+18	+13	+8	+5	0		+5	+8	+12	-1+Δ	—	-6+Δ	-6
>10~14 >14~18	+290	+150	+95	—	+50	+32	—	+16	—	+6	0		+6	+10	+15	-1+Δ	—	-7+Δ	-7
>+18~24 >24~30	+300	+160	+110	—	+65	+40	—	+20	—	+7	0		+8	+12	+20	-2+Δ	—	-8+Δ	-8
>30~40 >40~50	+310 +320	+170 +180	+120 +130	—	+80	+50	—	+25	—	+9	0		+10	+14	+24	-2+Δ	—	-9+Δ	-9
>50~65 >65~80	+340 +360	+190 +200	+140 +150	—	+100	+60	—	+30	—	+10	0		+13	+18	+28	-2+Δ	—	-11+Δ	-11
>80~100 >100~120	+380 +410	+220 +240	+170 +180	—	+120	+72	—	+36	—	+12	0		+16	+22	+34	-3+Δ	—	-13+Δ	-13
>120~140 >140~160 >160~180	+440 +520 +580	+260 +280 +310	+200 +210 +230	—	+145	+85	—	+43	—	+14	0		+18	+26	+41	-3+Δ	—	-15+Δ	-15
>180~200 >200~225 >225~250	+660 +740 +820	+340 +380 +420	+240 +260 +280	—	+170	+100	—	+50	—	+15	0		+22	+30	+47	-4+Δ	—	-17+Δ	-17
>250~280 >280~315	+920 +1050	+480 +540	+300 +330	—	+190	+110	—	+56	—	+17	0		+25	+36	+55	-4+Δ	—	-20+Δ	-20
>315~355 >355~400	+1200 +1350	+600 +680	+360 +400	—	+210	+125	—	+62	—	+18	0		+29	+39	+60	-4+Δ	—	-21+Δ	-21
>400~450 >450~500	+1500 +1650	+760 +840	+440 +480	—	+230	+135	—	+68	—	+20	0		+33	+43	+66	-5+Δ	—	-23+Δ	-23

注:1. 基本尺寸小于 1mm 时,各级的 A 和 B 及大于 8 级的 N 均不采用。

2. Js 的数值:对 IT7 至 IT11,若 IT 的数值(μm)为奇数,则取 $Js = \pm\frac{IT-1}{2}$。

3. 特殊情况:当基本尺寸大于 250mm 至 315mm 时,M6 的 ES 等于 -9(不等于 -11)

(GB/T 1800.3—1998)

偏 差 /μm															Δ/μm					
差 ES		上 偏 差 ES																		
N		P~ZC	P	R	S	T	U	V	X	Y	Z	ZA	ZB	ZC						
≤8	>8	≤7	>7												3	4	5	6	7	8
-4	-4		-6	-10	-14	—	-18	—	-20	—	-26	-32	-40	-60	0					
+8 +Δ	0	在>7级的相应数值上增加一个Δ值	-12	-15	-19	—	-23	—	-28	—	-35	-42	-50	-80	1	1.5	1	3	4	6
-10 +Δ	0		-15	-19	-23	—	-28	—	-34	—	-42	-52	-67	-97	1	1.5	2	3	6	7
-12 +Δ	0		-18	-23	-28	—	-33	— -39	-40 -45	— —	-50 -60	-64 -77	-90 -108	-130 -150	1	2	3	3	7	9
-15 +Δ	0		-22	-28	-35	— -41	-41 -48	-47 -55	-54 -64	-65 -75	-73 -88	-98 -118	-136 -160	-188 -218	1.5	2	3	4	8	12
-17 +Δ	0		-26	-34	-43	-48 -54	-60 -70	-68 -81	-80 -95	-94 -114	-112 -136	-148 -180	-200 -242	-274 -325	1.5	3	4	5	9	14
-20 +Δ	0		-32	-41 -43	-53 -59	-66 -75	-87 -102	-102 -120	-122 -146	-144 -174	-172 -210	-226 -274	-300 -360	-400 -480	2	3	5	6	11	16
-23 +Δ	0		-37	-51 -54	-71 -79	-91 -104	-124 -144	-146 -172	-178 -210	-214 -254	-258 -310	-335 -400	-445 -525	-585 -690	2	4	5	7	13	19
-27 +Δ	0		-43	-63 -65 -68	-92 -100 -108	-122 -134 -146	-170 -190 -210	-202 -228 -252	-248 -280 -310	-300 -340 -380	-365 -415 -465	-470 -535 -600	-620 -700 -780	-800 -900 -1000	3	4	6	7	15	23
-31 +Δ	0		-50	-77 -80 -84	-122 -130 -140	-166 -180 -196	-236 -258 -284	-284 -310 -340	-350 -385 -425	-425 -470 -520	-520 -575 -640	-670 -740 -820	-880 -960 -1050	-1150 -1250 -1350	3	4	6	9	17	26
-34 +Δ	0		-56	-94 -98	-158 -170	-218 -240	-315 -350	-385 -425	-475 -525	-580 -650	-710 -790	-920 -1000	-1200 -1300	-1550 -1700	4	4	7	9	20	29
-37 +Δ	0		-62	-108 -114	-190 -208	-268 -294	-390 -435	-475 -530	-590 -660	-730 -820	-900 -1000	-1150 -1300	-1500 -1650	-1900 -2100	4	5	7	11	21	32
-40 +Δ	0		-68	-126 -132	-232 -252	-330 -360	-490 -540	-595 -660	-740 -820	-920 -1000	-1100 -1250	-1450 -1600	-1850 -2100	-2400 -2600	5	5	7	13	23	34

本章知识梳理与总结

(1) 有关尺寸的术语有:基本尺寸、实际尺寸、极限尺寸;有关配合的术语有:配合、配合类型、配合制。

(2) 尺寸合格条件:实际尺寸在极限尺寸的范围内。

(3) 公差带有大小和位置两个参数,国家标准将这两个参数标准化,即得到标准公差系列和基本偏差系列。

(4) 公差与配合的选择主要包括确定基准制,公差等级以及配合的种类。

(5) 基准制优先选用基孔制。

(6) 公差等级选择的原则是在满足使用要求的前提下,尽量选用较低的公差等级。

(7) 配合的选择应尽可能选择优先配合,其次是常用配合,如果优先和常用配合不能满足要求时,可选用标准推荐的一般用途的孔、公差带,按使用要求组成需要的配合。

(8) 确定公差等级和配合可参见《公差与配合》手册。

(9) 尺寸链计算具有综合应用、综合设计的性质,即分析各有关尺寸的公差和极限偏差之间的关系,从而进行简单的精度计算。其主要应解决以下两个问题:(a)建立尺寸链要遵守"最短尺寸链原则";(b)确定环的性质最重要的是正确确定封闭环,必须严格按照封闭环的定义来确定哪个尺寸是封闭环,特别是在工艺尺寸的设计计算问题中,一定不要把未知公差和极限偏差的尺寸当作封闭环。在组成环中,要分清增环和减环。

思考题与习题

2-1 思考题

(1) 极限尺寸、极限偏差和尺寸公差有何联系和区别?

(2) 如何理解最大实体尺寸和最小实体尺寸?

(3) 什么是配合? 配合有几类? 其特征是什么?

(4) 为什么需要进行尺寸分段? 如何进行尺寸分段?

(5) 什么是基孔制和基轴制配合? 为什么优先选择基孔制?

(6) 什么是尺寸链? 如何确定封闭环和组成环? 怎样判别增环和减环?

2-2 判断题

(1) 基本尺寸是设计给定的尺寸,因此零件的实际尺寸越接近基本尺寸越好。 ( )

(2) 孔、轴的加工误差愈小,它们的配合精度愈高。 ( )

(3) 尺寸公差是尺寸允许的最大偏差。 ( )

(4) 基孔制过渡配合的轴,其上偏差必大于零。 ( )

(5) "极限与配合"只能控制光滑圆柱体。 ( )

(6) 由于封闭环的重要性,因此封闭环的精度是尺寸链中最高的。 ( )

(7) 当组成尺寸链的尺寸较多时,封闭环可有两个或两个以上。 ( )

(8) 封闭环的公差值一定大于任何一个组成环的公差值。 ( )

2-3 选择题

(1) ________公差是孔公差和轴公差之和。

A. 标准　　B. 基本　　C. 配合

(2) 两个基准件的配合一般认为是________。

A. 间隙配合　　B. 过盈配合　　C. 过渡配合

(3) 基本偏差系列图上表示基孔制间隙配合的符号范围是________。

A. A ~ H　　B. a ~ h　　C. j ~ zc

(4) 通常采用________选择配合类别。

A. 计算法　　B. 试验法　　C. 类比法

(5) 基孔制过盈配合的公差带表示方法为________。

A. H7/u6　　B. H8/h7　　C. H7/k6

(6) 配合的松紧程度取决于________。

A. 基本尺寸　　B. 基本偏差　　C. 标准公差

(7) 作用尺寸是________。

A. 设计给定的　　B. 测量得到的　　C. 加工后形成的

2-4 根据下表中提供的数据,求出空格中应有的数据并填入空格内。

基本尺寸	孔			轴			X_{max}或Y_{min}	X_{min}或Y_{max}	T_f
	ES	EI	T_h	es	ei	T_s			
20			0.033	-0.008				+0.008	0.056
40		0			+0.008	0.025		-0.033	
60			0.030	0	-0.019			-0.051	

2-5 查表确定下列公差带的极限偏差。

(1) ϕ30S5　(2) ϕ65F9　(3) ϕ50P6　(4) ϕ110d8　(5) ϕ50js5　(6) ϕ40n6

2-6 确定下列各孔、轴公差带的极限偏差,画出公差带图并说明其基准制与配合种类。

(1) $\phi 50\frac{H8}{js7}$　(2) $\phi 40\frac{N7}{h6}$　(3) $\phi 40\frac{H8}{h8}$　(4) $\phi 85\frac{P7}{h6}$　(5) $\phi 85\frac{H7}{g6}$　(6) $\phi 65\frac{H7}{u6}$

2-7 设有一配合。孔、轴的基本尺寸为ϕ30,要求配合间隙为+0.02 ~ +0.074。试确定公差等级和选取适当的配合。

2-8 有一对配合的孔、轴。设基本尺寸为ϕ60,配合公差为0.049,最大间隙为0.01,按国家标准选择规则,求出孔、轴的最佳公差带。

2-9 设有一配合。孔、轴基本尺寸为ϕ20,按设计要求:配合过盈为-0.014 ~

-0.048，孔、轴的公差等级差按基孔制选定适当的配合，并绘出公差带图差。

2-10 在图2-25的尺寸链中，A_0为封闭环。试分析组成环中，哪些是增环？哪些是减环？

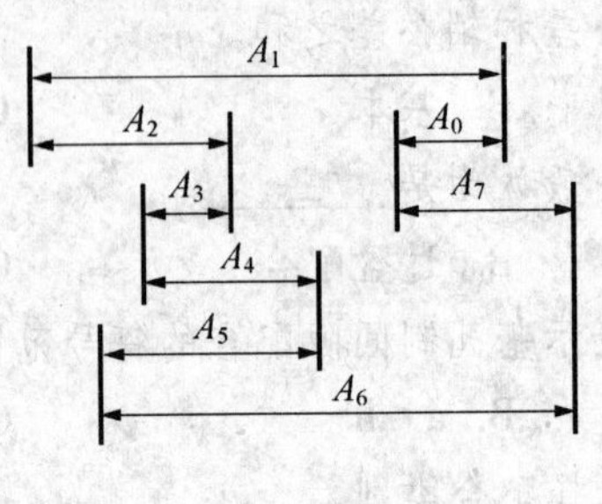

图2-25

2-11 如图2-26所示，按设计要求封闭环A_0应该在19.7～20.3范围内，$A_1 = 20_{-0.1}^{0}$，$A_2 = 60.3_{0}^{+0.2}$，$A_3 = 100_{-0.3}^{0}$。试验算图样给定零件尺寸的极限偏差是否合理？

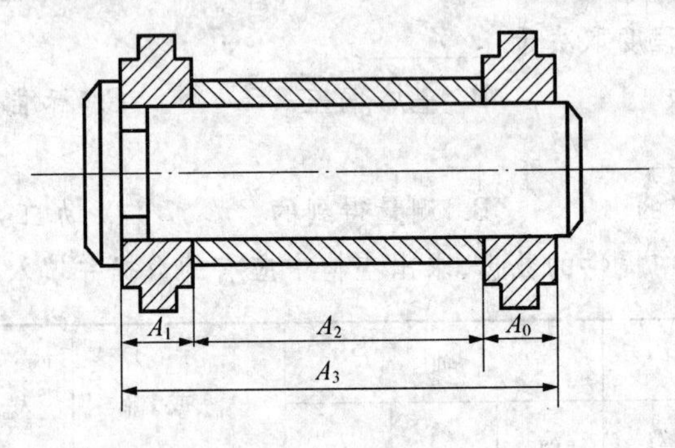

图2-26

第3章 测量技术基础

本章教学导航

知识目标：光滑工件尺寸的验收原则、安全裕度和验收极限，通用计量器具的选择。光滑极限量规的设计原理和工作量规的设计。

技能目标：能够检测光滑工件尺寸。

教学重点：测量技术基础的基本知识和光滑工件尺寸的验收。

教学难点：光滑极限量规的设计原理和工作量规的设计。

课堂随笔：______________________________

本章知识轮廓树形图

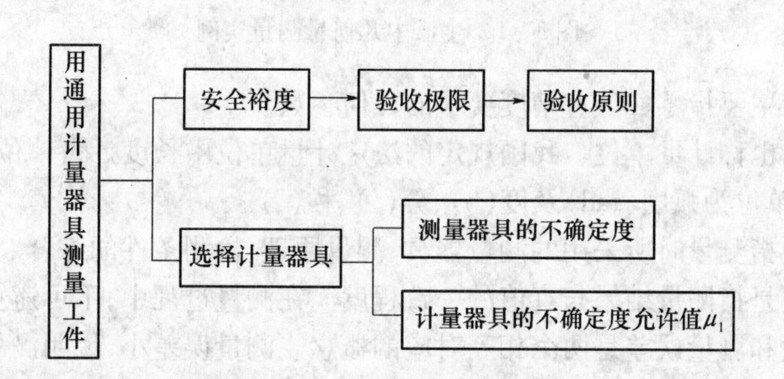

3.1 概 述

3.1.1 测量与检验

几何量测量是机械制造业中最基本、最主要的检测任务之一，也是保证机械产品加工与装配质量必不可少的重要技术措施。测量技术主要研究对零件的几何量进行测量和检验，零件的几何量包括长度、角度、几何形状、相互位置、表面粗糙度等。图3-1所示为生产中常见的一些几何量测量的实例。

测量是指将被测量与一个作为测量单位的标准量进行比较，从而确定被测量量值的过程。

一个完整的测量过程包括以下四个方面的内容：

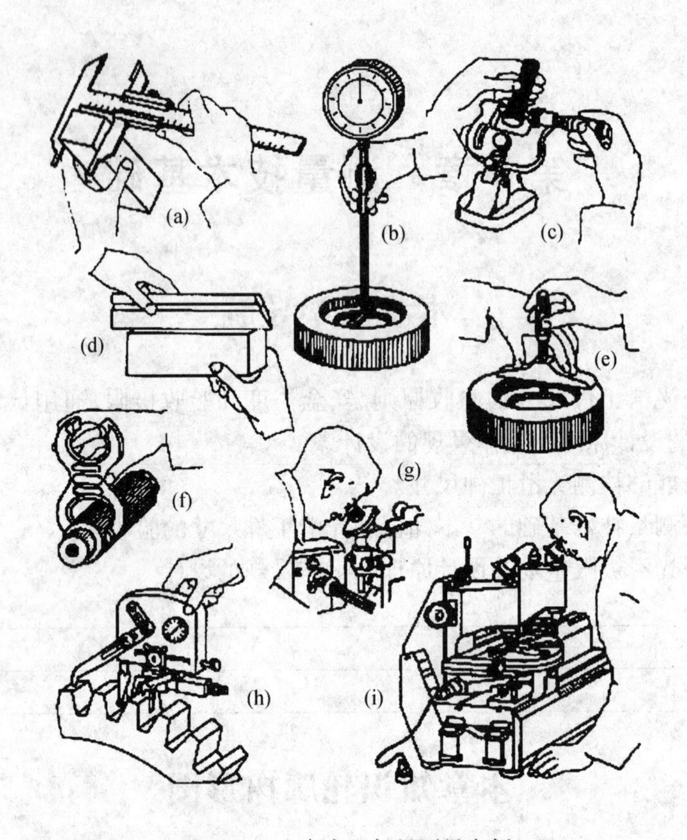

图 3－1　生产中几何量测量实例

测量对象:主要指零件上有精度要求的几何参数。

测量单位:也称计量单位。我国规定的法定计量单位中长度计量单位为米(m),平面角的角度计量单位为弧度(rad)及度(°)、分(′)、秒(″)。

测量方法:指测量时所采用的测量器具、测量原理、检测条件的综合。

测量精度:是指测量结果与真值的一致程度。在测量过程中,不可避免地存在着测量误差,测量精度和测量误差是两个相互对应的概念。测量误差小,说明测量结果更接近真值,测量精度高。测量误差大,说明测量结果远离真值,测量精度低。对测量过程中误差的来源、特性、大小进行定性、定量分析,以便消除或减小某种测量误差或者明确测量总误差的变动范围,是保证测量质量的重要措施。

检验是一个比测量含义更广泛的概念。对于金属内部的检验、工件表面裂纹的检验等,就不能用测量这一概念。

在几何量测量技术中,检验一般指通过一定的手段,判断零件几何参数的实际值是否在给定的允许变动范围之内,从而确定产品是否合格。在检验中,并不一定要求知道被测几何参数的具体量值。例如:用塞规检验孔的尺寸,只要量规的通端能通过被检验零件,止端不能通过被检验零件,该工件尺寸即为合格。

3.1.2　几何量测量的目的和任务

在零件的加工以及在机器与仪器的装配和调整过程中,不论是为了控制产品的最终质量,或者是为了控制生产过程中每一工序的质量,都需要直接或间接地进行一系列测量和检验工作,有的是针对产品本身的,有的是针对工艺装备的,否则产品质量就得不到保证。因此测量技术的目的就是为了保证产品的质量,保证互换性的实现。同时也为不断提高制造技术水平,提高劳动生产率和降低成本创造条件。

几何量测量的目的就是为了确定被测工件几何参数的实际值是否在给定的允许范围之内,因此几何量测量的主要任务是:

(1) 根据被测工件的几何结构和几何精度的要求,合理地选择测量器具和测量方法。

(2) 按一定的操作规程,正确地实施检测方案,完成检测任务,并得出检测结论。

(3) 通过测量,分析加工误差的来源与影响,以便改进工艺或调整装备,提高加工质量。

3.1.3 长度基准与长度量值传递系统

1. 长度基准的建立

为了保证工业生产中长度测量的精确度,首先要建立统一、可靠的长度基准。国际单位制中的长度单位基准为米(m),机械制造中常用的长度单位为毫米(mm),精密测量时多用微米(μm)为单位,超精密测量时则用纳米(nm)为单位。它们之间的换算关系如下:

$$1\text{m} = 1000\text{mm}, \qquad 1\text{mm} = 1000\mu\text{m}, \qquad 1\mu\text{m} = 1000\text{nm}$$

随着科学技术的不断进步和发展,国际单位“米”也经历了三个不同的阶段。早在1719年,法国政府决定以地球子午线通过巴黎的四千万分之一的长度作为基本的长度单位——米。1875年国际米尺会议决定制造具有刻线的基准米尺,1889年第一届国际计量大会通过该米尺作为国际米原器,并规定了1m的定义为:“在标准大气压和0℃时,国际米原器上两条规定的刻线之间的距离。”国际米原器由铂铱合金制成,存放在法国巴黎的国际计量局,这是最早的米尺。

在1960年召开的第十一届国际计量大会上,考虑到光波干涉测量技术的发展,决定正式采用光波波长作为长度单位基准,并通过了关于米的新定义:“米的长度等于氪(86Kr)原子的2p10与5d5能量之间跃迁所对应的辐射在真空中波长的1650763.73倍”。从此实现了长度单位由物理基准转换为自然基准的设想,但因氪(86Kr)辐射波长作为长度基准,其复现精度受到一定限制。

随着光速测量精度的提高,在1983年召开的第十七届国际计量大会上审议并批准了又一个米的新定义:“米等于光在真空中1/299792458s的时间间隔内的行程长度”。米的新定义带有根本性变革,它仍然属于自然基准范畴,但建立在一个重要的基本物理常数(真空中的光速)的基础上,其稳定性和复现性是原定义的100倍以上,实现了质的飞跃。

米的定义的复现主要采用稳频激光,我国采用碘吸收稳定的0.633μm氦氖激光辐射作为波长基准。

2. 长度量值传递系统

用光波波长作为长度基准,虽然能够达到足够的准确性,但不便在生产中直接应用。为了保证量值统一,必须建立各种不同精度的标准器,通过逐级比较,把长度基准量值应用到生产一线所使用的计量器具中去,用这些计量器具去测量工件,就可以把基准单位量值与机械产品的几何量联系起来。这种系统称为长度量值传递系统,如图3-2所示。

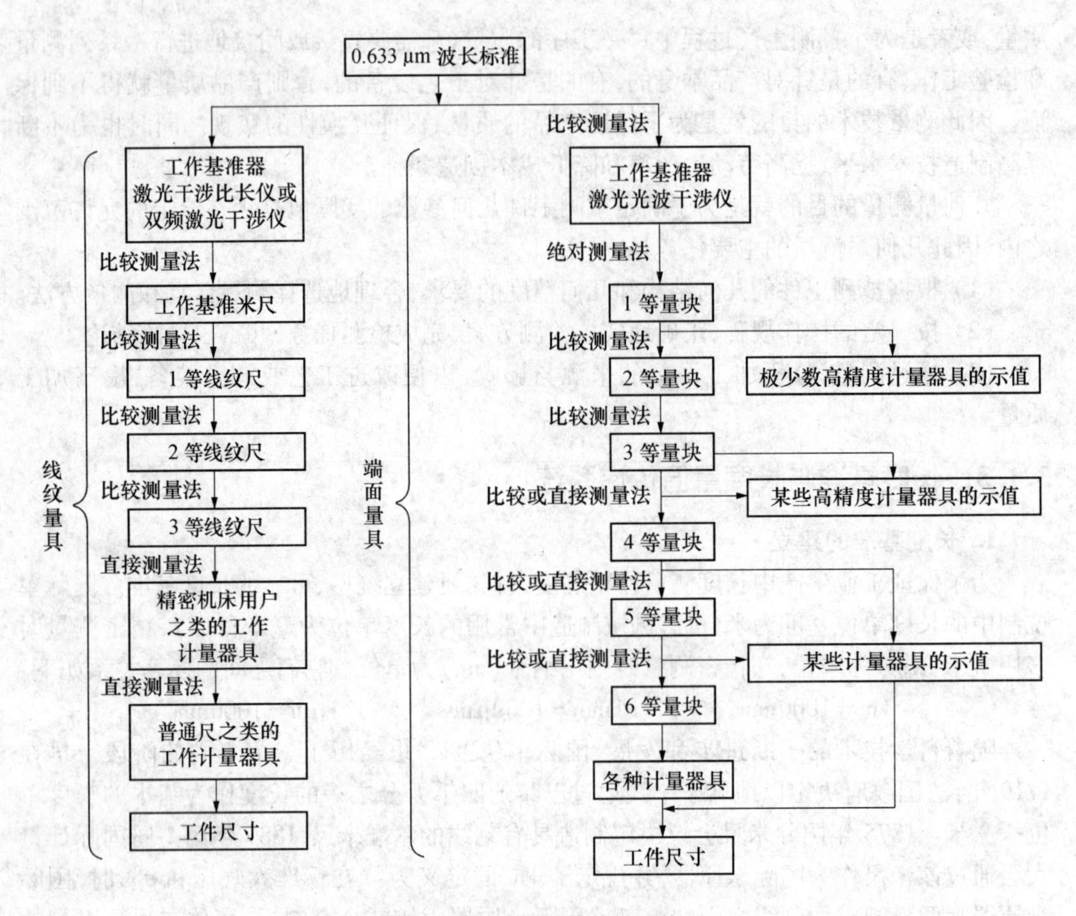

图 3－2　长度量值传递系统

3.1.4　量块

量块是机械制造中精密长度计量应用最广泛的一种实体标准，也是生产中常用的工作基准器和精密量具。量块是一种没有刻度的平面平行端面量具，其形状一般为矩形截面的长方体或圆形截面的圆柱体（主要应用于千分尺的校对棒）两种，常用的为长方体（图 3－3）。量块有两个平行的测量面和四个非测量面，测量面极为光滑平整，非测量面较为粗糙一些。

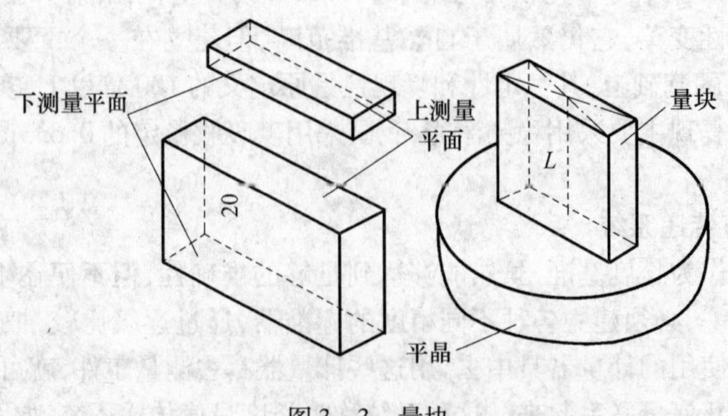

图 3－3　量块

量块一般用铬锰钢或其他特殊合金制成,其线膨胀系数小,性质稳定,不易变形,且耐磨性好。量块除了作为尺寸传递的媒介,还广泛用来检定和校对量具、量仪;相对测量时用来调整仪器的零位;有时也可直接检验零件;同时还可用于机械行业的精密划线和精密调整。

1. 量块的中心长度

量块长度是指量块上测量面的任意一点到与下测量面相研合的辅助体(如平晶)平面间的垂直距离。量块虽然精度很高,但其测量面也非理想平面,两测量面也不是绝对平行,可见量块长度并非处处相等。因此量块的尺寸是指量块测量面上中心点的量块长度,用符号 L 来表示,即用量块的中心长度尺寸代表工作尺寸。量块的中心长度是指量块上测量面的中心到与下测量面相研合的辅助体(如平晶)表面间的距离;量块上标出的尺寸为名义上的中心长度,称为名义尺寸(或称为标称长度)。

2. 量块的精度等级

1) 量块的分级

按国家标准的规定,量块按制造精度分为 6 级,即 00 级、0 级、1 级、2 级、3 级、K 级。其中 00 级精度最高,3 级精度最低,K 级为校准级。各级量块精度指标见附表 3-1。

2) 量块的分等

量块按其检定精度分为 1、2、3、4、5、6 六等,其中 1 等精度最高,6 等精度最低。各等量块精度指标见附表 3-2。

量块按"级"使用时,以量块的名义尺寸作为工作尺寸,该尺寸包含了量块的制造误差。量块按"等"使用时,以经过检定后的量块中心长度的实际尺寸作为工作尺寸,该尺寸排除了量块制造误差的影响,仅包含检定时较小的测量误差。因此,量块按"等"使用比按"级"使用精度高。

3. 量块的研合性

量块的测量面非常光滑和平整,因此当表面留有一层极薄油膜时,经较轻的推压作用使它们的测量平面互相紧密接触,因分子间的亲和力,两块量块便能黏合在一起,量块的这种特性称为研合性,也称为黏合性。利用量块的研合性,就可以把尺寸不同的量块组合成量块组,得到所需要的各种尺寸。

4. 量块的组合

每块量块只有一个确定的工作尺寸,为了满足一定范围内不同尺寸的需要,量块是按一定的尺寸系列成套生产的,一套包含一定数量不同尺寸的量块,装在一个特制的木盒内。GB 6093—85《量块》共规定了 17 套量块,常用的几套量块的尺寸系列见附表 3-3。

量块的组合方法及原则:

(1) 选择量块时,无论是按"级"测量还是按"等"测量,都应按照量块的名义尺寸进行选取。若为按"级"测量,则测量结果即为按"级"测量的测得值。若为按"等"测量,则可将测出的结果加上量块检定表中所列各量块的实际偏差,即为按"等"测量的测得值。

(2) 选取量块时,应从所给尺寸的最后一位小数开始考虑,每选一块量块应使尺寸至少消去一位小数。

(3) 使量块块数尽可能少,以减小积累误差,一般不超过 3 块 ~5 块。

(4) 必须从同一套量块中选取,绝不能在两套或两套以上的量块中混选。

(5) 量块组合时,不能将测量面与非测量面相研合。

例如:要组成尺寸 36.375mm,若采用 83 块一套的量块,参照附表 3－3,其选取方法如下:

36.375

－1.005……………第一块量块尺寸为 1.005mm

35.37

－1.37…………… 第二块量块尺寸为 1.37mm

34

－4……………… 第三块量块尺寸为 4mm

30

－30……………… 第四块量块尺寸为 30mm

0

以上四块量块研合后的整体尺寸为 36.375mm。

3.1.5 测量方法与测量器具

1. 测量方法

在测量中,测量方法是根据测量对象的特点来选择和确定的,其特点主要指测量对象的尺寸大小、精度要求、形状特点、材料性质以及数量等。机械产品几何量的测量方法主要有以下几种。

1) 直接测量与间接测量

直接测量:测量时,可直接从测量器具上读出被测几何量数值的方法。例如:图 1－3 所示两轴径 $\phi45(^{+0.025}_{+0.009})$、$\phi52$ 分别用千分尺、游标卡尺测量,从千分尺、游标卡尺上就能直接读出轴的直径尺寸数值。

间接测量:当被测几何量无法直接测量时,可先测出与被测几何量有函数关系的其他几何量,然后,通过一定的函数关系式进行计算求得被测几何量的数值。如图 3－4 所示,对两孔的中心距 y 的测量,先用游标卡尺测出 x_1 和 x_2 的数值,然后按下式计算出孔心距 y 的数值:

$$y = \frac{x_1 + x_2}{2} \tag{3-1}$$

通常为了减小测量误差,都采用直接测量,但是当被测几何量不易直接测量或直接测量达不到精度要求时,就不得不采用间接测量了。

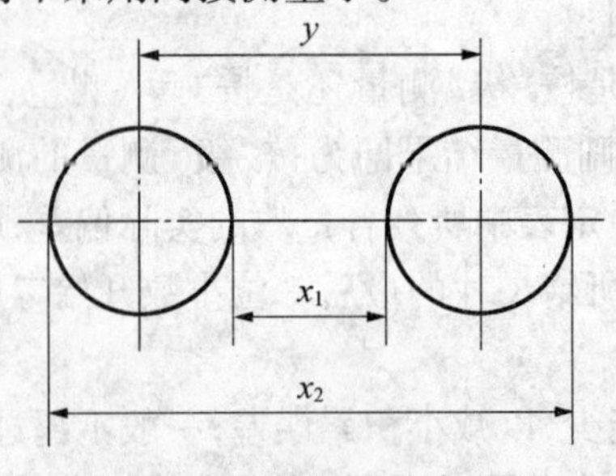

图 3－4 间接测量孔中心距

2）绝对测量与相对测量

绝对测量(全值测量):测量器具的读数值是被测量的全值。例如:用千分尺测量减速器输出轴尺寸时,从千分尺上读的数值 ϕ45.017 就是被测量的全值。

相对测量(微差或比较测量):测量器具的读数值是被测几何量相对于某一标准量的相对差值。该测量方法有两个特点:一是在测量之前必须首先用量块或其他标准量具将测量器具调零;二是测得值是被测几何量相对于标准量的相对差值,例如用立式光学计测量轴径。

一般地,相对测量的测量精度比绝对测量的测量精度高,但测量过程较为麻烦。

3）接触测量与非接触测量

接触测量:测量器具的测头与工件被测表面以机械测量力直接接触。例如:用游标卡尺测量轴径、用百分表测量轴的圆跳动等。

非接触测量:测量器具的测量头与工件被测表面不直接接触,不存在机械测量力。例如:用投影法(如万能工具显微镜、大型工具显微镜)测量零件尺寸。

接触测量由于存在测量力,会使零件被测表面产生变形,引起测量误差,使测量头磨损、划伤被测表面,但是对被测表面的油污不敏感;非接触测量由于不存在测量力,被测表面不产生变形误差,因此特别适合薄壁结构易变形零件的测量。

4）单项测量与综合测量

单项测量:单独测量零件的各个几何参数。例如:用工具显微镜可分别单独测量螺纹的中径、螺距、牙型半角等。

综合测量:检测零件两个或两个以上相关几何参数的综合效应或综合指标。

一般综合测量效率高,对保证零件互换性更为可靠,适用于只要求判断零件合格性的场合。单项测量能分别确定每个参数的误差,一般用于工艺分析(如分析加工过程中产生废品的原因等)。

5）静态测量与动态测量

静态测量:测量时,测量器具的感受装置与被测件表面保持相对静止的状态。

动态测量:测量时,测量器具的感受装置与被测件表面处于相对运动的状态。

2. 测量器具

1）测量器具的分类

(1）量具:以固定的形式复现量值且有简单刻度的测量器具。它们大多没有量值的放大传递机构,结构简单,使用方便。例如:量块、卷尺、游标卡尺、千分尺等。

(2）量规:一种没有刻度的专用量具。它只能用来检验零件是否合格,而不能获得被测几何量的具体数值。例如:塞规、卡规、环规、螺纹塞规、螺纹环规等。

(3）量仪:将被测量转换成可直接观察的示值或信息的测量器具。量仪一般由被测量感受装置、放大传递装置、显示读数装置三大部分组成,其结构复杂,操作要求严格,但用途广泛,测量精度高。例如:百分表、千分表、立式光学计、工具显微镜等。

(4）测量装置:指为确定被测几何量量值所必需的测量器具和辅助设备的总体。它能够测量较多的几何量和较复杂的零件,提高测量或检验效率,提高测量精度。例如:连杆、曲轴、滚动轴承等零件可用专用的测量装置进行测量。

2）测量量具的主要技术指标

测量量具的主要技术指标是表征测量量具技术性能和功用的指标，也是选择和使用测量量具的依据。

（1）分度值：也称刻度值，是指测量量具标尺上一个刻度间隔所代表的测量数值，一般来说，测量量具的分度值越小，则该测量量具的测量精度就越高。

（2）示值范围：测量量具标尺上全部刻度范围所代表的被测量值。

（3）测量范围：测量量具所能测出的最大和最小的尺寸范围。

（4）灵敏度：能引起量仪指示数值变化的被测尺寸变化的最小变动量。

（5）示值误差：量具或量仪上的示值与被测尺寸实际值之差。

（6）修正值：为消除系统误差，用代数法加到示值上以得到正确结果的数值，其大小与示值误差绝对值相等，而符号相反。

3.2 常用量具简介

对于中、低精度的轴和孔，若生产批量较小，或需要得到被测工件的实际尺寸时，常用各种通用量具进行测量。通用量具按其工作原理的不同分为：游标类量具、螺旋测微类量具和指针式量具。

3.2.1 游标量具

应用游标读数原理制成的量具叫游标量具。常用游标类量具有游标卡尺、深度游标卡尺和高度卡尺。它们具有结构简单、使用方便、测量范围大等特点。

1. 结构

游标量具的结构如图 3－5 所示，其共同特征是都有主尺 1、游标尺 2 以及测量爪 5（或测量面），另外还有便于进行微量调整的微动机构 3 和锁紧机构 4 等。主尺上有毫米刻度，游标尺上的分度值分为 0.1mm、0.05mm、0.02mm 三种。

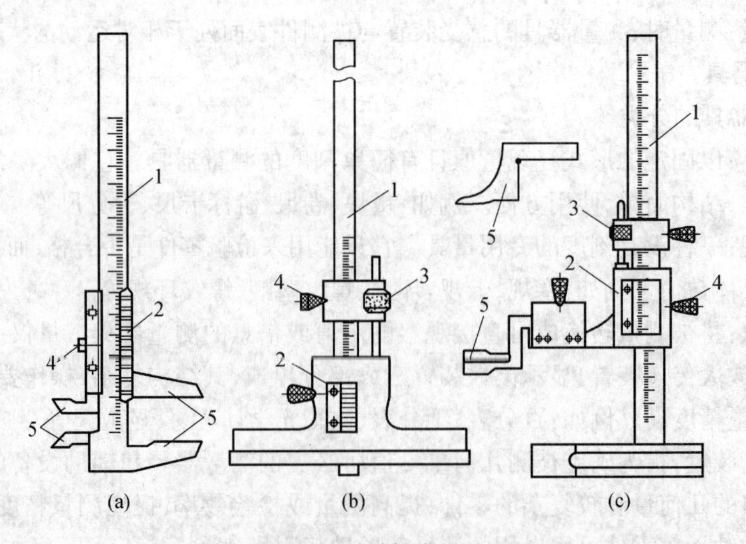

图 3－5　游标类量具

2. 读数原理

游标读数(或称为游标细分)是利用主尺刻线间距与游标刻线间距之差实现的。

在图 3－6(a)中,主尺刻度间隔 $a=1\text{mm}$,游标刻度间隔 $b=0.9\text{mm}$,则主尺刻度间隔与游标刻度间隔之差为游标读数值 $i=a-b=0.1\text{mm}$。读数时首先根据游标零线所处位置读出主尺刻度的整数部分;其次判断游标的第几条刻线与主尺刻线对准,此游标刻线的序号乘上游标读数值,则可得到小数部分的读数,将整数部分和小数部分相加,即为测量结果。在图 3－6(b)中,游标零线处在主尺 11 与 12 之间,而游标的第 3 条刻线与主尺刻线对准,所以游标卡尺的读数值为 11.3mm。

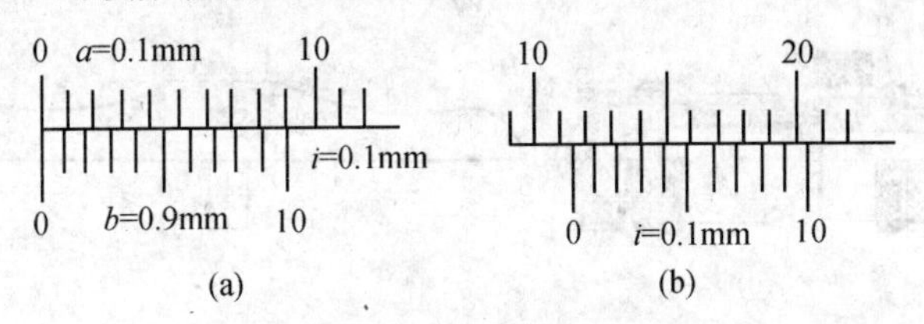

图 3－6　游标的读数原理

3. 正确使用

游标类量具虽然具有结构简单、使用方便等特点,但读数机构不能对毫米刻线进行放大,读数精度不高,因此,只适用于生产现场中,对一些中、低等精度的长度尺寸进行测量。

游标卡尺适合于各种要求精度较低的尺寸的测量,如图 1－3 所示的 $\phi62$ 轴径测得 $d_a=62.2$,为合格尺寸(因为未注公差为 62 ± 0.3);游标深度尺适合于测量槽和盲孔深度及台阶高度;游标高度尺除可测量零件高度外,还可用于零件的精密划线。使用游标类量具应注意以下几点:

(1) 使用前应将测量面擦干净,两测量爪间不能存在显著的间隙,并校对零位;

(2) 移动游框时力量要适度,测量力不易过大;

(3) 注意防止温度对测量精度的影响,特别要防止测量器具与零件不等温产生的测量误差;

(4) 读数前一定将锁紧机构锁紧;

(5) 读数时其视线要与标尺刻线方向一致,以免造成视差。

游标卡尺的示值误差随游标读数值和测量范围而变。例如游标读数值为 0.02 mm、测量范围为(0～300)mm 的游标卡尺,其示值误差不大于 ±0.02 mm。

有的游标卡尺采用数字显示器进行读数成为数显卡尺,消除了在读数时因视线倾斜而产生的视差。有的卡尺装有测微表头成为带表卡尺便于读数,提高了测量精度。

3.2.2　螺旋测微量具

应用螺旋微动原理制成的量具叫螺旋测微量具。常用的螺旋测微量具有外径千分尺(图 3－7(a))、内径千分尺(图 3－7(b))、深度千分尺(图 3－7(c))等。外径千分尺主要用于测量中等精度的外尺寸,内径千分尺用于测量中等精度的内尺寸,深度千分尺则适于测量盲孔深度、台阶高度等。

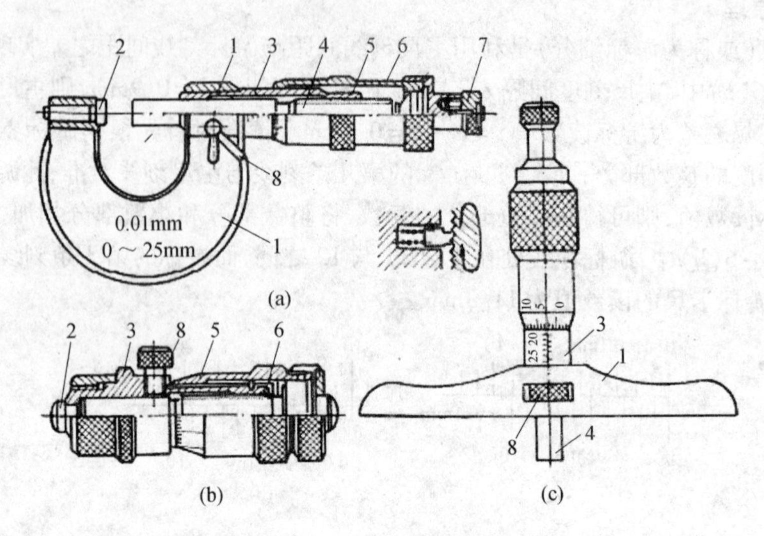

图 3－7　螺旋测微量具

1. 结构

主要由尺架 1、测量面 2、固定套筒 3、测微螺杆 4、调节螺母 5、微分筒 6、测量力装置 7、锁紧机构 8 等组成。

其结构主要有以下特点：

（1）结构设计合理；

（2）以精度很高的测微螺杆的螺距，作为测量的标准量，测微螺杆和调节螺母配合精密且间隙可调；

（3）固定套筒和微分筒作为示数装置，用刻度线进行读数；

（4）有保证测力恒定的棘轮棘爪机构。

测微量具的常见规格列于表 3－1。

表 3－1　外径千分尺的示值范围和测量范围　（mm）

类 别	外径千分尺
分度值	0. 01
示值范围	25
测量范围	0 ~ 25、25 ~ 50、…、275 ~ 300（按 25mm 分段） 300 ~ 400、400 ~ 500、…、900 ~ 1000（按 100mm 分段） 1000 ~ 1200、1200 ~ 1400、…、1800 ~ 2000（按 200mm 分段）

2. 读数原理

测微量具主要应用螺旋副传动，将微分筒的转动变为测微螺杆的移动。一般测微螺杆的螺距为 0. 5mm，微分筒与测微螺杆连成一体，上刻有 50 条等分刻线。当微分筒旋转一圈时测微螺杆轴向移动 0. 5mm；而当微分筒转过一格时测微螺杆轴向移动 0. 5/50 = 0. 01mm。如图 3－8 所示，千分尺的读数方法首先应从固定套筒上读数（固定套筒上刻线的刻度间隔为0.5mm),读出0.5的整数倍,然后在微分筒上读出其余小数,最后一位数字是估读得出的。

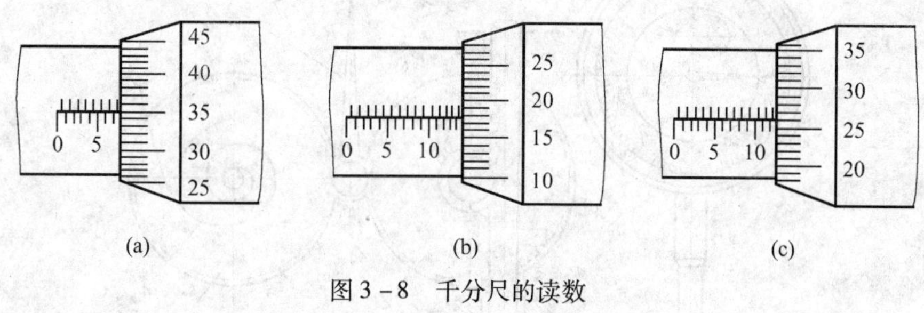

图3-8　千分尺的读数

(a) 7.850mm; (b) 14.678mm; (c) 12.760mm。

3. 正确使用

千分尺类量具是有较高放大倍数的读数机构,具有测力恒定装置且制造精度较高等优点,所以测量精度要比相应的游标类量具高,在生产现场应用非常广泛。如图1-3所示轴径标注尺寸为ϕ52r6,若测得d_a=52.061则为合格尺寸。

外径千分尺由于受测微螺杆加工长度的限制,示值范围一般只有25mm,因此,其测量范围分为0~25mm、25mm~50mm、50mm~75mm、75mm~100mm等,用于不同尺寸的测量。内径千分尺因需把其放入被测孔内进行测量,故一般只用于大孔径的测量。千分尺类量具使用时要注意以下几点:

(1) 使用前必须校对零位;

(2) 手应握在隔热垫处,测量器具与被测件必须等温以减少温度对测量精度的影响;

(3) 当测量面与被测表面将要接触时,必须使用测力装置;

(4) 读数前一定将锁紧机构锁紧;

(5) 测量读数时要特别注意固定套筒上的0.5mm刻度。

3.2.3　机械量仪

机械量仪是应用机械传动原理(如齿轮、杠杆等),将测量杆的位移进行放大,并由读数装置指示出来的量仪。

1. 百分表和千分表

百分表和千分表用于测量各种零件的线值尺寸、几何形状及位置误差,也可用于找正工件位置,还可与其他仪器配套使用。

常用百分表的传动系统由齿轮、齿条等组成(图3-9)。测量时,当带有齿条的测量杆上升时,带动小齿轮Z_2转动,与Z_2同轴的大齿轮Z_3及小指针也跟着转动,而Z_3要带动小齿轮Z_1及其轴上的大指针偏转,从而指示出表盘上的数值。游丝的作用是迫使所有齿轮作单向啮合,以消除由于齿侧间隙而引起的测量误差。弹簧是用来控制测量力的。

杠杆百分表的工作原理如图3-10所示。测头的左右移动引起测杆1和与之相连的扇形齿轮2绕支点O摆动,从而带动齿轮3和与之相连的端面齿轮5的转动,使与其啮合的小齿轮4和指针一起转动,从而读出表盘6上的示值数。

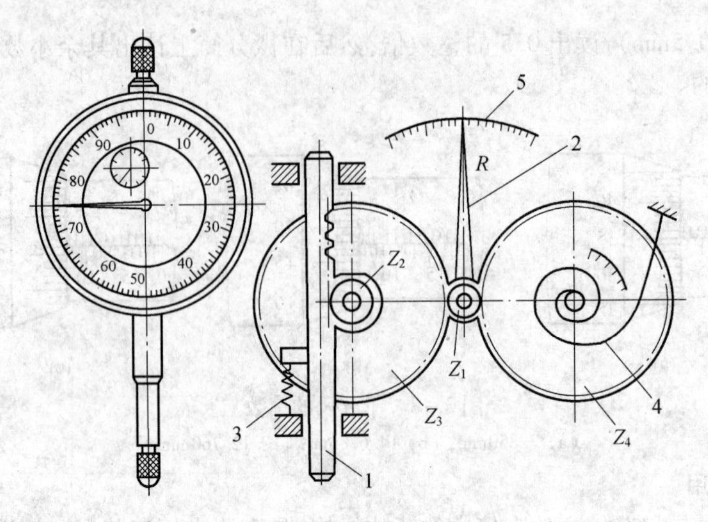

图 3－9　百分表结构及工作原理

1—测量杆；2—指针；3—弹簧；4—游丝；5—刻度。

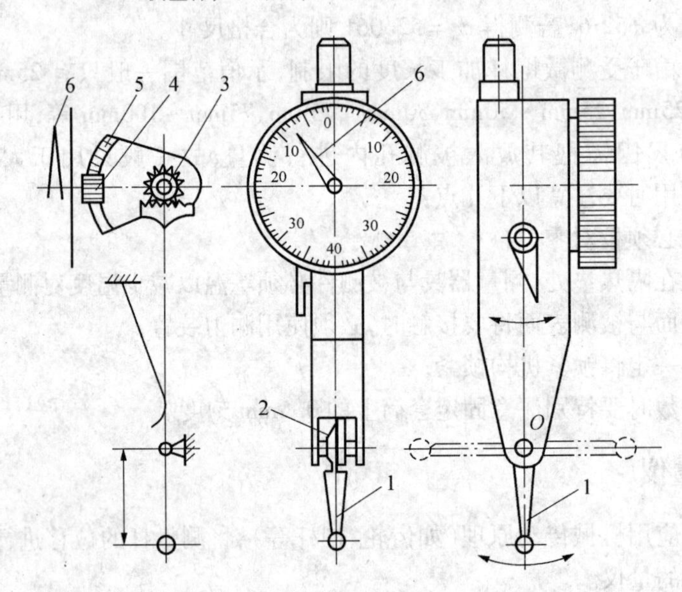

图 3－10　杠杆百分表结构及工作原理

1—测杆；2—扇形齿轮；3、4—齿轮；5—端面齿轮；6—表盘。

百分表的表盘上刻有 100 等分，分度值为 0.01mm。当测量杆移动 1mm 时，大指针转动一圈，小指针转过一格。百分表的测量范围一般为 1mm～3mm、0～5mm 及 0～10mm，大行程百分表的行程可达 50mm。精度等级分为 0、1、2 级。0 级至 2 级的百分表在整个测量范围的示值误差为 0.01mm～0.03mm，任意一毫米内的示值误差为 0.006mm～0.018mm。

常用千分表的分度值为 0.001mm，测量范围为 0～1mm。千分表在整个测量范围内示值误差≤0.005mm，它适用于高精度测量。

由于指针式量具具有体积小、重量轻、结构简单、造价低等特点，且又无需附加电源、光源、气源等，还可连续不断地感应尺寸的变化，也比较坚固耐用，因此，应用十分广泛。

除可单独使用外,还能安装在其他仪器或检测装置中作测微表头使用。因其示值范围较小,故常用于相对测量以及某些尺寸变化较小的场合。指针式量具使用时应注意以下几点:

(1) 测头移动要轻缓,距离不要太大,更不能超量程使用;

(2) 测量杆与被测表面的相对位置要正确,防止产生较大的测量误差;

(3) 表体不得猛烈振动,被测表面不能太粗糙,以免齿轮等运动部件受损。

2. 内径百分表

内径百分表是用相对测量法测量内孔的一种常用量仪。如图 3-11 所示,杠杆式内径百分表是由百分表和一套杠杆组成的。当活动量杆被工件压缩时,通过等臂杠杆、推杆使百分表指针偏转,指示出活动量杆的位移量。定位护桥起找正直径位置的作用。

测量前内径百分表应根据被测孔的基本尺寸,在千分尺或标准环规上调好零位。测量时必须将量具摆动,读取最小值,如图 3-11 所示。

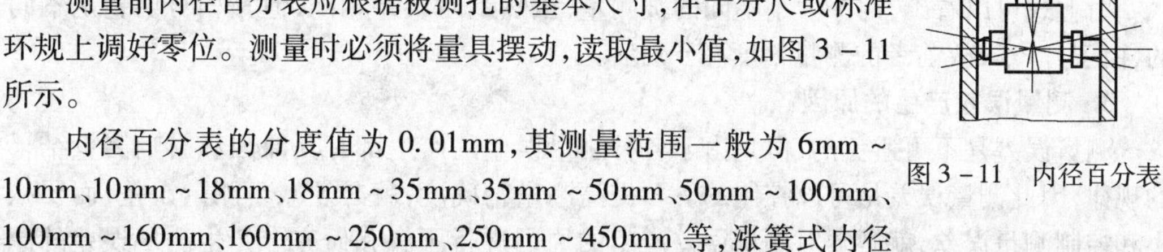

图 3-11　内径百分表

内径百分表的分度值为 0.01mm,其测量范围一般为 6mm ~ 10mm、10mm ~ 18mm、18mm ~ 35mm、35mm ~ 50mm、50mm ~ 100mm、100mm ~ 160mm、160mm ~ 250mm、250mm ~ 450mm 等,涨簧式内径百分表测量的最小孔径可达到 3mm 左右。由于活动量杆的移动量很小,它的测量范围是靠更换固定量杆来扩大的。当内径百分表测量范围为 18mm ~ 35mm 时,其示值误差不大于 0.015mm。

3.3　测量数据处理

3.3.1　测量误差及其产生的原因

任何测量过程,无论采用如何精密的测量方法,其测得值都不可能为被测几何量的真值,这种由于测量器具本身的误差和测量条件的限制,而产生的测量结果与被测量真值之差,称为测量误差。

测量误差常用以下两种指标来评定。

1. 绝对误差 δ

测量结果(X)与被测量(约定)真值(X_0)之差,即

$$\delta = X - X_0 \quad (3-2)$$

因测量结果可能大于或小于真值,故 δ 可能为正值也可能为负值,将上式移项可得下式:

$$X_0 = X \pm \delta \quad (3-3)$$

当被测几何量相同时,绝对误差 δ 的大小决定了测量的精度,δ 越小,测量精度越高;

δ越大,测量精度越低。

2. 相对误差f

当被测几何量相同时,不能再用绝对误差δ来评定测量精度,这时应采用相对误差来评定。所谓相对误差,是指测量的绝对误差δ与被测量(约定)真值(X_0)之比:

$$f = \frac{\delta}{X_0} \approx \frac{\delta}{X} \tag{3-4}$$

由上式可以看出,相对误差f是一个没有单位的数值,一般用百分数(%)来表示。

例如:有两个被测量的实际测得值$X_1 = 100\text{mm}$,$X_2 = 10\text{mm}$,$\delta_1 = \delta_2 = 0.01\text{mm}$,则两次测量的相对误差为

$$f_1 = \frac{\delta_1}{X_1} = \frac{0.01}{100} = 0.01\%$$

$$f_2 = \frac{\delta_2}{X_2} = \frac{0.01}{10} = 0.1\%$$

由上式可以看出,两个大小不同的被测量,虽然绝对误差相同,但其相对误差是不同的,由于$f_1 < f_2$,故前者的测量精度高于后者。

3. 测量误差产生的原因

测量误差是不可避免的,但是由于各种测量误差的产生都有其原因和影响测量结果的规律,因此测量误差是可以控制的。要提高测量精确度,就必须减小测量误差,而要减小和控制测量误差,就必须对测量误差产生的原因进行了解和研究。产生测量误差的原因很多,主要有以下几个方面。

(1) 测量器具误差:任何测量器具在设计制造、装配、调整时都不可避免地产生误差,这些误差一般表现在测量器具的示值误差和重复精度上。排除方法是定期鉴定,或用更精密的仪器给出修正量。

(2) 基准误差:量块或标准件存在误差,相对测量时影响测量结果。

(3) 温度误差:标准温度为20℃,实际测量时的温度偏离引起。

(4) 测量力误差:测量力的存在会造成接触变形,带入测量误差。

(5) 读数误差:不正确的读数姿势、习惯性的操作等引起。

3.3.2 测量误差的分类

根据测量误差的性质和特点,测量误差可分为随机误差、系统误差、粗大误差。为分析测量误差的性质特点,采用对同一被测量重复测量。

1. 随机误差

在相同条件下,以不可预知的方式变化的测量误差,称为随机误差。

随机误差的出现具有偶然性或随机性,它的存在以及大小和方向不受人的支配与控制,即单次测量之间误差的变化无确定的规律。随机误差是由测量过程中的一些大小和方向各不相同且都不很显著的误差因素综合作用造成的。例如,仪器运动部件间的间隙改变、摩擦力变化、受力变形、测量条件的波动等。由于此类误差的影响因素极为复杂,对每次测得值的影响无规律可循,因此无法消除或修正。但在一定测量条件下对同一值进行大量重复测量时,总体随机误差的产生满足统计规律,即具有对称性、单峰性、有界性、

抵偿性,如图 3 – 12 所示。

(1) 对称性:绝对值相等的正负误差出现的概率相等。

(2) 单峰性:绝对值小的误差比绝对值大的误差出现的次数多。

(3) 有界性:绝对值很大的误差出现的机率接近于零。

(4) 抵偿性:随机误差的算术平均值随测量次数的增加而趋近于零。

因此,可以分析和估算误差值的变动范围,并通过取平均值的办法来减小其对测量结果的影响。

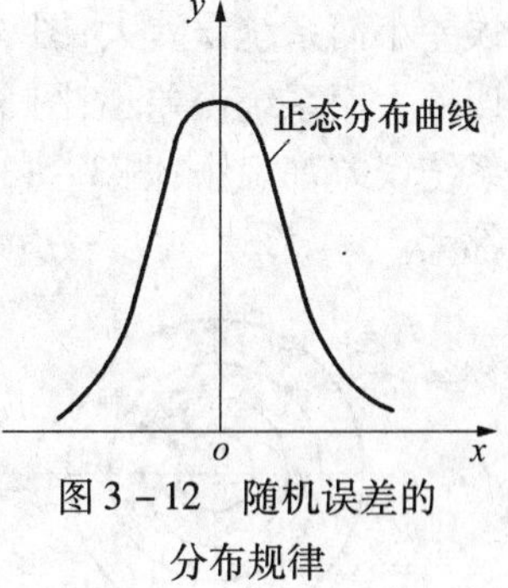

图 3 – 12　随机误差的分布规律

2. 系统误差

在相同条件下多次测量同一量值时,误差值保持恒定;或者当条件改变时,其值按某一确定的规律变化的误差,统称为系统误差。系统误差按其出现的规律又可分为定值系统误差和变值系统误差。

(1) 定值系统误差。在规定的测量条件下,其大小和方向均固定不变的误差,如量块长度尺寸的误差、仪器标的误差等。由于定值系统误差的大小和方向不变,对测量结果的影响也是一定值。因此它不能从一系列测得值的处理中揭示,而只能通过实验对比的方法去发现,即通过改变测量条件进行不等精度测量来揭示定值系统误差。例如,在相 对测量中,用量块作标准件并按其标称尺寸使用时,由量块的尺寸偏差引起的系统误差,可用高精度的仪器对其实际尺寸进行检定来得到,或用更高精度的量块对量块进行对比测量来发现。

(2) 变值系统误差。在规定的测量条件下,遵循某一特定规律变化的误差。如测角仪器的刻度盘偏心引起的角度测量误差、温度均匀变化引起的测量误差等。变值系统误差可以从一组测量值的处理和分析中发现,方法有多种。常用的方法有残余误差观察法,即将测量列按测量顺序排列(或作图),观察各残余误差的变化规律。若残余误差大体正负相同,无显著变化,则不存在变值系统误差 ;若残余误差有规律地递增或递减,且其趋势始终不变,则可认为存在线性变化的系统误差;若残余误差有规律地增减交替,形成循环重复时,则认为存在周期性变化的系统误差。

通过分析、实验或检定可以掌握一些系统误差的规律,并加以消除、修正或减小。有的系统误差的产生原因或大小难以确定,只能大致估算其可能出现的范围,故这类未定的系统误差无法消除,也不能对测得值进行修正。

3. 粗大误差

某种反常原因造成的、歪曲测得值的测量误差,称为粗大误差。

粗大误差的出现具有突然性,它是由某些偶尔发生的反常因素造成的。例如,外界的突然振动,测量人员的粗心大意造成的操作、读数、记录的错误等。这种显著歪曲测得值的粗大误差应尽量避免,且在一系列测得值中按一定的判别准则予以剔除。

3.3.3　测量精度

测量精度是指几何量的测得值与其真值的接近程度。它与测量误差是相对应的两个概念。测量误差越大,测量精度就越低;反之,测量误差越小,测量精度就越高。为了反映系统误差与随机误差的区别及其对测量结果的影响，以打靶为例进行说明。如图3－13所示，圆心表示靶心，黑点表示弹孔。图3－13(a)表现为弹孔密集但偏离靶心，说明随机误差小而系统误差大；图3－13(b)表现为弹孔较为分散但基本围绕靶心分布，说明随机误差大而系统误差小；图3－13(c)表现为弹孔密集而且围绕靶心分布，说明随机误差和系统误差都很小；图3－13(d)表现为弹孔既分散又偏离靶心，说明随机误差和系统误差都大。

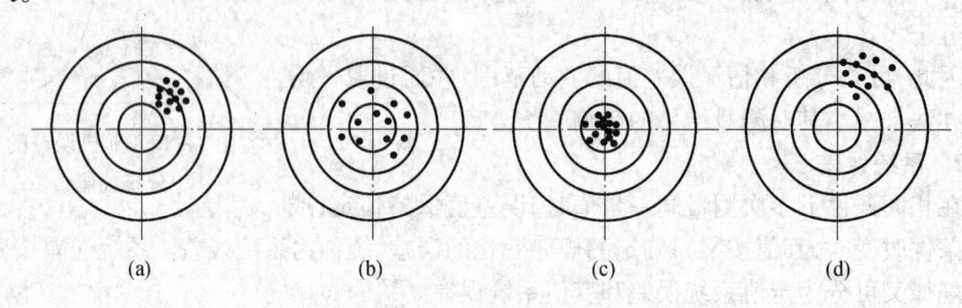

图3－13　测量精度分类示意图

根据以上分析，为了准确描述测量精度的具体情况，可将其进一步分为：精密度、正确度和精确度。

1. 精密度

精密度指在同一条件下，对同一几何量进行多次测量时，该几何量各次测量结果的一致程度，它表示测量结果受随机误差的影响程度。若随机误差小，则精密度高。

2. 正确度

正确度指在同一条件下，对同一几何量进行多次测量时，该几何量测量结果与其真值的符合程度，它表示测量结果受系统误差的影响程度。若系统误差小，则正确度高。

3. 精确度(或称准确度)

精确度表示对同一几何量进行连续多次测量时，所得到的测得值与其真值的一致程度，它表示测量结果受系统误差和随机误差的综合影响程度。若系统误差和随机误差都小，则精确度高。通常所说的测量精度指精确度。

按照上述分类可知：图3－13(a)为精密度高而正确度低；图3－13(b)为精密度低而正确度高；图3－13(c)为精密度和正确度都高，因而精确度也高；图3－13(d)为精密度和正确度都低，因而精确度也低。

3.4　光滑工件尺寸的检验

3.4.1　测量误差对工件验收的影响

用普通测量器具在车间条件下测量并验收光滑工件，必须考虑测量误差对工件验收的影响，否则就不能保证工件的质量。

1. 测量不确定度

在车间条件下测量，环境条件较差，各种误差因素较多，再加上测量器具本身的误差等，会造成测量结果对其真值的偏离，偏离程度的大小用测量不确定度表征。测量不确定度是用来表征测量过程中各项误差综合影响测量结果分散程度的一个误差限，一般用代号μ来表示。测量不确定度由测量器具的不确定度μ_1和测量条件的不确定度μ_2两部分组成。

2. 误收与误废

如果以被测工件的极限尺寸作为验收的边界值，在测量误差的影响下，实际尺寸超出公差范围的工件有可能被误判为合格品；实际尺寸处于公差范围之内的工件也有可能被误判为不合格品。这种现象，前者称为“误收”，后者称为“误废”，如图 3－14 所示。

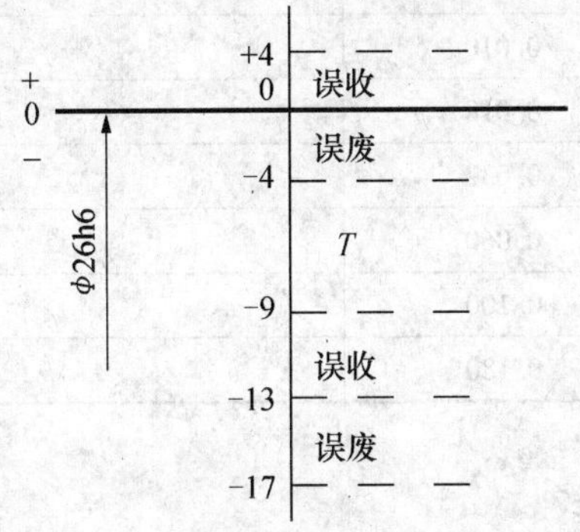

图 3－14　测量误差对工件验收的影响

误收的工件不能满足预定的功能要求，使产品质量下降；误废则会造成浪费。这两种现象都是不利的。相比之下，误收具有更大的危害性。

3.4.2　验收极限与安全裕度

为了降低误收率，保证工件的验收质量，国家标准 GB/ 3177—82 规定了内缩的验收极限。内缩量称为安全裕度，用A表示，如图 3－15 所示。验收极限分别由被测工件的最大、最小极限尺寸向其公差带内移动一个安全裕度A值，这就形成新的上、下验收极限。

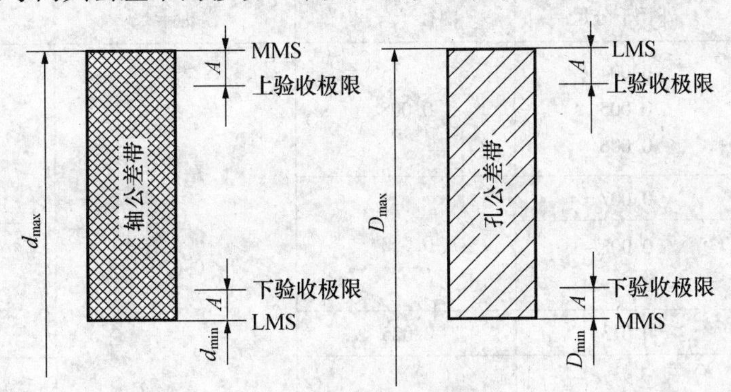

图 3－15　验收极限的配置

安全裕度A是测量不确定度μ的允许值。确定安全裕度时，必须从技术和经济两个方面综合考虑。A值较大时，则可选用较低精度的测量器具进行检验，但减少了生产公差，因而加工经济性差；A值较小时，要用较精密的测量器具，加工经济性好，但测量仪器费用高，增加了生产成本。因此，A值应按被检验工件的公差大小来确定，一般为工件公差的 1/10。具体数值见表 3－2。在此表中，还可相应地查出测量器具的不确定度允许值μ_1，这个值可作为选择计量器具的依据。

表 3－2　安全裕度和计量器具不确定度允许值

零件公差	安全裕度 A	计量器具不确定度允许值 μ_1
>0.009～0.018	0.001	0.0009
>0.018～0.032	0.002	0.0018
>0.032～0.058	0.003	0.0027
>0.058～0.100	0.006	0.0054
>0.100～0.180	0.010	0.009
>0.180～0.320	0.018	0.016
>0.320～0.580	0.032	0.029
>0.580～1.000	0.060	0.054
>1.000～1.800	0.100	0.090
>1.800～3.200	0.180	0.160

3.4.3　计量器具的选择

在车间条件下使用普通测量器具对被测工件测量验收，是根据测量器具的不确定度允许值 μ_1 来选择适当的测量器具。国家标准规定，所选的测量器具，其不确定度数值 μ 应不大于其允许值 μ_1，这就是选择计量器具的基本原则。几种常用测量器具的不确定度 μ 见表 3－3～表 3－5。

表 3－3　游标卡尺、千分尺不确定度数值

<table>
<tr><th rowspan="2">尺寸范围</th><th colspan="4">不　确　定　度</th></tr>
<tr><th>分度值 0.01 的
外径千分尺</th><th>分度值 0.01 的
内径千分尺</th><th>分度值 0.02 的
游标卡尺</th><th>分度值 0.02 的
游标卡尺</th></tr>
<tr><td>>0～50
>50～100
>100～150</td><td>0.004
0.005
0.006</td><td>0.008</td><td rowspan="5">0.020</td><td rowspan="2">0.050</td></tr>
<tr><td>>150～200</td><td>0.007</td><td rowspan="2">0.013</td></tr>
<tr><td>>200～250
>250～300</td><td>0.008
0.009</td><td rowspan="2">0.100</td></tr>
<tr><td>>450～500</td><td>0.013</td><td>0.025</td></tr>
<tr><td>>500～600
>600～700
>700～1000</td><td></td><td>0.030</td><td>0.150</td></tr>
</table>

注：1. 当采用比较测量时，千分尺的不确定度可小于本表规定的数值。

2. 当所选用的计量器具达不到 GB 3177—82 规定的 μ_1 值时，在一定范围内可以采用大于 μ_1 的数值，此时需按下式重新计算出相应的安全裕度（A'值），再由最大实体尺寸和最小实体尺寸分别向公差带内移动 A'值，定出验收极限：$A'=\frac{1}{0.9}\mu'_1$

表 3-4　指示表不确定度数值

<table>
<tr><th rowspan="2">尺寸范围</th><th colspan="4">不确定度</th></tr>
<tr><th>分度值 0.001 的千分表(0 级在全程范围内,1 级在 0.2mm 内)、分度值 0.002 的千分表(在 1mm 范围内)</th><th>分度值 0.001、0.002、0.005 的千分表(1 级在全程范围内)、分度值 0.01 的百分表(0 级在任意 1mm 范围内)</th><th>分度值 0.01 的百分表(0 级在全程范围内,1 级在任意 1mm 范围内)</th><th>分度值 0.01 的百分表(1 级在全程范围内)</th></tr>
<tr><td>>25
>25~40
>40~65
>65~90
>90~115</td><td>0.005</td><td rowspan="2">0.010</td><td rowspan="2">0.018</td><td rowspan="2">0.030</td></tr>
<tr><td>>115~165
>165~215
>215~265
>265~315</td><td>0.006</td></tr>
<tr><td colspan="5">注:测量时,使用的标准器由 4 块 1 级(或 4 等)量块组成</td></tr>
</table>

表 3-5　比较仪不确定度数值

<table>
<tr><th rowspan="2">尺寸范围</th><th colspan="4">不确定度</th></tr>
<tr><th>分度值 0.0005(相当于放大倍数 2000 倍)</th><th>分度值 0.001(相当于放大倍数 1000 倍)</th><th>分度值 0.002(相当于放大倍数 400 倍)</th><th>分度值 0.005(相当于放大倍数 250 倍)</th></tr>
<tr><td>>25</td><td>0.0005</td><td rowspan="2">0.0010</td><td>0.0017</td><td rowspan="6">0.0030</td></tr>
<tr><td>>25~40</td><td>0.0007</td><td rowspan="3">0.0018</td></tr>
<tr><td>>40~65</td><td>0.0008</td><td rowspan="2">0.0011</td></tr>
<tr><td>>65~90</td><td>0.0008</td></tr>
<tr><td>>90~115</td><td>0.0009</td><td>0.0012</td><td rowspan="2">0.0019</td></tr>
<tr><td>>115~165</td><td>0.0010</td><td>0.0013</td></tr>
<tr><td>>165~215</td><td>0.0012</td><td>0.0014</td><td>0.0020</td><td rowspan="3">0.0035</td></tr>
<tr><td>>215~265</td><td>0.0014</td><td>0.0016</td><td>0.0021</td></tr>
<tr><td>>265~315</td><td>0.0016</td><td>0.0017</td><td>0.0022</td></tr>
<tr><td colspan="5">注:测量时,使用的标准器由 4 块 1 级(或 4 等)量块组成</td></tr>
</table>

3.4.4　计量器具选择实例

例 3-1　工件尺寸为 $\phi40\text{h}9(^{\ 0}_{-0.062})$,选择计量器具并确定验收极限。

解:(1) 查表 3-2:IT = 0.062,A = 0.006,μ_1 = 0.0054。

(2) 选择计量器具:由工件尺寸 $\phi40$ 选不确定度小于允许值并与允许值最接近的计

量器具，得：分度值 $i=0.01$ 的外径千分尺的不确定度为 0.004mm，$0.004 \leqslant 0.0054$，满足要求。选择时注意：①测量外尺寸；②小于 μ_1 并与之最接近者。

(3) 计算验收极限：

$$上验收极限 = 40 - 0.006 = 39.994(mm)$$

$$下验收极限 = 39.938 + 0.006 = 39.944(mm)$$

例 3-2 检验工件尺寸为 $\phi30f8(^{-0.020}_{-0.053})$，选择计量器具并计算验收极限。

解：(1) 查表 3-2：$IT = 0.033$，$A = 0.003$，$\mu_1 = 0.0018$。

(2) 选择计量器具：分度值 $i = 0.002$ 比较仪的不确定度为 0.0018，满足要求。

(3) 计算验收极限：

$$上验收极限 = 29.98 - 0.003 = 29.877$$

$$下验收极限 = 29.947 + 0.003 = 29.950$$

说明：公差等级为 IT7 至 IT8 的工件，应使用分度值 $i = 0.002$ 的比较仪。但受条件限制，如果车间没有比较仪，可采用分度值 $i = 0.01$ 的千分尺用比较法测量(表 3-6)。

表 3-6 用千分尺作比较测量的精度提高情况

千分尺的测量范围 /mm	绝对测量		比较测量			
			采用形状相同的标准器时		采用形状不同的标准器时	
	对应的 μ_1 值 /μm	可测等级	对应的 μ_1 值 /μm	可测等级	对应的 μ_1 值 /μm	可测等级
0～25	4	IT10	1.55	IT7	2.53	IT8
25～50	4	IT9	1.59	IT7	2.56	IT8

3.5 光滑极限量规的设计

3.5.1 概述

当圆柱形孔、轴尺寸采用包容要求时，对其进行既快又准检验的测量器具是光滑极限量规(简称量规)。量规因结构简单，检测稳定，操作方便、快捷，对使用环境要求不高等特点，对直径较小(500mm 以下)的中、低精度的轴和孔，在大批量生产时的检验中应用非常广泛。

量规是一种没有刻度的专用量具，由通规(T)和止规(Z)组成。通规用来模拟最大实体边界，检验孔或轴的体外作用尺寸是否超越最大实体尺寸；止规用来检验孔或轴的实际尺寸是否超越最小实体尺寸。用量规检验产品时，只能判断其合格与否，不能获得孔、轴的具体数值。量规的使用非常简单，只需用通规和止规直接与被检孔、轴比较，当通规通过了被检尺寸而止规不能通过被检尺寸时零件合格，如图 3-16、图 3-17 所示。若不能同时满足上述两个条件，被检零件不合格。因此，根据不同的用途正确设计和选用量规，是用量规有效检验孔、轴合格性的前提。

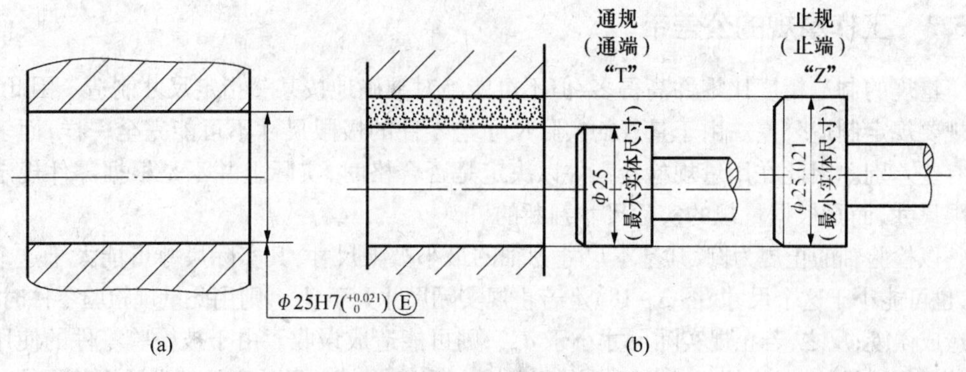

图 3－16　用塞规检验孔

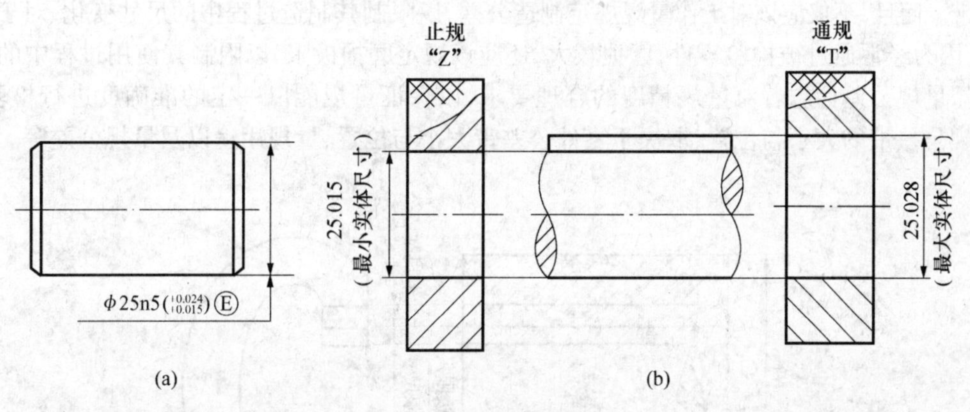

图 3－17　用环规检验轴

3.5.2　光滑极限量规的分类

量规按检验的对象不同分为孔用量规和轴用量规；按用途不同分为工作量规、验收量规和校对量规。

按检验的对象不同分：

（1）孔用量规称为塞规，用于检验孔的合格性。

（2）轴用量规分为环规和卡规，用于检验轴的合格性。其中环规用于检验较小尺寸的轴径，卡规用于检验较大尺寸或台阶形的轴径。

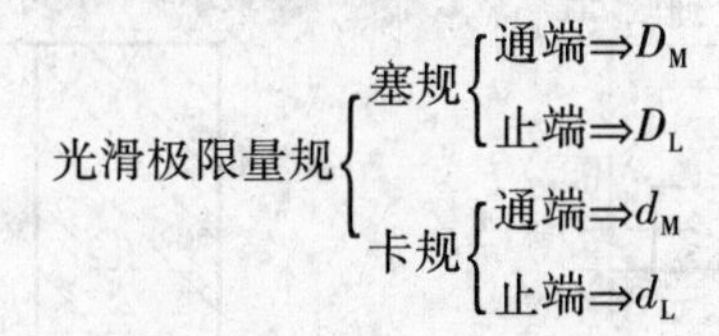

按用途不同分：

（1）工作量规是零件制造过程中生产工人使用的量规。

（2）验收量规是检验人员或用户代表验收产品时所用的量规。

（3）校对量规是用以检验轴用工作量规中的环规是否合格的量规。卡规因尺寸较大，不便用校对规进行校验，一般均用测量仪器直接对其精度进行检查。塞规刚性好，不易变形和磨损，便于用通用测量器具检测，因而不需要校对量规。

3.5.3 工作量规的公差带

量规的制造精度比零件高得多,但不可能绝对准确地按某一指定尺寸制造。因此,对量规要规定制造公差。由于量规的实际尺寸与零件的极限尺寸不可能完全一样,而多少会有些差别。因此在用量规检验零件以决定是否合格时,实际上并不是根据零件规定的极限尺寸,而是根据量规的实际尺寸判断的。

以检验轴的止规为例,其基本尺寸为轴的最小极限尺寸,其实际尺寸可能大于这个尺寸,也可能小于这个尺寸(图 3-18)。若止规实际尺寸大于 d_{min},则用此量规检验零件时,可能造成误废;反之,若止规实际尺寸小于 d_{min},则可能造成误收。由于被检验零件的使用要求是必须满足的,误收的现象是不允许发生的。所以,量规的尺寸不得超出被检验零件的公差带。而且,不仅应该对工作量规规定制造公差,以限制其制造过程中的尺寸变化,对于通规,因为经常通过被检验零件,磨损较大,还应该规定磨损极限,以限制其使用过程中的磨损。量规公差标志着对量规精度的合理要求,以保证量规能以一定的准确度进行检验。量规公差带的大小与位置,取决于零件公差带大小与位置、量规用途以及量规公差等。

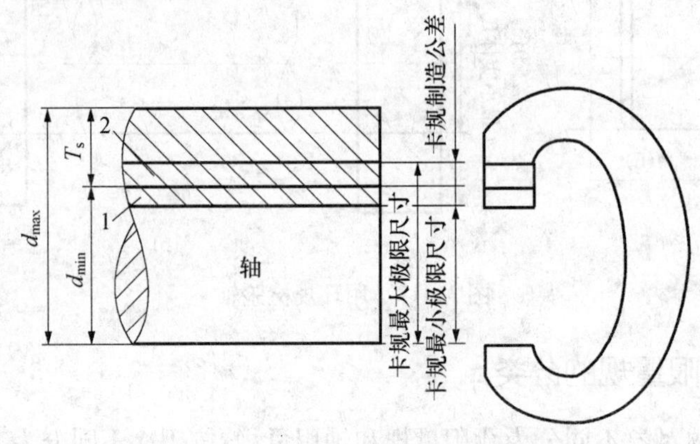

图 3-18　卡规公差对检验结果的影响

为了确保产品质量,国家标准 GB 1957—81 规定量规公差带不得超越被检零件的公差带。孔用和轴用工作量规公差带分别如图 3-19 所示。图中,T 为量规尺寸公差(制造公差),Z 为通规尺寸公差带的中心到零件最大实体尺寸之间的距离,称为位置要素。通

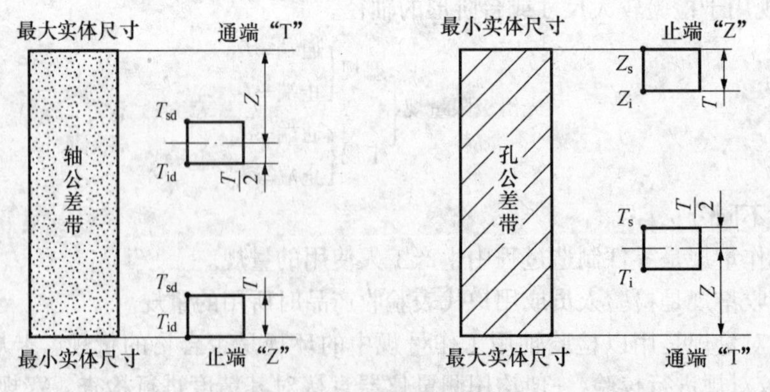

图 3-19　量规的公差带

规在使用过程中会逐渐磨损,为了使它具有一定的寿命,需要留出适当的磨损储量,即规定磨损极限,其磨损极限等于被检验零件的最大实体尺寸。因为止规遇到合格零件时不通过,磨损很慢,所以不需要磨损储量。

附表 3-4 列出了用于检验基本尺寸最大为 500mm、公差等级为 IT6 ~ IT16 的零件的工作量规公差。

3.5.4 量规设计

1. 量规设计原则

光滑极限量规依照极限尺寸判断原则检验孔、轴尺寸的合格性。这一原则于 1905 年最先由泰勒(William Taylor)提出,因此也称为“泰勒原则”。

1) 极限尺寸判断原则的内容

GB 1957—81《光滑极限量规》规定了极限尺寸的判断原则。

(1) 孔或轴的作用尺寸不允许超过最大实体尺寸。对于孔,其作用尺寸应不小于它的最小极限尺寸;对于轴,其作用尺寸应不大于它的最大极限尺寸。即

$$D_m \geqslant D_{min} \quad d_m \leqslant d_{max} \tag{3-5}$$

(2) 孔或轴任何部位的实际尺寸不允许超过最小实体尺寸。对于孔,其实际尺寸应不大于它的最大极限尺寸;对于轴,其实际尺寸应不小于它的最小极限尺寸。即

$$D_a \leqslant D_{max} \quad d_a \geqslant d_{min} \tag{3-6}$$

这两条内容体现了孔、轴尺寸公差带的控制功能,即不论作用尺寸还是任一局部实际尺寸,均应位于给定公差带内。

极限尺寸判断原则为综合检验孔、轴尺寸的合格性提供了理论基础,光滑极限量规就是由此而设计出来的:通规根据第一条设计,体现最大实体边界控制作用尺寸;止规根据第二条设计,体现最小实体边界控制实际尺寸。

2) 极限尺寸判断原则对量规的要求

极限尺寸判断原则对量规的要求是:通规的测量面应是与孔或轴形状相对应的完整表面,其定形尺寸等于零件的最大实体尺寸,且测量长度等于配合长度;止规的测量面是两点状的,这两点状测量面之间的定形尺寸等于零件的最小实体尺寸。

在量规的实际应用中,往往由于量规制造和使用方面的原因,要求量规的形状完全符合极限尺寸判断原则是困难的,有时甚至不能实现,因而不得不使用偏离极限尺寸判断原则的量规。例如,标准通规的长度,通常不等于零件的配合长度;大尺寸的孔和轴通常要用非全形的通规(杆规)和卡规来检验,代替笨重的全形通规;曲轴的轴颈只能用卡规检验,不能用环规检验;由于点接触易产生磨损,止规不得不采用小平面或圆柱面;检验小孔用的止规为了增加刚度和便于制造,常采用全形塞规;检验薄壁零件时,为防止两点状止规造成零件变形,也常采用全形止规。

为了尽量减少在使用偏离极限尺寸判断原则的量规检验时造成的误判,操作量规一定要正确。例如,使用非全形的通端塞规时,应在被检孔的全长上沿圆周的几个位置上检验;使用卡规时,应在被检轴的配合长度的几个部位并围绕被检轴的圆周上几个位置检验。

2. 光滑极限量规的结构形式

光滑极限量规的结构形式很多,图 3-20 分别给出了几种常用的轴用、孔用量规的结

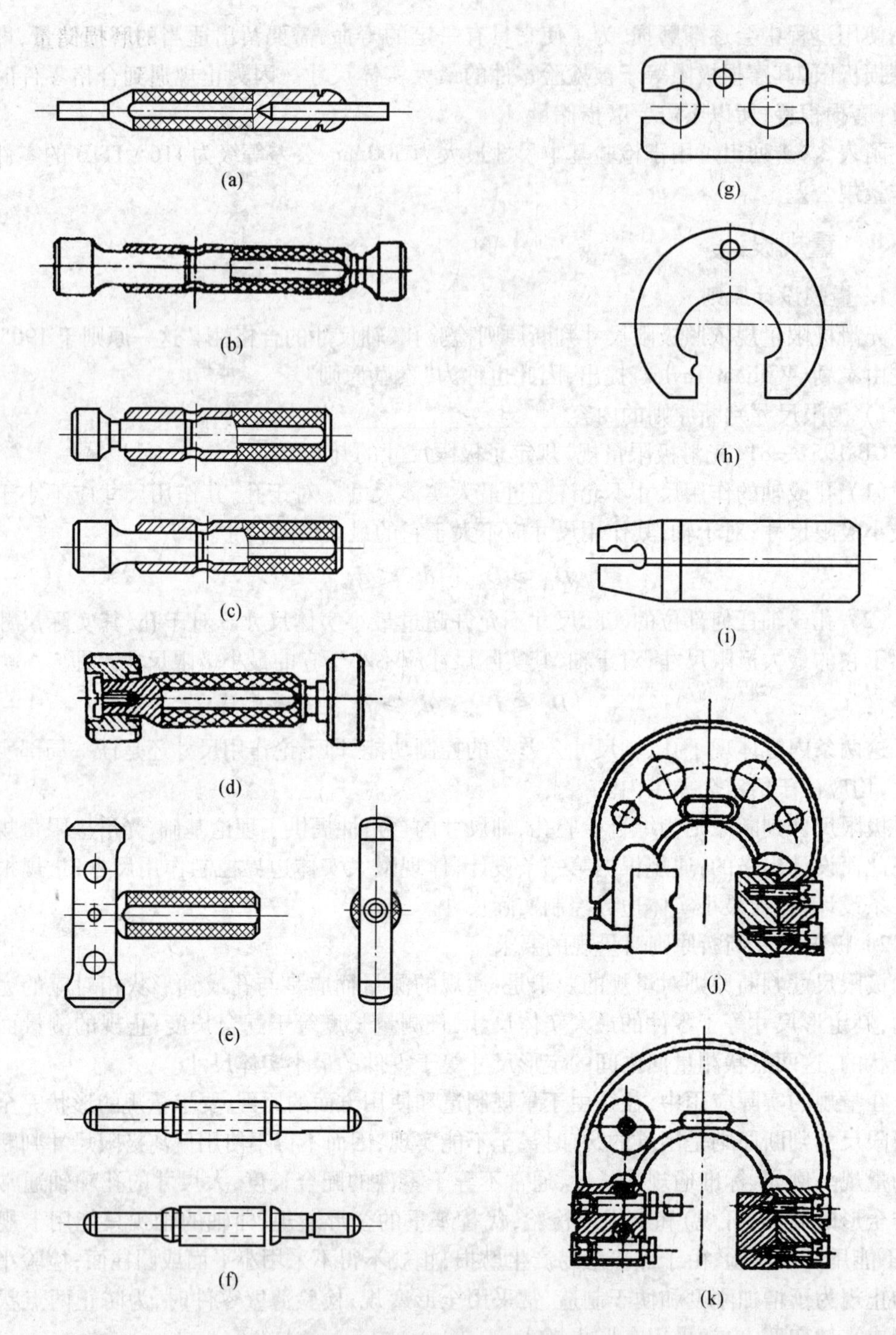

图 3-20　常见量规的结构形式

(a) 针式塞规(1~6)；(b) 锥柄双头圆柱塞规(1~50)；(c) 锥柄单头圆柱塞规(50~100)；
(d) 三牙锁紧式圆柱塞规(40~180)；(e) 非全形塞规(18~315)；(f) 球端杆双头塞规(315~500)；
(g) 双头卡规(3~10)；(h) 单头双极限卡规(1~160)；(i) 单头双极限组合卡规(1~3)；
(j) 单头双极限可换测头卡规；(k) 单头双极限可调卡规。

构形式及使用范围,供设计时选用。其具体尺寸参见国家标准 GB 6322—86《光滑极限量规形式及尺寸》。国家标准规定的量规的结构形式及应用尺寸范围如图 3-21 所示。

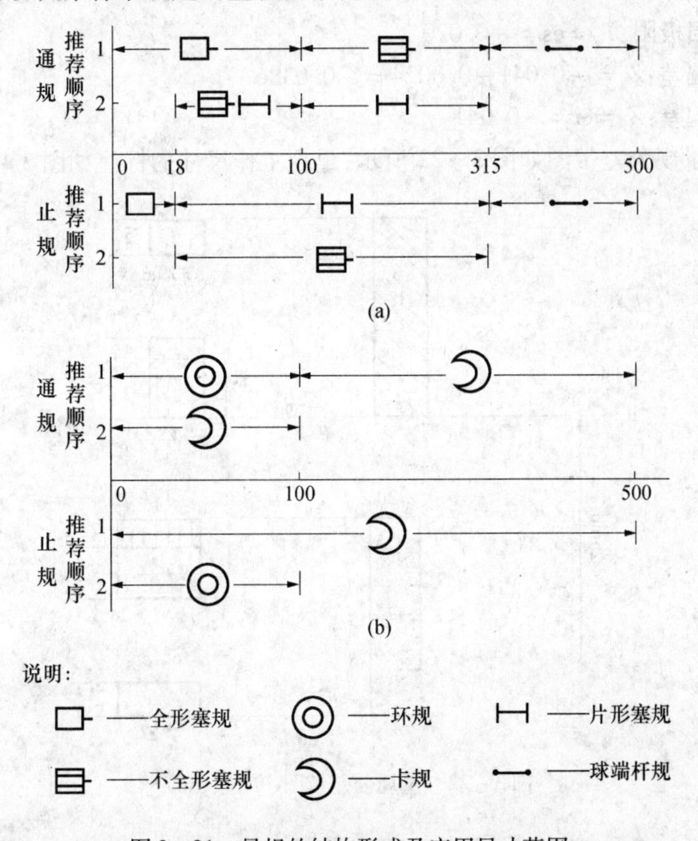

图 3-21 量规的结构形式及应用尺寸范围

3. 工作量规设计举例

例 3-3 已知配合 $\phi25H8/f7$,试设计孔、轴用工作量规。

解:(1) 由国家标准查出孔与轴的上、下偏差为

25H8 孔: ES = +0.033 EI = 0

25f7 轴: es = -0.020 ei = -0.041

(2) 由附表 3-4 查得工作量规的制造公差 T 和位置要素 Z。

$\phi25H8$ 孔用塞规: 制造公差 $T = 0.0034$ 位置要素 $Z = 0.005$

$\phi25f7$ 轴用卡规: 制造公差 $T = 0.0024$ 位置要素 $Z = 0.0034$

(3) 工作量规的极限偏差计算。

① $\phi25H8$ 孔用塞规:

通规:上偏差:$T_s = EI + Z + T/2 = 0 + 0.005 + 0.0017 = +0.0067$

下偏差:$T_i = EI + Z - T/2 = 0 + 0.005 - 0.0017 = +0.0033$

磨损极限:$T_e = EI = 0$

止规:上偏差:$Z_s = ES = +0.033$

下偏差:$Z_i = ES - T = 0.033 - 0.0034 = +0.0296$

② $\phi25f7$ 轴用卡规:

通规：上偏差：$T_s = es - Z + T/2 = -0.02 - 0.0034 + 0.0012 = -0.0222$

下偏差：$T_i = es - Z - T/2 = -0.02 - 0.0034 - 0.0012 = -0.0246$

磨损极限：$T_e = es = -0.020$

止规：上偏差：$Z_s = -0.041 + 0.0024 = -0.0386$

下偏差：$Z_i = ei = -0.041$

(4)绘制量规公差带图如图 3-22 所示，量规工作尺寸的标注如图 3-23 所示。

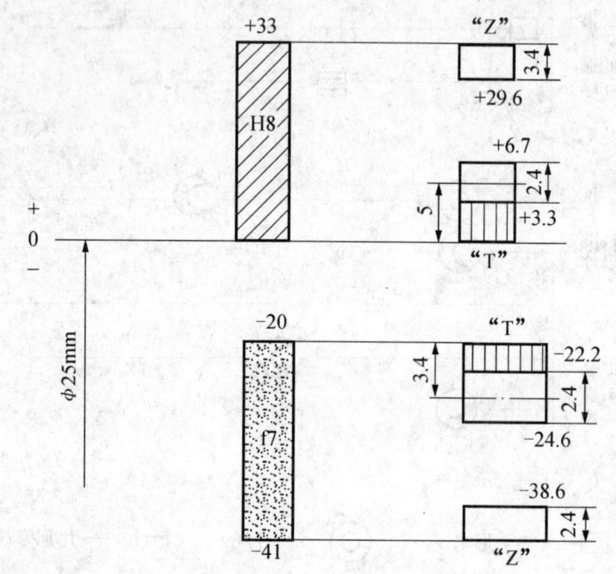

图 3-22　量规公差带图(单位：μm)

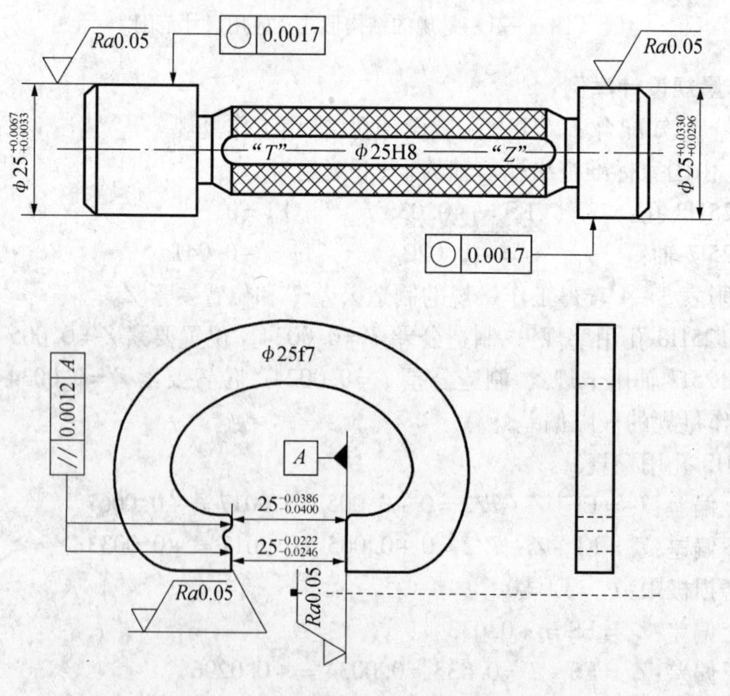

图 3-23　量规工作尺寸的标注

4. 量规的主要技术要求

量规技术要求包括:量规材料、硬度、几何公差和工作表面粗糙度等。

1）量规材料

量规测量部位可用淬硬钢(合金工具钢、碳素工具钢、渗碳钢)或硬质合金等耐磨材料制造,也可在测量面上镀上厚度大于磨损量的铬层、氮化层等耐磨材料。

2）硬度

量规测量面的硬度,取决于被检验零件的基本尺寸、公差等级和粗糙度以及量规的制造工艺水平。

3）几何公差

工作量规的几何公差为量规尺寸公差的50%,考虑到制造和测量的困难,当量规制造公差小于或等于0.002mm时,其几何公差为0.001mm。

4）表面粗糙度

量规表面粗糙度值的大小,随上述因素和量规结构型式的变化而异,一般不低于光滑极限量规国家标准推荐的表面粗糙度数值(表3-7)。

表3-7　量规测量面表面粗糙度数值 *Ra*　(μm)

零件基本尺寸/mm	≤120	>120~315	>315~500
IT6级孔用量规	≤0.025	≤0.05	≤0.1
IT7~IT9级孔用量规	≤0.05	≤0.2	≤0.2
IT10~IT12级孔、轴用量规	≤0.1	≤0.2	≤0.4
IT13~IT16级孔、轴用量规	≤0.2	≤0.4	≤0.4

附表3-1　各级量块的精度指标(摘自GB 6093—85)　(μm)

标称长度/mm	00级		0级		1级		2级		(3)级		标准级K	
	①	②	①	②	①	②	①	②	①	②	①	②
~10	0.06	0.05	0.12	0.10	0.20	0.16	0.45	0.30	1.0	0.50	0.20	0.05
>10~25	0.07	0.05	0.14	0.10	0.30	0.16	0.60	0.30	1.2	0.50	0.30	0.05
>25~50	0.10	0.06	0.20	0.10	0.40	0.18	0.80	0.30	1.6	0.55	0.40	0.06
>50~75	0.12	0.06	0.25	0.12	0.50	0.08	1.00	0.35	2.0	0.55	0.50	0.06
>75~100	0.14	0.07	0.30	0.12	0.60	0.20	1.20	0.35	2.5	0.60	0.60	0.07
>100~150	0.20	0.08	0.40	0.14	0.80	0.20	1.60	0.40	3.0	0.65	0.80	0.08
① 块长度的极限偏差(±); ② 长度变动量允许值												

附表3-2　各等量块的精度指标(摘自JJG 100—81)　(μm)

标称长度/mm	1等		2等		3等		4等		5等级		6等	
	①	②	①	②	①	②	①	②	①	②	①	②
~10	0.05	0.10	0.07	0.10	0.10	0.20	0.20	0.20	0.5	0.4	1.0	0.4
>10~18	0.06	0.10	0.08	0.10	0.15	0.20	0.25	0.20	0.6	0.4	1.0	0.4
>18~35	0.06	0.10	0.09	0.10	0.15	0.20	0.30	0.20	0.6	0.4	1.0	0.4
>30~50	0.07	0.12	0.10	0.12	0.20	0.25	0.35	0.25	0.7	0.5	1.5	0.5
>50~80	0.08	0.12	0.12	0.12	0.25	0.25	0.45	0.25	0.8	0.6	1.5	0.5
① 中心长度测量的极限偏差(±);② 平面平行线允许偏差												

附表 3 - 3　成套量块尺寸表(摘自 GB 6093—85)

套别	总块数	级 别	尺寸系列/mm	间隔/mm	块 数
1	91	00,0,1	0.5		1
			1		1
			1.001,1.002,…,1.009	0.001	9
			1.01,1.02,…,1.49	0.01	49
			1.5,1.6,…,1.9	0.1	5
			2.0,2.5,…,9.5	0.5	16
			10,20,…,100	10	10
2	83	00,0,1,2,(3)	0.5		1
			1		1
			1.005		1
			1.01,1.02,…,1.49	0.01	49
			1.5,1.6,…,1.9	0.1	5
			2.0,2.5,…,9.5	0.5	16
			10,20,…,100	10	10
3	46	0,1,2	1		1
			1.001,1.002,…,1.009	0.001	9
			1.01,1.02,…,1.09	0.01	9
			1.1,1.2,…,1.9	0.1	9
			2,3,…,9	1	8
			10,20,…,100	10	10
4	38	0,1,2,(3)	1		1
			1.005		1
			1.01,1.02,…,1.09	0.01	9
			1.1,1.2,…,1.9	0.1	9
			2,3,…,9	1	8
			10,20,…,100	10	10
注:带( )的等级,根据订货供应					

附表 3 - 4　工作量规制造公差 T 与位置要素 Z 值　(μm)

零件基本尺寸/mm	IT6		IT7		IT8		IT9		IT10		IT11		IT12		IT13		IT14		IT15		IT16	
	T	Z	T	Z	T	Z	T	Z	T	Z	T	Z	T	Z	T	Z	T	Z	T	Z	T	Z
~3	1	1	1.2	1.6	1.6	2	2	3	2.4	4	3	6	4	9	6	14	9	20	14	30	20	40
>3 ~6	1.2	1.4	1.4	2	2	2.6	2.4	4	3	5	4	8	5	11	7	16	11	25	16	35	25	50
>6 ~10	1.4	1.6	1.8	2.4	2.4	3.2	2.8	5	3.6	6	5	9	6	13	8	20	13	30	20	40	30	60
>10 ~18	1.6	2	2	2.8	2.8	4	3.4	6	4	8	6	11	7	15	10	24	15	35	24	50	35	75

（续）

零件基本尺寸/mm	IT6		IT7		IT8		IT9		IT10		IT11		IT12		IT13		IT14		IT15		IT16	
>18~30	2	2.4	2.4	3.4	3.4	5	4	7	5	9	7	13	8	18	12	28	18	40	28	60	40	90
>30~50	2.4	2.8	3	4	4	6	5	8	6	11	8	16	10	22	14	34	22	50	34	75	50	110
>50~80	2.8	3.4	3.6	4.6	4.6	7	6	9	7	13	9	19	12	26	16	40	26	60	40	90	60	130
>80~120	3.2	3.8	4.2	5.4	5.4	8	7	10	8	15	10	22	14	30	20	46	30	70	46	100	70	150
>120~180	3.8	4.4	4.8	6	6	9	8	12	9	18	12	25	16	35	22	52	35	80	52	120	80	180
>180~250	4.4	5	5.4	7	7	10	9	14	10	20	14	29	18	40	26	60	40	90	60	130	90	200
>250~315	4.8	5.6	6	8	8	11	10	16	12	22	16	32	20	45	28	66	45	100	66	150	100	220
>315~400	5.4	6.2	7	9	9	12	11	18	14	25	18	36	22	50	32	74	50	110	74	170	110	250
>400~500	6	7	8	10	10	14	12	20	16	28	20	40	24	55	36	80	55	120	80	190	120	280

本章知识梳理与总结

(1) 用通用计量器具测量工件(GB/T3177—1997)

通常车间使用的普通计量器具在选用时,应使所选择的计量器具不确定度不大于且接近于计量器具不确定度允许值μ_1;验收极限可采用内缩和不内缩两种方式来确定。

(2) 用光滑极限量规检验工件(GB/T1957—1981)

光滑极限量规是指被检验工件为光滑孔或光滑轴所用的极限量规的总称,是一种无刻度、成对使用的专用检验器具,它适用于大批量生产、遵守包容要求的轴、孔检验。

(3) 按量规用途可分为:工作量规、验收量规和校对量规。

按被检工件类型可分为:塞规和卡规。

(4) 制造量规也会产生误差,需要规定制造公差。光滑极限量规的设计应遵循泰勒原则。

思考题与习题

3－1 判断题

(1) 使用的量块数越多,组出的尺寸越准确。 (　　)

(2) 千分表的测量精度比百分表高。 (　　)

(3) 测量范围与示值范围属同一概念。 (　　)

(4) 游标卡尺两量爪合拢后,游标尺的零线应与主尺的零线对齐。 (　　)

(5) 用塞规检验孔,若止端通过而通端不通过被测孔,则该孔合格。 (　　)

3－2 选择题

(1) 测量中属于间接测量的有(　　),属于相对测量的有(　　)。

A. 用外径百分尺测外径　　B. 用内径百分表测内径

C. 用游标卡尺测量孔中心距　　D. 用游标卡尺测外径

(2) 计量器具的修正值和示值误差的关系是(　　)。

A. 大小相等,符号相反　　　　B. 大小相等,符号相同

(3) 1/50 游标卡尺的精度为(　　)。

A. 0.1mm　　B. 0.05mm　　C. 0.02mm　　D. 0.001mm

(4) 工作量规的通规是根据零件的(　　)设计的,而止规是根据零件的(　　)设计的。

A. 基本尺寸　　B. 最大实体尺寸　　C. 最小实体尺寸

3-3　填空题

(1) 测量误差按其特性可分为________、________、________三大类。

(2) 一个完整的测量过程应包括________、________、________、________四要素。

(3) 计量器具的分度值是指________________,百分尺的分度值是________mm。

(4) 测量基本尺寸为 40mm 的轴径,应选择测量范围为________mm 的百分尺。

(5) 光滑极限量规按检验的对象不同分为________和________两种。

3-4　综合题

试计算 ϕ25H7/ e7 配合的孔、轴用工作量规的极限偏差,并画出公差带图。

第4章 几何公差

本章教学导航

知识目标:形位公差特征项目的种类、意义及其标注方法,公差原则(要求)的基本概念。

技能目标:识读图样形位公差标注;设计零件的形位精度。

教学重点:认识形位公差特征项目及其意义;理解形位公差设计原则。

教学难点:公差原则(要求)的基本概念及其应用。

课堂随笔:

本章知识轮廓树形图

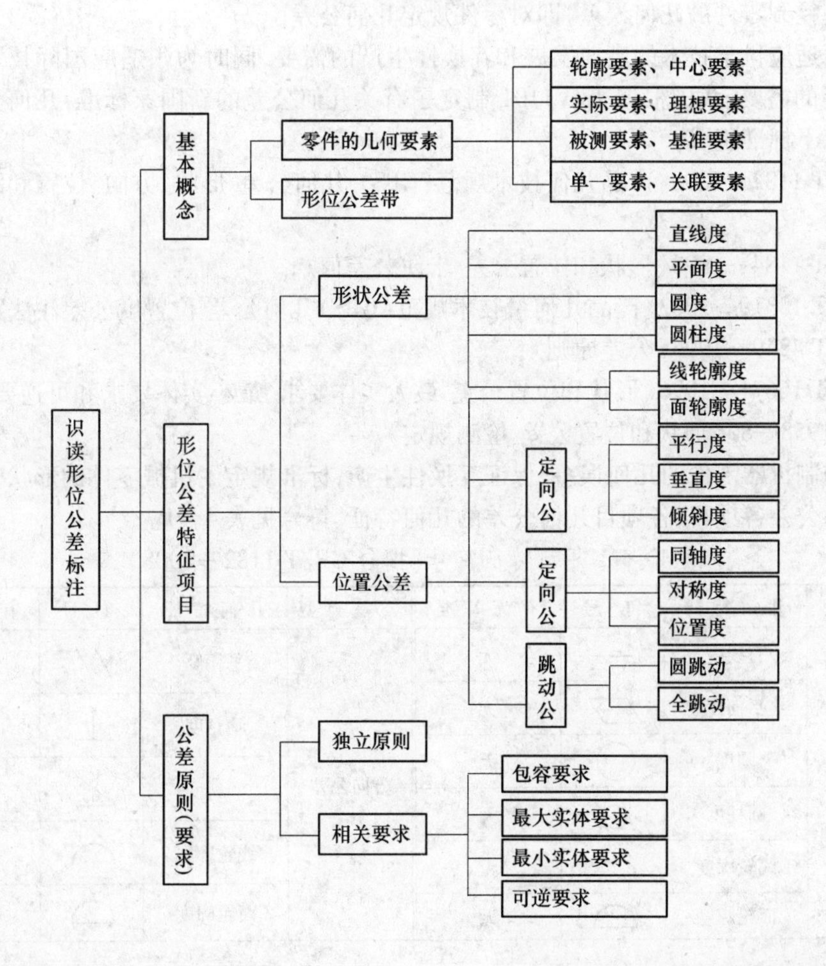

4.1 概　述

零件在加工过程中，由于机床夹具、刀具及工艺操作水平等因素的影响，使零件表面、轴线、中心对称平面等的实际形状和位置相对于所要求的理想形状和位置，不可避免地会出现误差，即几何误差。

零件的几何误差直接影响产品的功能，其不仅会影响机械产品的质量，还会影响零件的互换性。以图 1－3 的圆柱齿轮减速器的输出轴为例，其与齿轮或联轴器内孔配合的 ϕ45mm 的轴颈，即使加工后轴颈的尺寸误差均在给定的公差范围之内，如果产生形状弯曲，在与之相配合的齿轮孔形成的间隙配合中，会使间隙大小分布不均，造成局部磨损加快或者造成无法装配，从而影响零件的使用；ϕ45mm 的轴颈上的轴槽用于与齿轮或联轴器的轮毂槽通过键连接传递扭矩，如果其中心对称平面与轴中心线不共面，将造成无法装配；ϕ62mm 两端轴肩处分别是齿轮和滚动轴承的止推面，如果端面对轴线的出现不垂直，会减少配合零件的实际接触面积，增大单位面积压力从而增加变形。

但要制造完全没有几何误差的零件，既不可能也无必要。因此，为了满足零件的使用要求，保证零件的互换性和制造的经济性，设计时不仅要控制尺寸误差和表面粗糙度，还必须合理控制零件的几何误差，即对零件规定几何公差。

为了适应科学技术的高速发展和互换性生产的需要，同时为了适应国际技术交流和经济发展的需要，我国根据 ISO 1101 制定了有关几何公差的新国家标准，几何公差标准主要由以下标准组成：

GB/T 1182—2008《产品几何技术规范（GPS）几何公差 形状、方向、位置和跳动公差标注》；

GB/T 1184—1996《形状和位置公差 未注公差值》；

GB/T 13319—2003《产品几何量技术规范（GPS）几何公差 位置度公差注法》；

GB/T 4249—1996《公差原则》；

GB/T 16671—1996《形状和位置公差 最大实体要求、最小实体要求和可逆要求》；

GB 1958—82《形状和位置公差 检测规定》。

为控制机器零件的几何误差，保证互换性生产，标准规定了机械零件的形状、方向、位置和跳动公差各项目，各项目几何公差的几何特征、符号见表 4－1。

表 4－1　几何特征符号（摘自 GB/T 1182—2008）

公差类型	几何特征	符号	有无基准	公差类型	几何特征	符号	有无基准
形状公差	直线度	—	无	方向公差	平行度	//	有
	平面度	▱	无		垂直度	⊥	有
	圆度	○	无		倾斜度	∠	有
	圆柱度	⌭	无		线轮廓度	⌒	有
	线轮廓度	⌒	无		面轮廓度	⌓	有
	面轮廓度	⌓	无				

（续）

公差类型	几何特征	符　号	有无基准	公差类型	几何特征	符　号	有无基准
位置公差	位置度	⌖	有或无	位置公差	线轮廓度	⌒	有
	同心度 （用于中心点）	◎	有		面轮廓度	⌓	有
	同轴度 （用于轴线）	◎	有	跳动公差	圆跳动	↗	有
	对称度	⌯	有		全跳动	⌰	有

4.2　几何公差的基本概念

4.2.1　零件的要素

构成机械零件几何形状的点、线、面统称为零件的几何要素，几何公差的研究对象就是这些几何要素，简称要素，如图4－1所示。

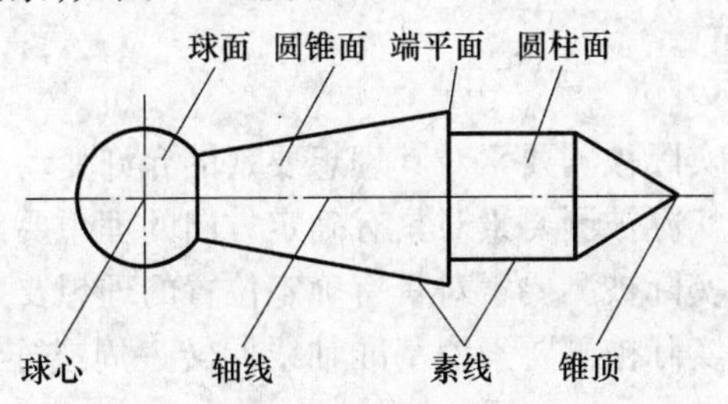

图4－1　几何要素

要素按使用方法的不同，通常有如下几种分类。

1. 按存在状态分

（1）理想要素：具有几何学意义的要素。设计时在图样上表示的要素均为理想要素，不存在任何误差。

（2）实际要素：零件在加工后实际存在的要素，有误差。通常由测得要素来代替，由于测量误差的存在，测得要素并非该要素的真实情况。

2. 按几何特征分

（1）轮廓要素：构成零件轮廓的可直接触及的要素。如图4－1所示的圆锥顶点、素线、圆柱面、圆锥面、端平面、球面等。

（2）中心要素：零件中不可触及但实际存在的要素，即从轮廓要素上所获取的中心点、中心线、中心面。如图4－1所示的球心、轴线等。

3. 按在几何公差中所处的地位分

(1) 被测要素:零件图中给出了形状或(和)位置公差要求,即需要检测的要素。如图4-2所示零件的上表面。

(2) 基准要素:用以确定被测要素的方向或(和)位置的要素,简称基准。如图4-2所示零件的下底面。

4. 按被测要素的功能关系分

(1) 单一要素:在图样上仅对其本身给出形状公差要求的要素。此要素与其他要素无功能关系。如图4-2所示零件的对其有平面度要求的上表面。

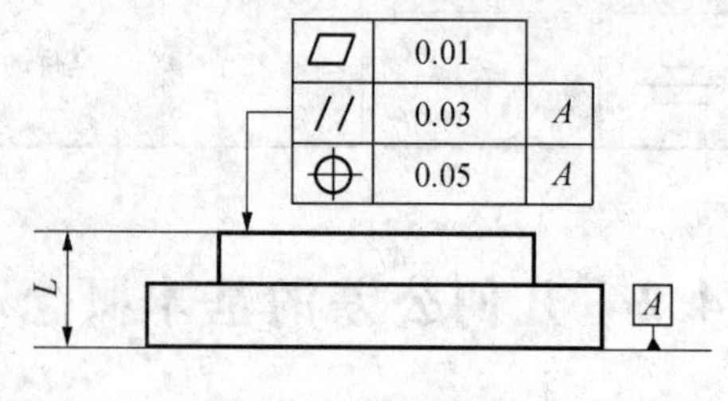

图4-2 要素实例

(2) 关联要素:对其他要素有功能关系的要素,即规定方向、位置、跳动公差的要素。如图4-2所示零件的对其有相对下底面平行要求的上表面。

4.2.2 几何公差类型

(1) 形状公差:单一实际被测要素对其理想要素的允许变动全量。

(2) 方向公差:关联实际被测要素对具有确定方向的理想要素所允许的变动全量。

(3) 位置公差:关联实际被测要素对具有确定位置的理想要素所允许的变动全量。

(4) 跳动公差:关联实际被测要素绕基准轴线回转一周或连续回转时所允许的最大变动量。

4.2.3 几何公差带

几何公差带是限制实际被测要素变动的区域,由一个或几个理想的几何线和面所限定,由公差值表示其大小。只要被测实际要素被包含在公差带内,则被测要素合格。几何公差带体现了被测要素的设计及使用要求,也是加工和检验的根据。几何公差带控制点、线、面等区域,因此具有形状、大小、方向、位置共四个要素。

1. 形状

几何公差带的形状取决于被测要素的形状特征及误差特征,随实际被测要素的结构特征、所处的空间以及要求控制方向的差异而有所不同,几何公差带的形状有九种,如图4-3所示。

2. 大小

几何公差带的大小由给定的几何公差值确定,以公差带区域的宽度(距离)t或直径ϕt($S\phi t$)表示。它反映了几何精度要求的高低。

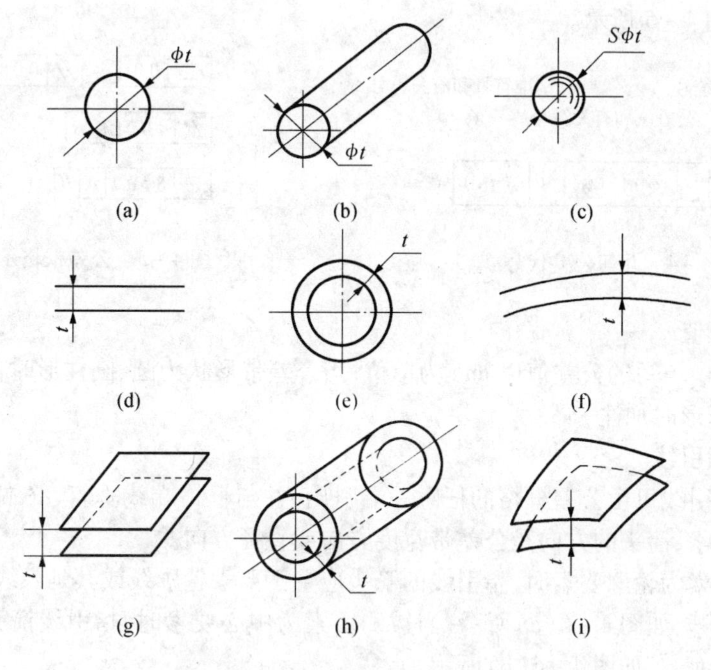

图 4－3　几何公差带的形状

3. 方向

几何公差带的方向理论上应与图样上几何公差框格指引线箭头所指的方向垂直。它的实际方向由最小条件确定。

注:最小条件是指实际被测要素相对于理想要素的最大变动量为最小。

4. 位置

几何公差带位置与公差带相对于基准的定位方式有关。如果公差带相对于基准以尺寸公差定位时,公差带位置随实际被测要素在尺寸公差带内以实际尺寸的变动而浮动,即公差带位置是浮动的。如果公差带相对于基准以理论正确尺寸(角度)定位时,公差带位置则是固定的。

注:理论正确尺寸(角度)是确定被测要素的理想形状、理想方向或理想位置的尺寸(角度)。该尺寸不带公差,标注在方框中。

4.2.4　几何公差的代号

在几何公差国家标准中,规定几何公差标注一般应采用代号标注。无法采用代号标注时,允许在技术要求中用文字加以说明。几何公差的代号由几何公差项目的符号、框格、指引线、公差数值、基准符号以及其他有关符号构成。几何公差代号采用框格表示,并用带箭头的指引线指向被测要素,如图 4－4 所示。

1. 公差框格

几何公差的框格分为两格或多格,框格内容从左至右按以下次序填写:第一格填写公差项目的符号；第二格填写公差值及有关符号；第三、四、五格填写代表基准的字母及有关符号，示例如图 4 -5 所示。

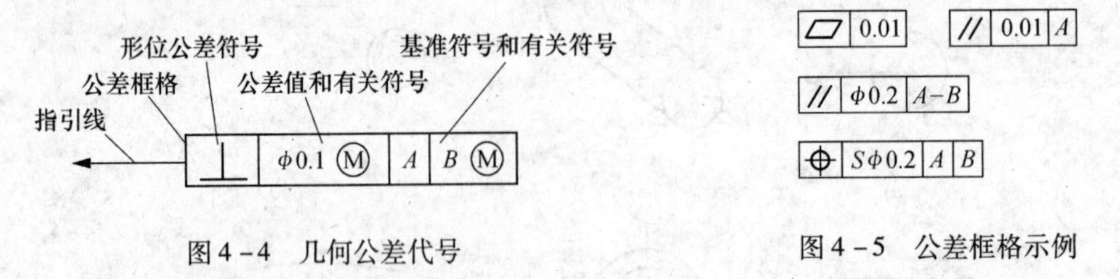

图 4 -4　几何公差代号

图 4 -5　公差框格示例

2. 公差数值

公差框格中填写的公差值以 mm 为单位，当公差带形状为圆、圆柱形时在公差值前加注“ϕ”，如是球形时加注“$S\phi$”。

3. 框格指引线

标注时指引线可由公差框格的任意一端引出，并与框格端线垂直，终端带一箭头，箭头指向被测要素，箭头的方向是公差带宽度方向或直径方向。

当被测要素为轮廓要素时，指引线的箭头应置于要素轮廓线或其延长线上，并应与尺寸线明显地错开，如图 4 -6(a)所示；当被测要素为中心要素时，指引线箭头应与该要素的相应尺寸线对齐，如图 4 -6(b)所示。

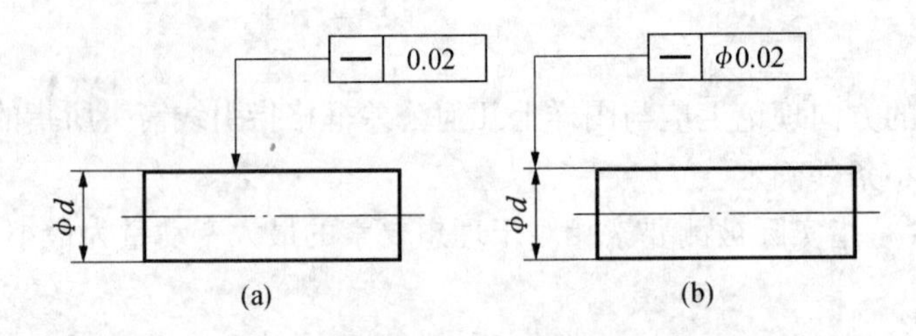

图 4 -6　指引线箭头指向被测要素位置

(a) 被测要素为轮廓要素；(b) 被测要素为中心要素。

4. 基准

基准代号的字母采用大写拉丁字母(不采用 E、I、J、M、O、P、L、R、F)，填写在公差框格的第三、四、五格。

单一基准要素用大写字母填写在公差框格的第三格，如图 4 -7(a)所示；由两个要素组成的公共基准，用横线隔开两个大写字母填写在第三格内，如图 4 -7(b)所示；由两个或三个要素组成的基准体系，表示基准的大写字母应按基准的优先次序填写公差框格的第三、四、五格，如图 4 -7(c)所示。

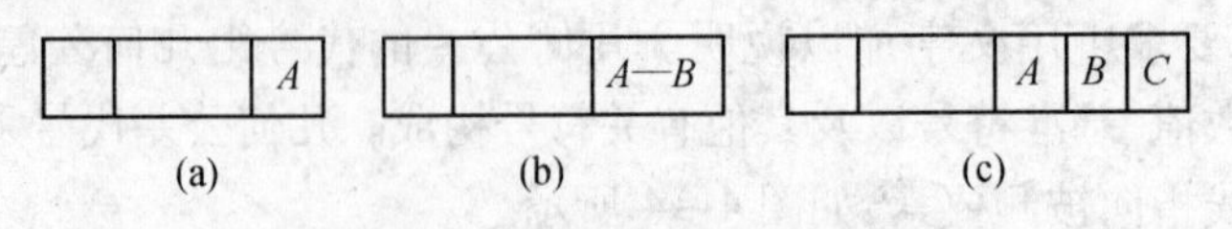

图 4 -7　基准框格标注方法

4.2.5 几何公差的基准符号

对有方向、位置、跳动公差要求的零件，在图样上必须标明基准。基准用一个大写字母表示，字母标注在基准方格中，与一个涂黑或空白的三角形相连以表示基准（涂黑或空白的基准三角形含义相同），如图 4－8 所示。无论基准符号在图样上的方向如何，方格内的字母要水平书写。

与框格指引线的位置同理，当基准要素为轮廓要素时，基准三角形应放置在轮廓线或其延长线上，并应与尺寸线明显错开，如图 4－9 (a)所示；当基准要素是由尺寸要素确定的轴线、中心平面或中心点时，基准三角形应放置在该要素的尺寸线的延长线上，如图 4－9 (b)所示。

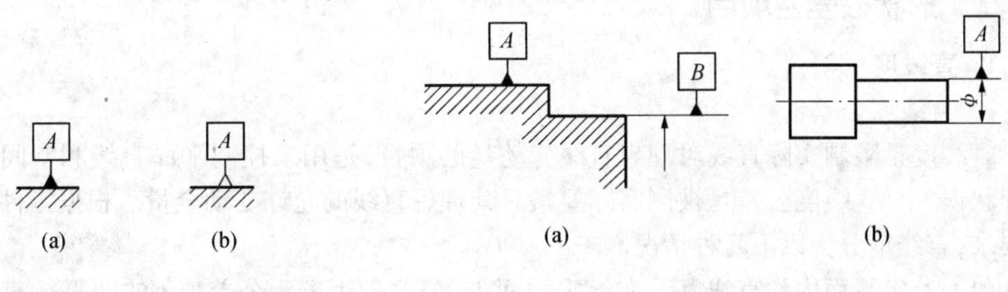

图 4－8　基准符号示例

图 4－9　基准的标注方法

4.3 形状公差

4.3.1 形状误差及其评定

1. 形状误差

形状误差是指实际被测要素对其理想要素的变动量(f)。

国家标准规定，在确定实际被测要素的形状误差时，必须遵循最小条件。即理想要素的位置应符合最小条件。

2. 最小条件

最小条件是指实际被测要素相对于理想要素的最大变动量为最小。此时，对实际被测要素评定的误差值为最小。由于符合最小条件的理想要素是唯一的，所以按此评定的形状误差值也将是唯一的。

对于轮廓要素，符合最小条件的理想要素处于实体之外并与被测实际要素相接触，使被测实际要素对它的最大变动量为最小。如图 4－10(a)所示，A_1B_1 为符合最小条件的理想要素，$f = h_1$。

对于中心要素，符合最小条件的理想要素应穿过实际中心要素，使实际要素对它的最大变动量为最小。如图 4－10(b)所示，L_1 为符合最小条件的理想轴线，$\phi f = \phi d_1$。

3. 形状误差合格条件

形状公差是在设计时给定的，而形状误差是在加工中产生，通过测量获得的。判断零件形状误差的合格条件为其形状误差值不大于其相应的形状公差值，即 $f \leq t$ 或 $\phi f \leq \phi t$。

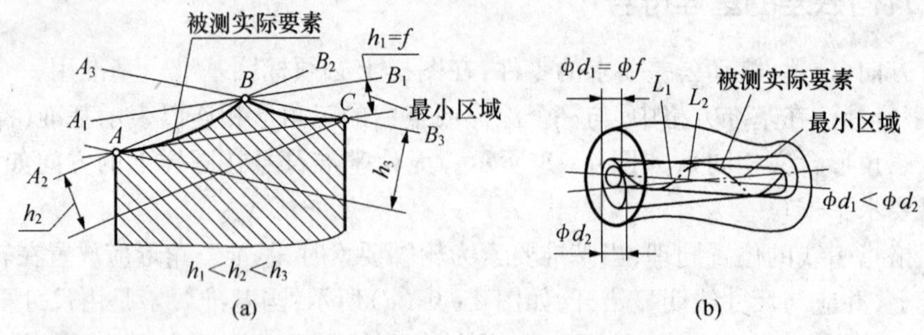

图 4-10　最小条件和最小区域

4.3.2　形状公差各项目

1. 直线度

1）直线度公差带

直线度是限制实际直线对理想直线变动量的项目，是用来控制平面直线和空间直线的形状误差。直线度公差是被测实际要素对其理想直线的允许变动全量。根据零件的功能要求，直线度分为以下几种情况。

（1）给定平面内的直线度。在给定平面内，公差带距离为公差值 t 的两平行直线所限定的区域。如图 4-11 所示，上平面的提取线应限定在间距等于 0.1mm 的两平行直线间的区域内。

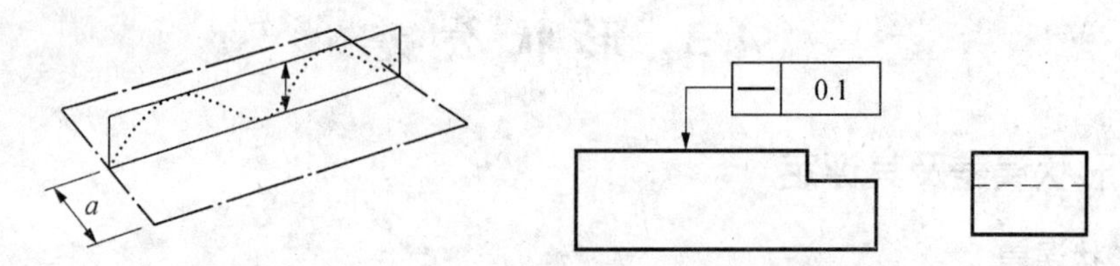

图 4-11　给定平面内的直线度公差带

a—任一距离。

（2）给定方向上的直线度。给定一个方向时，公差带是距离为公差值 t 的两平行平面所限定的区域。如图 4-12 所示，实际锥面上的素线必须位于间距为公差值 0.1mm 的两平行平面间的区域内。

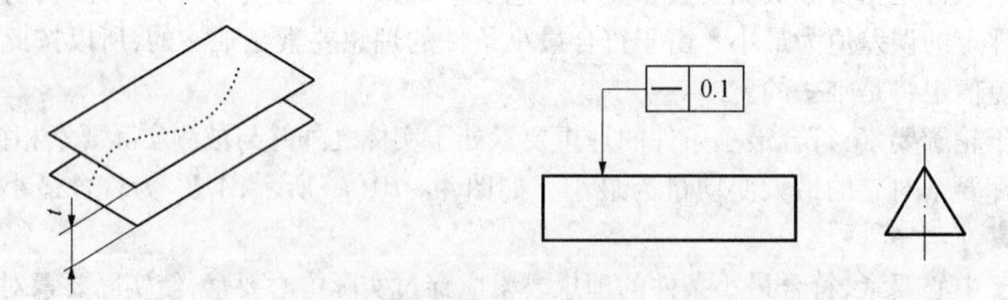

图 4-12　给定方向上的直线度公差带

（3）任意方向上的直线度。公差带为直径是 ϕt 的圆柱面所限定的区域。注意公差值前应加注 ϕ。如图 4-13 所示，被测圆柱面的轴线必须位于直径为公差值 ϕ0.08mm 的圆柱面内。

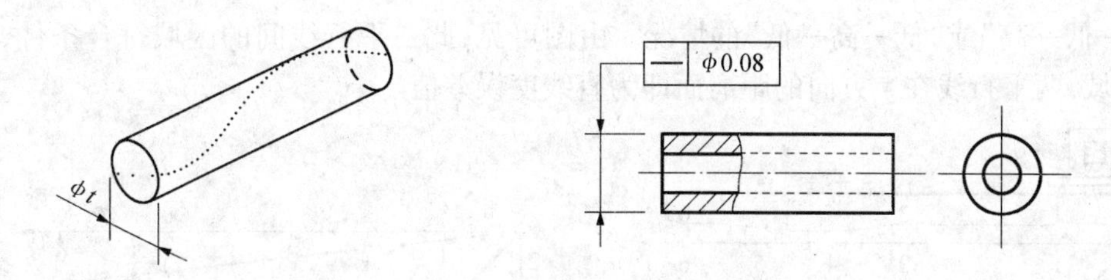

图 4 - 13　任意方向上的直线度公差带

2）直线度误差的检测

直线度误差的测量仪器有刀口尺、水平仪、自准直仪等。

(1) 刀口尺是与被测要素直接接触,使刀口尺和被测要素间的最大间隙为最小,该最大间隙即为被测得的直线度误差。间隙量可用塞尺测量或与标准间隙比较,如图 4 - 14 (a)所示。

(2) 水平仪测量是将水平仪放在桥板上,先调整被测零件,使被测要素大致处于水平位置,然后沿被测要素按节距移动桥板逐段连续测量,如图 4 - 14(b)所示。

(3) 自准直仪测量时将自准直仪放在固定的位置上,反射镜通过桥板放在被测要素上,然后沿被测要素按节距移动反射镜,在自准直仪的读数显微镜中读取相应的读数进行连续测量,如图 4 - 14(c)所示。

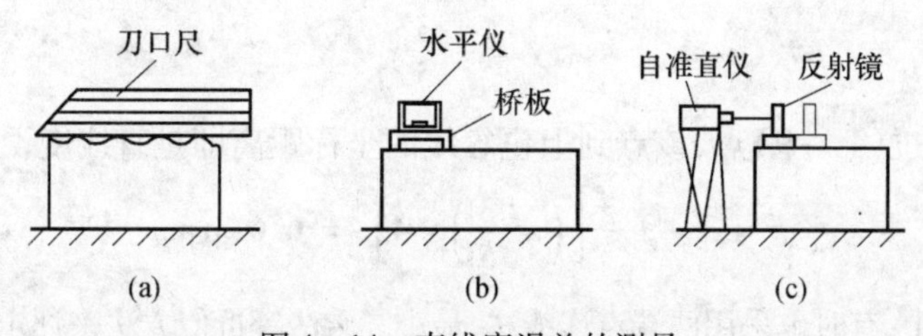

图 4 - 14　直线度误差的测量

直线度误差的评定方法有图解法和计算法,见例 4 - 1。

例 4 - 1　用水平仪按 6 个相等跨距测量机床导轨的直线度误差,各测点水平仪读数分别为:-5、-2、+1、-3、+ 6、-3(单位为 μm)。求:(1)试换算成统一坐标值,并画出实际直线的误差图形;(2)试用最小区域法求出直线度误差值。

解:(1) 选定 $h_0=0$,将各测点的读数依次累加,即得到各点相应的统一坐标值 h_i,见表 4 - 2。以测点的序号为横坐标值,以 h_i 为纵坐标值,在坐标纸上描点,并将相邻点用直线连接;所得折线即是实际直线的误差曲线,如图 4 - 15 所示。

表 4 - 2　例 4 - 1 数据表

测点序号 i	0	1	2	3	4	5	6
水平仪读数 a_i	0	-5	-2	+1	-3	+6	-3
累计值 $h_i=h_{i-1}+a_i$	0	-5	-7	-6	-9	-3	-6

(2) 作误差曲线,如图 4 - 16 所示。过点(0,0)和(5, -3)作一条直线,再过点(4, -9)作它的平行线。最小区域的确定条件为两平行线包容误差曲线,且三接触点为

“高—低—高”或“低—高—低”的情况。由图可见，此二平行线间的区域符合条件，是最小区域，两平行线在 y 方向的距离面即为直线度误差值。

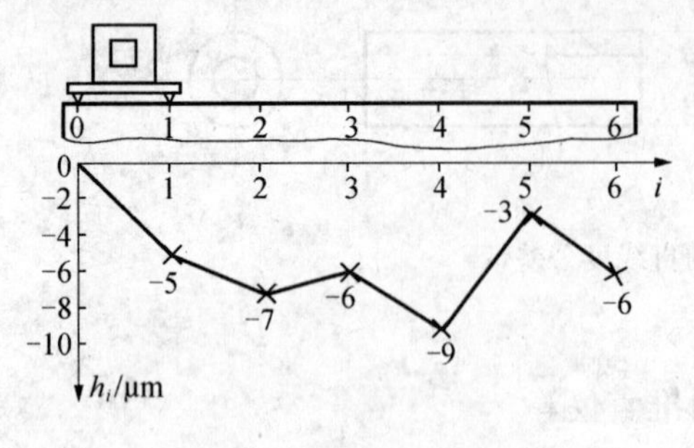

图 4－15　误差曲线

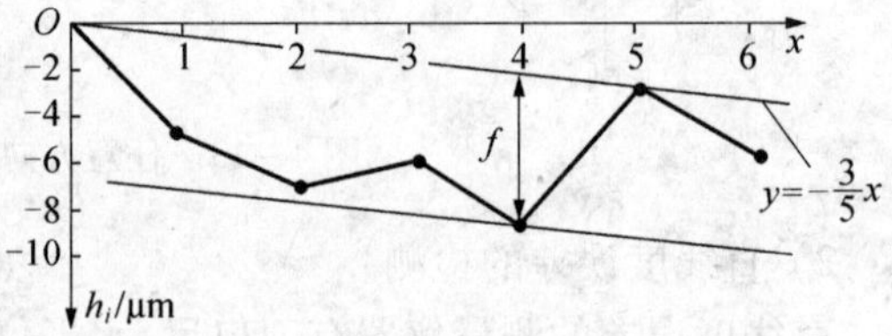

图 4－16　最小区域法

① 图解法。按比例在图上量取直线度误差为 $f = 6.6\mu m$。

② 计算法。设上包容直线方程为 $y = a + bx$，由于直线过(0,0)和(5,－3)两点，故可解得

$$a = 0 \qquad b = -\frac{3}{5}$$

即

$$y = -\frac{3}{5}x$$

下包容直线过(4,－9)点，该点到上包容线的坐标距离即是直线度误差值：

$$f = \left| -9 - \left[\left(-\frac{3}{5} \right) \times 4 \right] \right| = 6.6(\mu m)$$

在工程实际中，有时也采用两端点连线法、最小二乘法等近似方法来评定直线度误差。但用最小区域评定的直线度误差值具有唯一性，它是判断直线度合格性的最后仲裁依据。

2. 平面度

1）平面度公差带

平面度是限制实际平面对其理想平面变动量的一项指标，是用来控制被测实际平面的形状误差。平面度公差是被测实际要素对理想平面的允许变动全量。平面度公差带是距离为公差值 t 的两平行平面所限定的区域。如图4－17 所示，实际平面必须位于间距为公差值 0.1mm 的两平行平面间区域内。

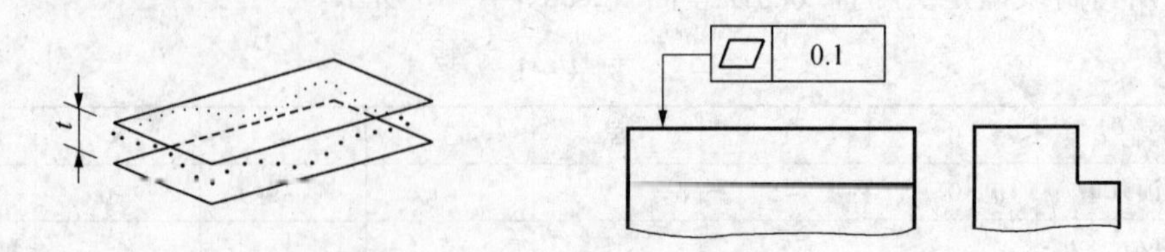

图 4－17　平面度公差带

2）平面度误差的检测

平面度误差测量仪器有平晶、平板和指示器、水平仪、自准直仪和反射镜等。

(1) 平晶测量通常用于高精度要求的小平面平面度测量。将平晶紧贴在被测表面上,由产生的干涉条纹计算得出所测误差值,如图 4-18(a)所示。

(2) 指示器测量通常用于一般要求平面平面度测量。将被测零件支撑在平板上,将被测平面上两对角线的角点调成等高,按一定布点测量被测表面。取指示器的最大最小读数差作为该平面度误差近似值,如图 4-18(b)所示。

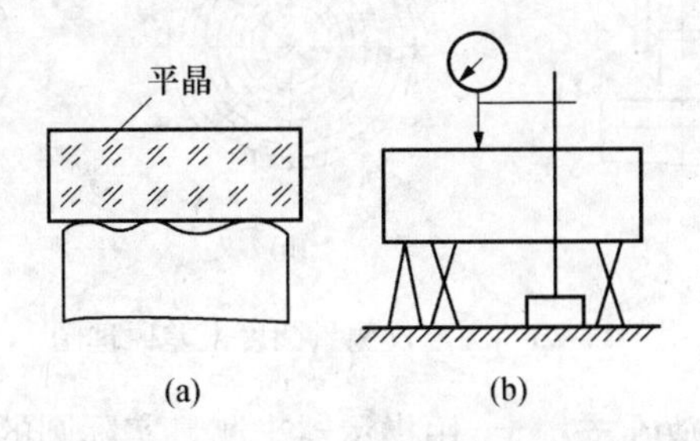

图 4-18 平面度的测量方法

水平仪、自准直仪测量法与直线度类似,在此不再赘述。

3. 圆度

1) 圆度公差带

圆度是限制实际圆对理想圆变动的一项指标,是用来控制回转体表面(如圆柱面、圆锥面、球面等)正截面轮廓的形状误差。圆度公差是被测实际要素对理想圆的允许变动全量。圆度公差带是在同一正截面上半径差为公差值 t 的两同心圆所限定的区域。如图 4-19 所示,被测圆锥面任一正截面的轮廓必须位于半径差为公差值 0.03mm 的两同心圆间区域内。

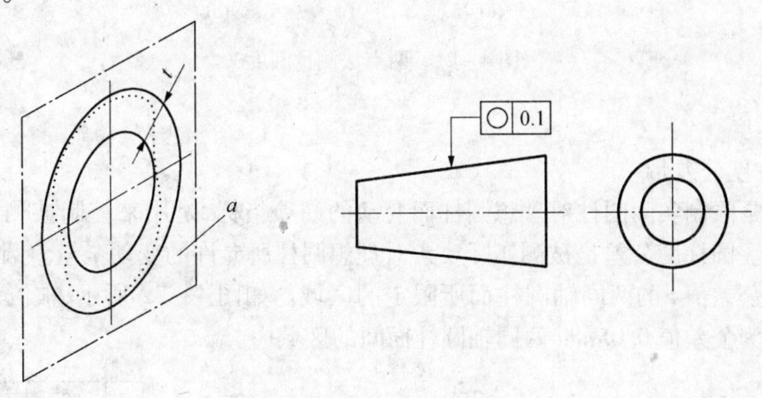

图 4-19 圆度公差带
a—任一横截面。

2) 圆度误差的检测

圆度误差测量仪器有圆度仪、光学分度头、三坐标测量机或带计算机的测量显微镜、V 形块和带指示表的表架、千分尺及投影仪等。

圆度误差测量方法有两类。

一类是用圆度仪测量,其工作原理如图 4-20 所示。测量时将被测零件安置在量仪工作台上,调整其轴线与量仪回转轴线同轴。记录被测零件在回转一周内截面各点的半径差,绘制出极坐标图,最后评定出圆度误差。圆度仪的测量精度很高,但价格昂贵。

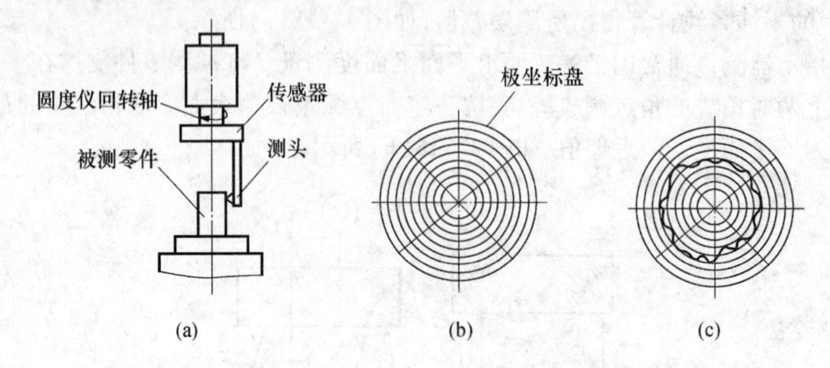

图4-20　圆度仪测量圆度误差原理图

另一类是将被测零件放在支撑上,用指示器来测量实际圆的各点对固定点的变化量,如图4-21所示。该测量通常用于一般要求回转体圆度测量。

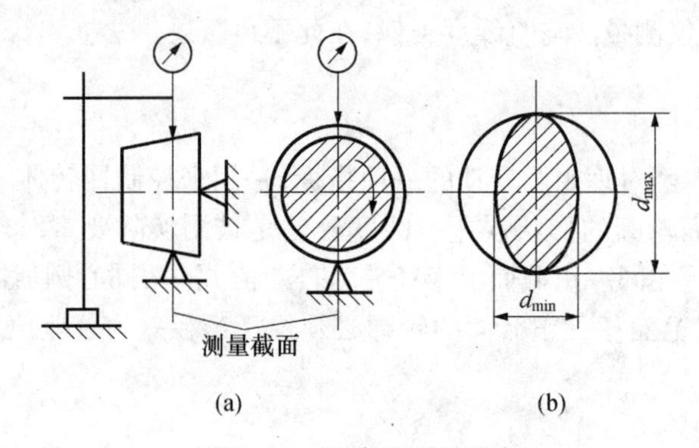

图4-21　两点法测量圆度

4. 圆柱度

1)圆柱度公差带

圆柱度是限制实际圆柱对理想圆柱面变动的一项指标,是用来控制被测实际圆柱面的形状误差。圆柱度公差是被测实际要素对理想圆柱所允许的变动全量。圆柱度公差带是半径差为公差值 t 的两同轴圆柱面所限定的区域。如图4-22所示,被测圆柱面应限定于半径差为公差值0.05mm两同轴圆柱面间的区域内。

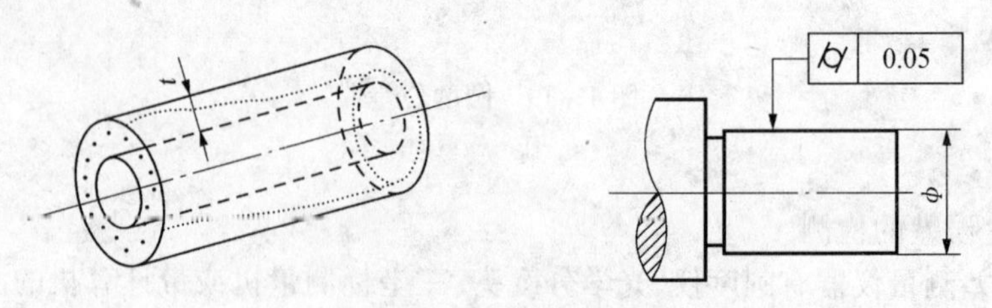

图4-22　圆柱度公差带

圆柱度公差可以对圆柱表面的纵、横截面的各种形状误差进行综合控制,如正截面的圆度、素线的直线度、过轴线纵向截面上两条素线的平行度误差等。

2）圆柱度误差的检测

圆柱度误差的测量，可在圆度测量基础上，测头沿被测圆柱表面作轴向运动测得。

4.4 基　准

基准是与被测要素有关且用来确定其几何位置关系的一个几何理想要素（如轴线、直线、平面等），可由零件上的一个或多个要素构成，是确定被测要素方向或位置的依据。

4.4.1 基准的建立

在实际应用时，基准的建立应遵循最小条件。即由于实际基准要素存在几何误差，因此由实际基准要素建立理想基准要素时，应先对实际基准要素作最小包容区域，再来确定基准。

4.4.2 基准的分类

1. 单一基准

基准要素作为单个基准使用。此类基准最为常见，如图 4－23（a）、（c）所示。

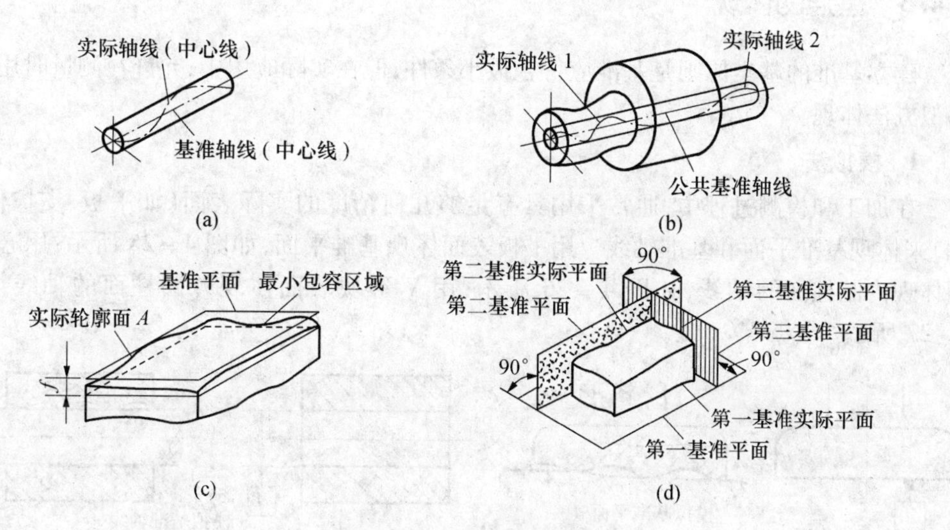

图 4－23　基准和基准体系

（a）基准轴线；（b）公共基准轴线；（c）基准平面；（d）三基面体系。

2. 组合基准（公共基准）

作为单一基准使用的一组要素，是将两个或两个以上的单一基准组合起来作为一个基准使用。图 4－23（b）所示为与基准为同轴的圆柱面的公共轴线。

3. 基准体系

由两个或三个单独的基准组合构成的用来确定被测要素的几何位置关系。三个互相垂直的基准平面构成三基面体系，如图 4－23（d）所示。

应用三基面体系时，设计者在图样上标注基准应特别注意基准的顺序，因为标注基准的顺序对实际控制结果影响很大,如图 4－24 所示。

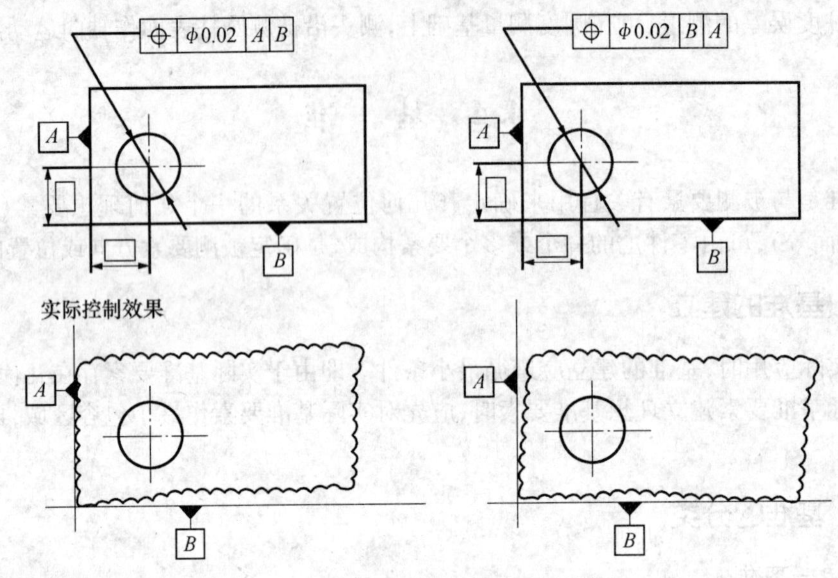

图 4－24 基准顺序对控制结果的影响

4.4.3 基准的体现

建立基准的基本原则是基准应符合最小条件,但在实际应用中,允许在测量时用以下近似方法体现。

1. 模拟法

在加工和检测过程中,通常采用具有足够几何精度的实际表面(如平板、支撑件、心轴)来体现基准平面和基准轴线。用平板表面体现基准平面,如图 4－25 所示;用心轴表面体现内圆柱面的轴线,如图 4－26 所示;用 V 形块表面体现外圆柱面的轴线,如图 4－27 所示。

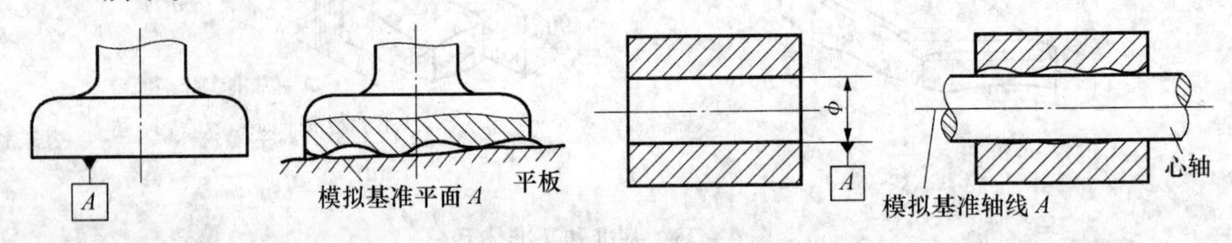

图 4－25 用平板体现基准面

图 4－26 用心轴体现基准轴线

将基准要素放置在模拟基准要素上,并使它们之间的最大距离为最小。若基准要素相对于接触表面不能处于稳定状态,应在两表面之间加上距离适当的支撑。对于线应使用两个支撑;对于平面则应使用三个支撑。

2. 直接法

当基准实际要素具有足够形状精度时,可直接作为基准。如在平板上测量零件,就是将平板作为直接基准。

其他还有分析法和目标法,在此不再赘述。

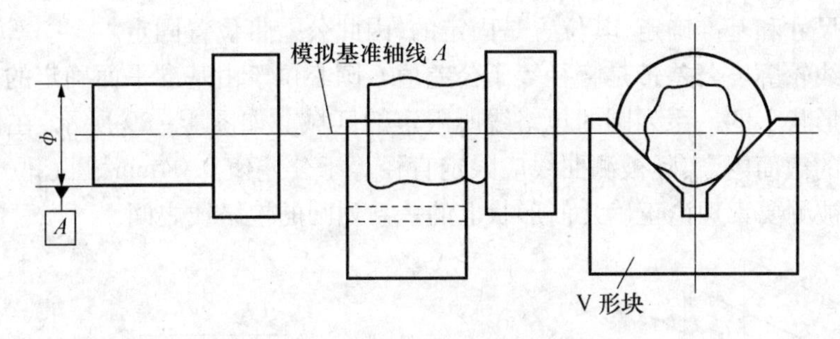

图 4 - 27　用 V 形块体现基准线

4.5　轮廓度公差

4.5.1　线轮廓度公差

线轮廓度是限制实际曲线对理想曲线变动量的一项指标，是用来控制平面曲线（或曲面的截面轮廓）的形状或位置误差。线轮廓度公差是被测实际曲线对理想轮廓线所允许的变动全量。线轮廓度公差带是包络一系列直径为公差值 t 的小圆的两包络线之间的区域，诸圆的圆心位于具有理论正确几何形状的线上。根据线轮廓度基准要求不同，线轮廓度分为以下两种情况。

1. 无基准的线轮廓度公差

无基准线轮廓度公差，属于形状公差，如图 4 - 28 所示。理想轮廓线由理论正确尺寸确定，其位置是浮动的，因此公差带位置是浮动的。

无基准线轮廓度公差带是直径等于公差值 t、圆心位于具有理论正确几何形状上的一系列圆的包络线所限定的区域。如图 4 - 28 所示，在任一平行于图示投影面的截面内，实际被测曲线应限定于直径等于公差值 0.04mm、圆心位于被测要素理论正确几何形状上的一系列圆的包络线之间。

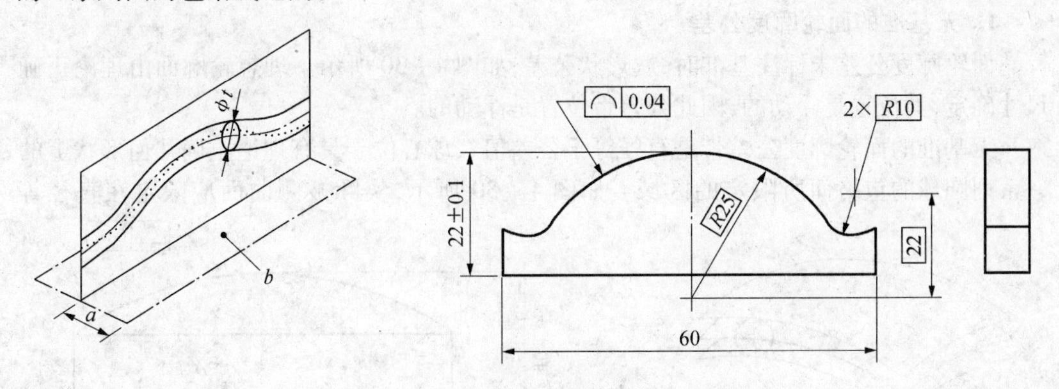

图 4 - 28　无基准的线轮廓度公差带

a—任一距离；b—垂直于图 4 - 28 视图所在平面。

2. 相对于基准的线轮廓度公差

有基准的线轮廓度公差，属于方向或位置公差，如图 4 - 29 所示。理想轮廓线的位置由理论正确尺寸和基准确定,其位置是固定的,因此公差带位置固定。

有基准线轮廓度公差带是直径等于公差值 t、圆心位于由基准平面确定的被测要素理论正确几何形状上的一系列圆的包络线所限定的区域。如图 4-29 所示,在任一平行于图示投影面的截面内,实际被测曲线应限定直径等于公差值 0.04mm、圆心位于基准平面 A、B 确定的被测要素理论正确几何形状上的一系列圆的包络线之间。

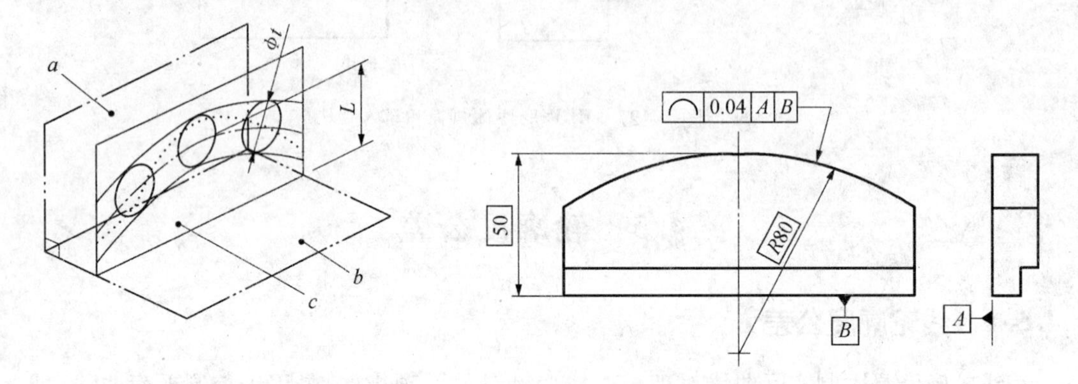

图 4-29 相对于基准体系的线轮廓度公差

a—基准平面 A; b—基准平面 B; c—平行于基准 A 的平面。

线轮廓度测量的仪器有轮廓样板、投影仪、仿形测量装置和三坐标测量机等。

4.5.2 面轮廓度公差

面轮廓度是限制实际曲面对理想曲面变动量的一项指标,是用来控制空间曲面的形状或位置误差。面轮廓度公差是被测实际曲面对理想轮廓面所允许的变动全量。面轮廓度公差带是包络一系列直径为公差值 t 的小球的两包络面之间的区域,诸球的球心位于具有理论正确几何形状的面上。面轮廓度是一项综合公差,它既控制面轮廓度误差,又可控制曲面上任一截面轮廓的线轮廓度误差。

根据面轮廓度基准要求不同,面轮廓度分为以下两种情况。

1. 无基准的面轮廓度公差

面轮廓度公差未标注基准时,属形状公差,如图 4-30 所示。理想轮廓面由理论正确尺寸确定,其位置是浮动的,因此公差带位置是浮动的。

无基准的面轮廓度公差带是直径等于公差值 t、球心位于具有理论正确几何形状上的一系列圆球的包络面所限定的区域。如图 4-30 所示,实际被测曲面应限定在直径等

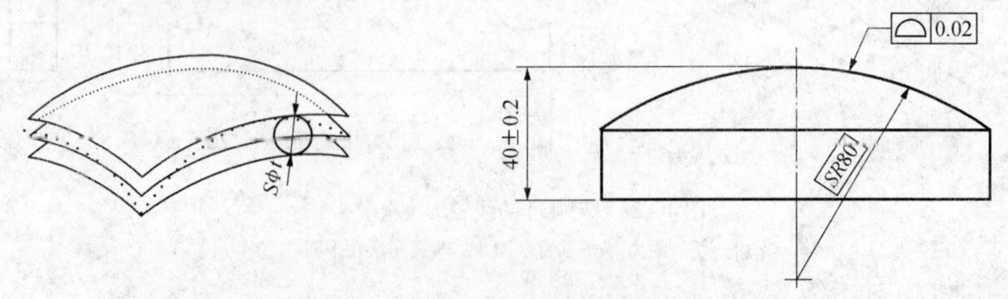

图 4-30 无基准的面轮廓度公差

于公差值0.02mm、球心位于被测要素理论正确几何形状上的一系列圆球的两等距包络面之间。

2. 相对于基准的面轮廓度公差

有基准的面轮廓度公差属方向或位置公差，如图4－31所示。理想轮廓面的位置由理论正确尺寸和基准确定，其位置是固定的，因此公差带位置固定。

有基准的面轮廓度公差带是直径等于公差值t、球心位于由基准平面确定的被测要素理论正确几何形状上的一系列圆球的包络面所限定的区域。如图4－31所示，实际被测曲面应限定在直径等于公差值0.1mm、球心位于基准平面A确定的被测要素理论正确几何形状上的一系列圆球包络面之间。

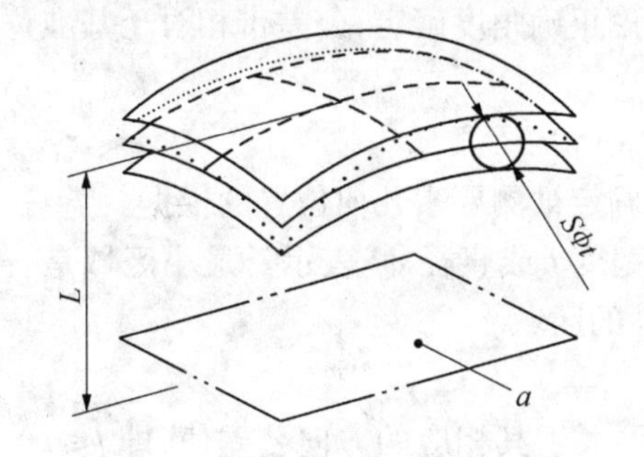

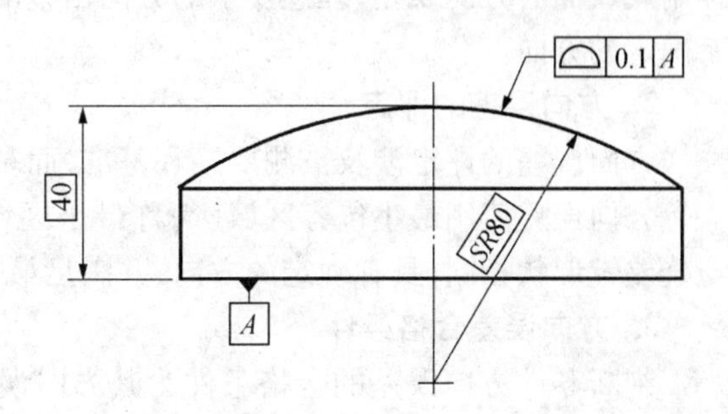

图4－31　相对于基准的面轮廓度公差

a—基准平面A。

面轮廓度测量的仪器有成套截面轮廓样板、仿形测量装置、坐标测量装置和光学跟踪轮廓测量仪等。

4.5.3　轮廓度误差的测量方法

（1）用轮廓样板模拟理想轮廓曲线（面），与实际轮廓进行比较，如图4－32所示。将轮廓样板按规定方向放在被测零件上，根据光隙法估读间隙的大小，取最大间隙作为该零件的轮廓度误差。

（2）用坐标测量仪测量曲线（面）上若干点的坐标，如图4－33所示。将被测零件放置在仪器平台上，并进行正确定位。测出实际轮廓上若干点的坐标值，并将测量值与理想轮廓的坐标值进行比较，取其中差值最大的绝对值的两倍作为该零件的轮廓度误差。

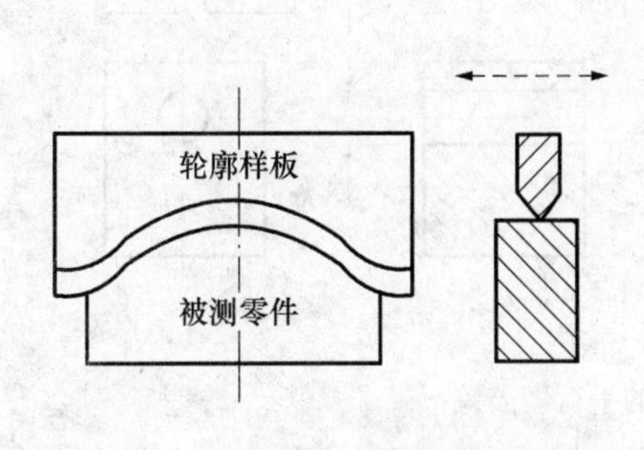

图4－32　轮廓样板法测量线轮廓度

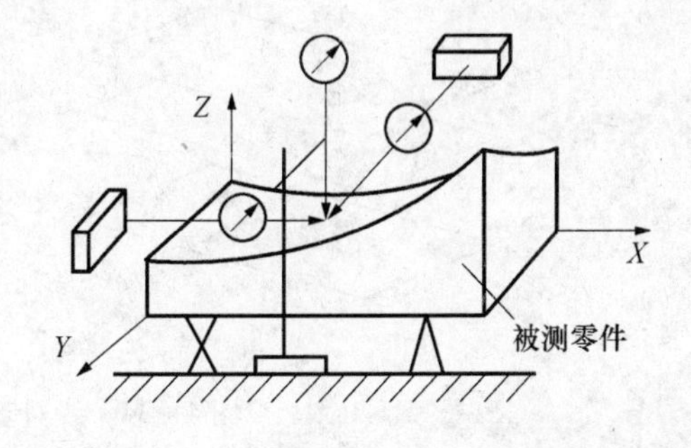

图4－33　三坐标测量仪测量面轮廓度

4.6 方 向 公 差

4.6.1 方向误差及其评定

1. 方向误差与方向公差

方向误差是指被测实际要素对具有确定方向的理想要素的变动量 f。

方向公差是指被测实际要素对具有确定方向的理想要素所允许的变动全量 t。用来控制线或面的方向误差，理想要素的方向由基准及理论正确角度确定，公差带相对于基准有确定的方向。

2. 方向误差的评定

方向误差的评定涉及被测要素和基准，而基准是确定被测要素几何位置的依据。

方向误差值用最小包容区域（简称最小区域）的宽度 f 或直径 ϕf 表示。最小区域是与公差带形状相同，具有确定的方向，并满足最小条件的区域。

3. 方向误差合格条件

判断零件方向误差的合格条件为其方向误差值不大于其相应的方向公差值，即 $f \leqslant t$ 或 $\phi f \leqslant \phi t$。

4.6.2 方向公差各项目

方向公差有：平行度（被测要素与基准要素夹角的理论正确角度为0°）、垂直度（被测要素与基准要素夹角的理论正确角度为90°）、倾斜度（被测要素与基准要素夹角的理论正确角度为任意角）。各项指标都有线对线、线对面、面对面、面对线、线（面）对基准体系五种关系，因此公差带的形状也都有三种，即两平行平面、圆柱体、两平行直线，但公差带与基准要素的夹角角度不同。

1. 平行度

平行度公差用来控制线对面、线对线、面对面、面对线、线（面）对基准体系的不平行程度，即平行度误差。

1）线对基准面的平行度公差

公差带是平行于基准面且间距为公差值 t 的两平行平面所限定的区域。如图 4－34

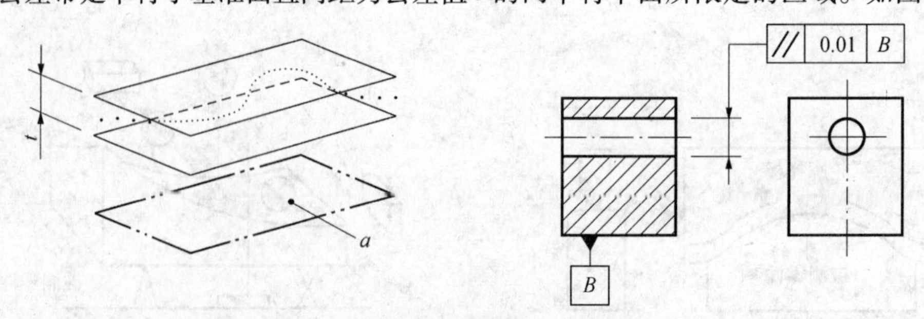

图 4－34　线对基准面的平行度公差

a—基准平面 B。

所示，实际中心线应限定在平行于基准平面 A 且间距为公差值 0.01mm 的两平行平面间的区域内。

2）线对基准线的平行度公差

若在公差值前加注符号"ϕ"则为对任意方向上均有的平行度要求。公差带是平行于基准线且直径为 ϕt 的圆柱面所限定的区域。如图 4－35 所示，实际中心线应限定于平行于基准轴线 A 且直径为公差值 ϕ0.03mm 的圆柱面区域内。

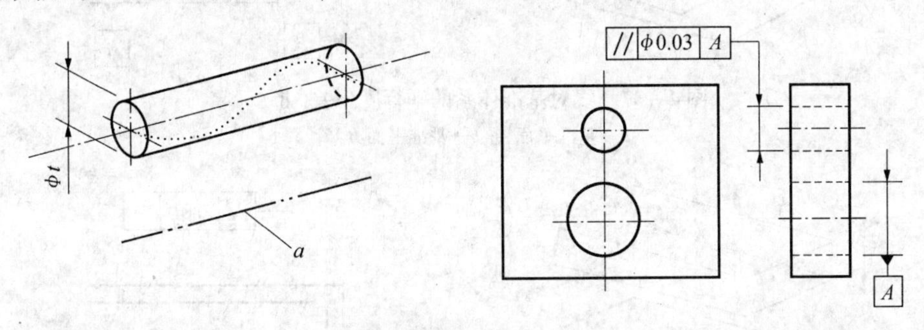

图 4－35　线对基准线的平行度公差

a—基准轴线 A。

3）线对基准体系的平行度公差

（1）若基准为基准体系，公差带是与基准体系中各基准平行或垂直的间距为公差值的两平行平面所限定的区域。如图 4－36 所示，实际中心线应限定在平行于基准轴线 A 且垂直于基准平面 B 的间距为公差值 0.1mm 的两平行平面间的区域内。

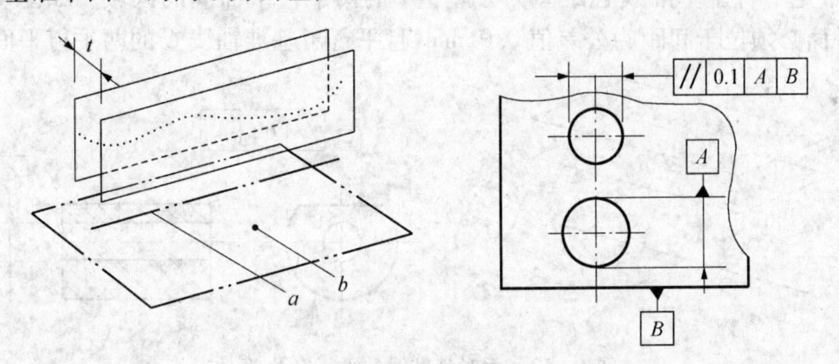

图 4－36　线对基准体系的平行度公差（Ⅰ）

a—基准轴线 A；b—基准平面 B。

（2）若对被测要素平行度公差有附加要求，要求被测要素为线素（LE），则其公差带是与基准体系中各基准平行或垂直的间距为公差值的两平行直线所限定的区域。如图 4－37 所示，实际线应限定在平行于基准平面 A 且平行于基准平面 B 的间距为公差值 0.02mm 的两平行直线间的区域内。

4）面对基准面的平行度公差

公差带是平行于基准面且间距为公差值 t 的两平行平面所限定的区域。如图 4－38 所示，实际表面应限定在平行于基准平面 D 且间距为公差值 0.01mm 的两平行平面间的区域内。

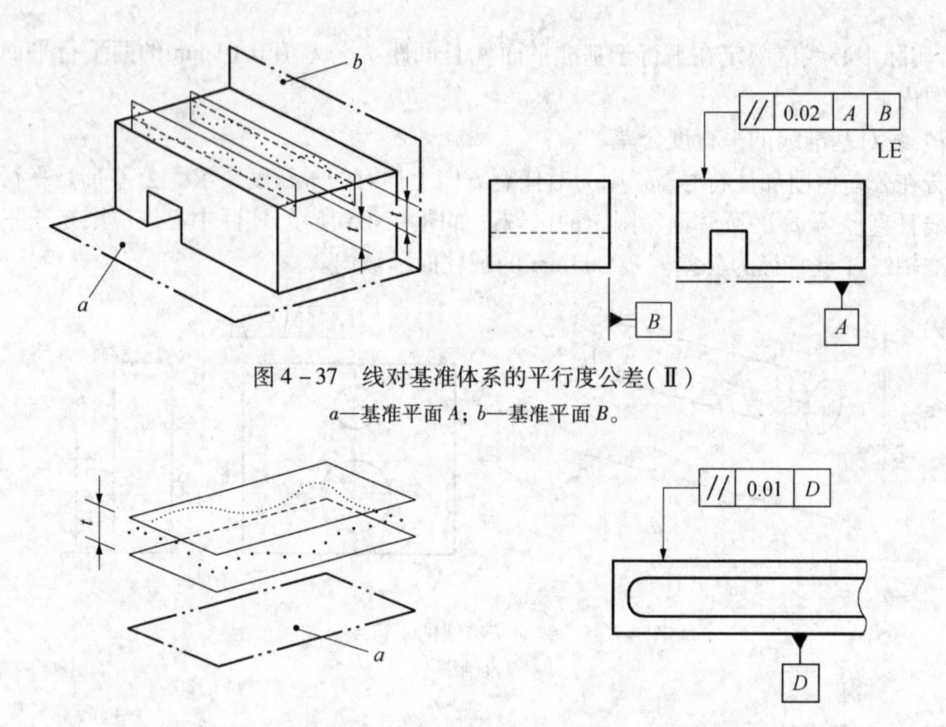

图 4－37　线对基准体系的平行度公差（Ⅱ）

a—基准平面 *A*；*b*—基准平面 *B*。

图 4－38　面对基准面的平行度公差

a—基准平面 *D*。

5）面对基准线的平行度公差

公差带是平行于基准线且距离为公差值 t 的两平行平面间的区域。如图 4－39 所示，实际平面必须位于间距为公差值 0.01mm，且平行于基准轴线 C 的两平行平面间。

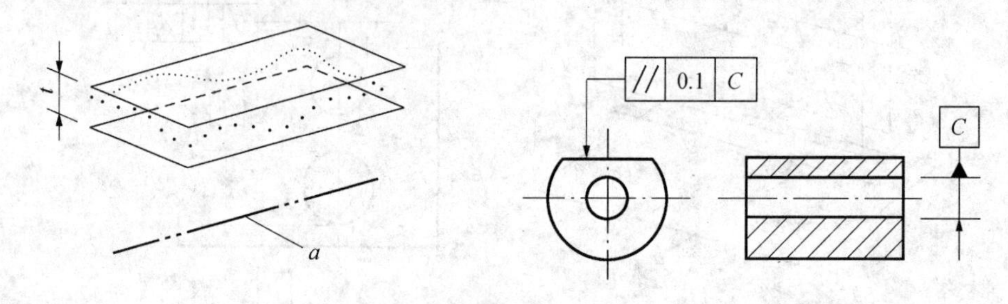

图 4－39　面对基准线的平行度公差

a—基准线 *C*。

6）平行度误差测量

平行度误差测量常采用平板、心轴或 V 形块来模拟平面、孔或轴做基准，测量被测线、面上各点到基准的距离之差，以最大相对差作为平行度误差值。测量仪器有平板和带指示表的表架、水平仪、自准直仪、三坐标测量机等。

面对线平行度误差测量，基准轴线由心轴模拟，如图 4－40(a)所示。将被测零件放在等高支承上，并转动零件使 $L_3 = L_4$，然后测量整个表面，取指示表的最大值与最小值之差作为零件的平行度误差 f。

线对线平行度误差测量，基准轴线和被测轴线均由心轴模拟，如图 4－40(b)所示。

将模拟基准轴线的心轴放在等高支架上，在测量距离为 L_2 的两个位置上测得的读数分别 M_1、M_2，平行度误差为 $f=(L_1/L_2)|M_1-M_2|$；当被测零件在互相垂直的两个方向上给定公差要求时，则可按上述方法在两个方向上分别测量 f_1 和 f_2；当被测零件在任意方向上给定公差要求时，按上述方法分别测出 f_1 和 f_2，则

$$f=\sqrt{f_1^2+f_2^2}$$

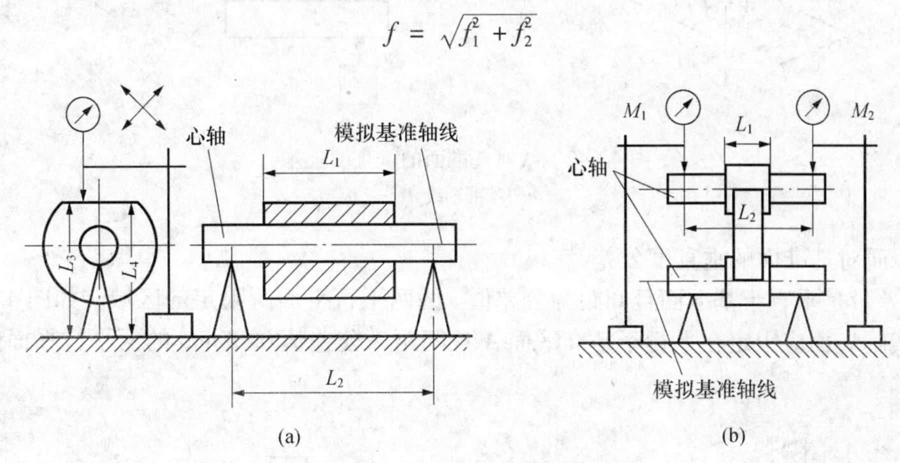

图 4-40　平行度误差的测量示例

2. 垂直度

垂直度公差用来控制线对线、线对面、面对面、面对线、线（面）对基准体系的不垂直程度，即垂直度误差。

1）线对基准线的垂直度公差

公差带是垂直于基准线且间距为公差值 t 的两平行平面所限定的区域。如图 4-41 所示，实际中心线应限定在垂直于基准平面 A 且间距为公差值 0.06mm 的两平行平面间的区域内。

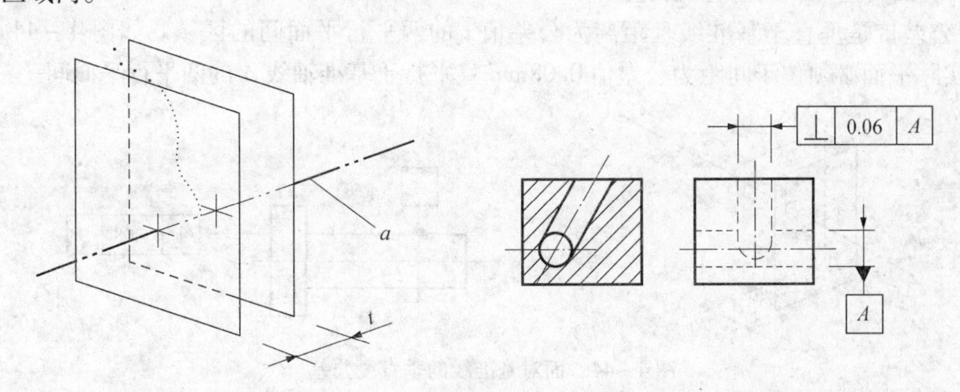

图 4-41　线对基准线的垂直度公差

a—基准平面 A。

2）线对基准面的垂直度公差

若在公差值前加注符号“ϕ”则为对任意方向上均有的垂直度要求。公差带是垂直于基准面且直径为 ϕt 的圆柱面所限定的区域。如图 4-42 所示，实际中心线应限定于垂直于基准面 A 且直径为公差值 ϕ0.01mm 的圆柱面区域内。

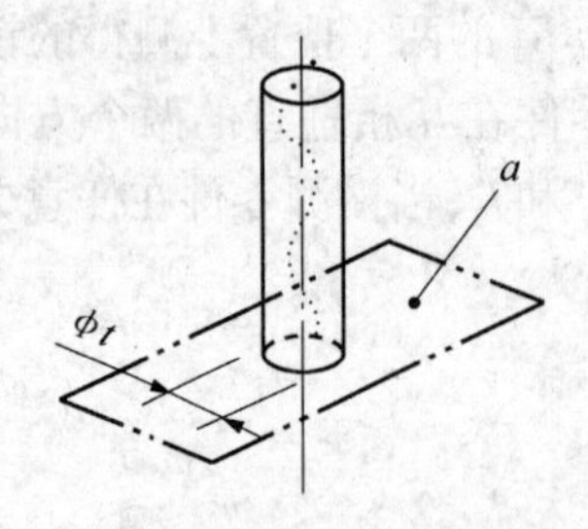

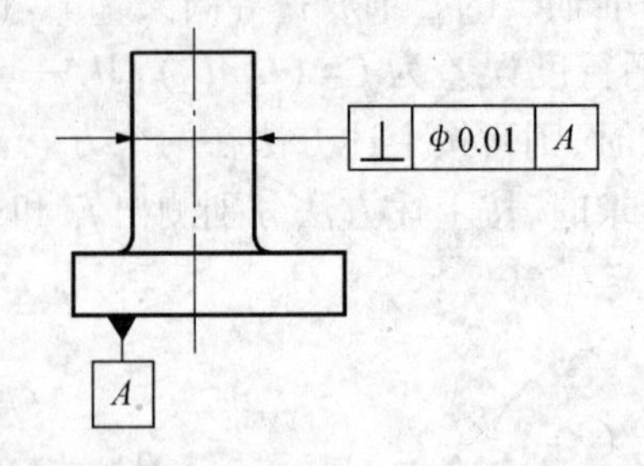

图 4-42　线对基准面的垂直度公差

a—基准轴线 A。

3）面对基准面的垂直度公差

公差带是垂直于基准面且间距为公差值 t 的两平行平面所限定的区域。如图 4-43 所示，实际表面应限定在平行于基准平面 A 且间距为公差值 0.08mm 的两平行平面间的区域内。

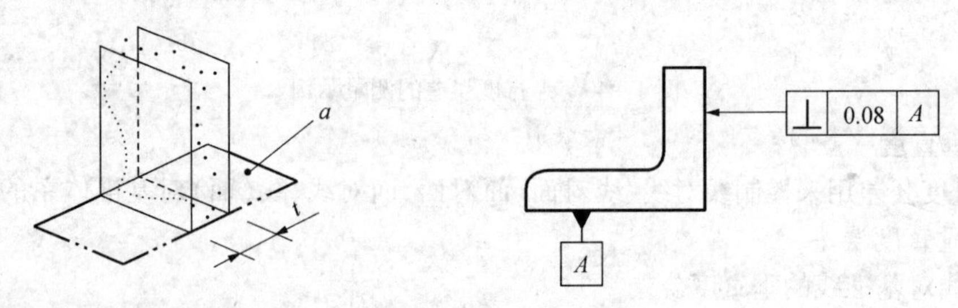

图 4-43　面对基准面的垂直度公差

a—基准平面 A。

4）面对基准线的垂直度公差

公差带是垂直于基准线且距离为公差值 t 的两平行平面间的区域。如图 4-44 所示，实际平面必须位于间距为公差值 0.08mm 且平行于基准轴线 A 的两平行平面间。

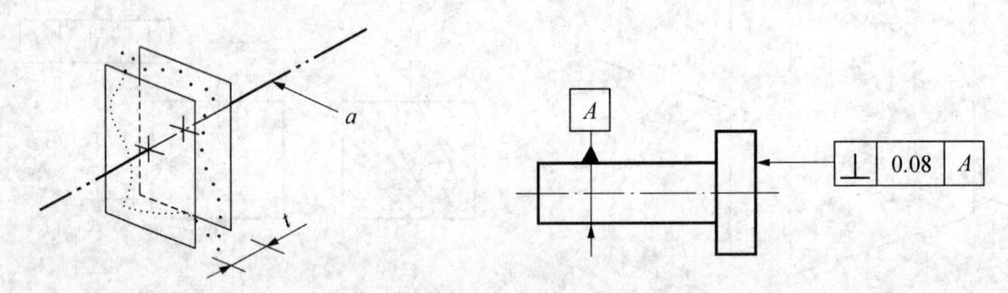

图 4-44　面对基准线的垂直度公差

a—基准线 A。

5）垂直度误差测量

垂直度误差常采用转换成平行度误差的方法进行测量。

如图 4-45(a)所示，面对面垂直度误差测量时，用直角尺垂边来模拟基准平面。将指示表调零后测量工件，指示表读数即为该测点的偏差。调整指示表的高度位置以测得不同数值，取指示表最大读数差作为被测实际表面对其基准平面的垂直度误差。

如图 4-45(b)所示，测量面对线垂直度误差时，用导向块模拟基准轴线，将被测零件放置在导向块内后，测量整个被测表面，取指示表最大读数差作为被测实际表面对其基准轴线的垂直度误差值。

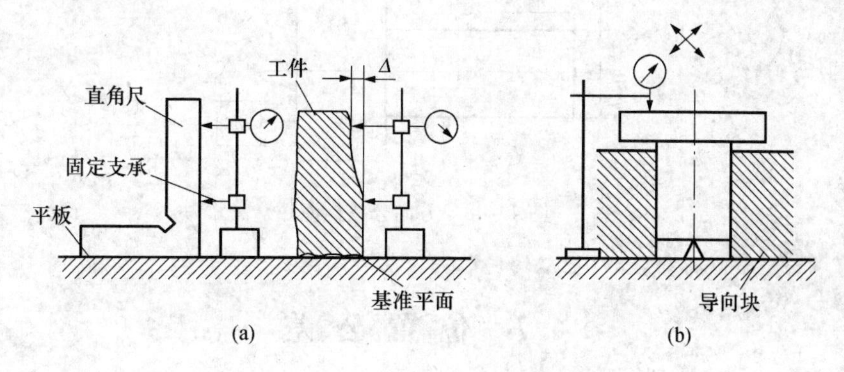

图 4－45　垂直度误差测量示例

3. 倾斜度

倾斜度公差是用来控制面对面、面对线、线对面、线对线和线（面）对基准体系的倾斜度误差，与平行度、垂直度公差同理，只是将被测要素与基准要素间的理论正确角度从 0° 或 90°变为 0° ~90°的任意角。图样标注时应将角度值用理论正确角度标出。

图 4－46 所示为要求斜面对基准面 A 成 40°。公差带是距离为公差值 t，且与基准面夹角为理论正确角度的两平行平面间的区域。实际被测平面必须位于间距为公差值 0.08mm，且与基准面 A 夹角为 40°的两平行平面间。

倾斜度误差也常采用转换成平行度误差的方法进行测量，只要加一个定角座或定角套即可。如图 4－47 所示面对面的倾斜度误差的测量示例。将被测零件放置在定角座上，然后测量整个被测表面，指示表最大读数差即为被测实际表面对其基准面的倾斜度误差。

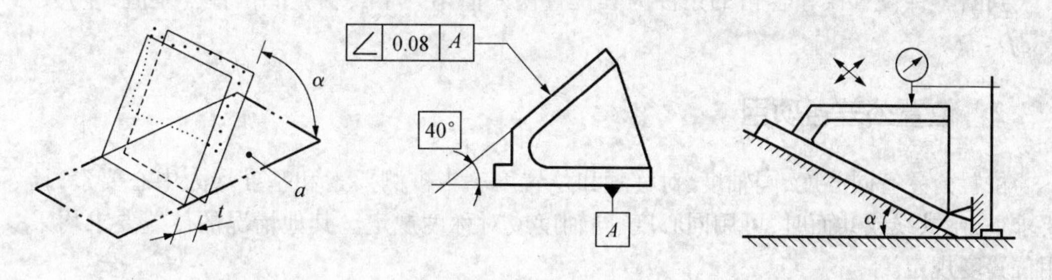

图 4－46　倾斜度公差带　　　　图 4－47　倾斜度误差测量示例

4.6.3　方向公差带特点

（1）方向公差用来控制被测要素相对于基准保持一定的方向。由于实际要素相对于基准的位置允许在其尺寸公差内变动，因此，公差带相对于基准有确定的方向，而其位置是浮动的。

（2）方向公差具有综合控制定向误差和形状误差的能力。在保证功能要求的前提下，对同一被测要素给出定向公差后，一般不需再给出形状公差。除非对它的形状精度提出进一步要求，可以再给出形状公差，如图 4－48 所示。

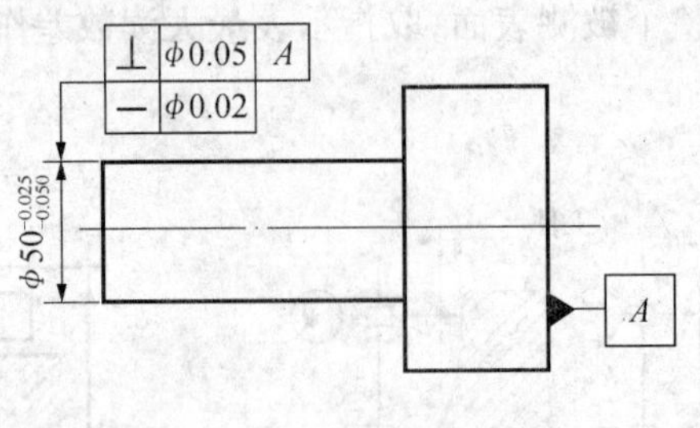

图 4-48 方向公差标注

4.7 位置公差

4.7.1 位置误差及其评定

1. 位置误差与位置公差

位置误差是指被测实际要素对具有确定位置的理想要素的变动量 f。

位置公差是指被测实际要素对具有确定位置的理想要素所允许的变动全量 t。用来控制点、线或面的位置误差，理想要素的位置由基准及理论正确尺寸（角度）确定，公差带相对于基准有确定的位置。

2. 位置误差的评定

与方向误差评定原理相同。

3. 位置误差合格条件

判断零件位置误差合格的条件为其位置误差值不大于其相应的位置公差值，即 $f \leqslant t$ 或 $\phi f \leqslant \phi t$。

4.7.2 位置公差各项目

位置公差有同心度、同轴度、对称度和位置度。当被测要素和基准均为中心要素，且要求重合、共线或共面时，可用同心度、同轴度或对称度规定。其他情况的位置要求均采用位置度规定。

1. 同心度与同轴度

同轴度用来控制理论上要求同轴的被测轴线与基准轴线不同轴程度；同心度用来控制理论上要求同心的被测圆心与基准圆心不同心程度，用于轴、孔长度小于轴、孔直径的零件。

1）点的同心度公差带

同心度公差带是直径为公差值 ϕt，且圆心与基准圆心同心的圆周所限定的区域，公差值前应加注 ϕ。如图 4-49 所示，在任意横截面内，外圆的实际中心必须位于直径为公差值 ϕ0.01mm，且以基准点 A 为圆心的圆域内。

2）轴线的同轴度公差带

同轴度公差带是直径为公差值 ϕt，且轴线与基准轴线重合的圆柱面内的区域，公差

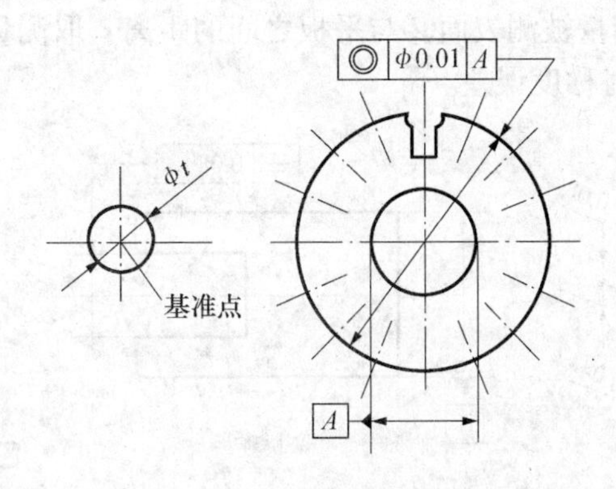

图 4－49　点的同心度公差带

值前应加注 ϕ。如图 4－50 所示，实际被测轴线必须位于直径为公差值 ϕ0.01mm，且与基准轴线 A 同轴的圆柱面内。

3）同心度、同轴度误差的检测

测量仪器有圆度仪、三坐标测量机、V 形块和带指示表的表架等。

如图 4－51 所示，测量同轴度误差时，在平板上用 V 形块模拟基准轴线，将两指示表分别调零。在轴向截面测量，取指示表测得的各对应点的最大读数差值作为该截面同轴度误差。然后转动被测零件在若干个正截面内测量，取各截面同轴度误差中的最大值作为该零件的同轴度误差。

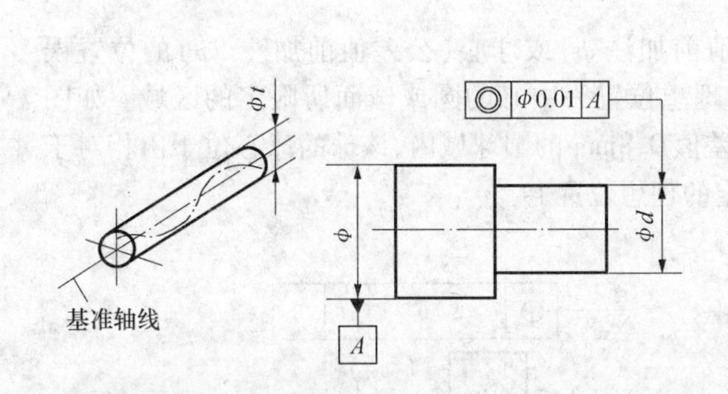

图 4－50　轴线的同轴度公差带

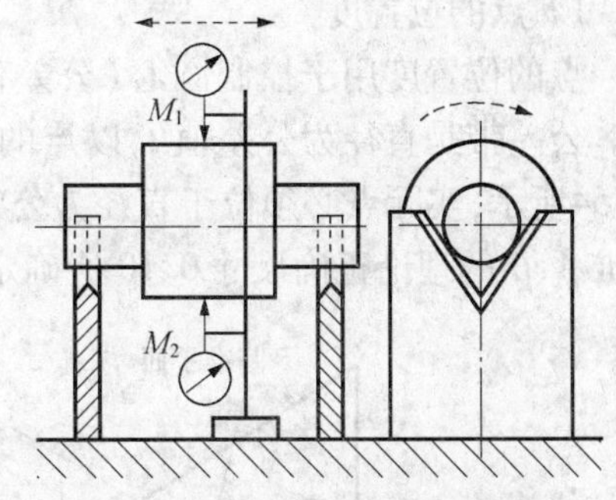

图 4－51　同轴度误差测量

2. 对称度

1）对称度公差带

对称度用于控制理论上要求共面的被测要素（中心平面、中心线或轴线）与基准要素（中心平面、中心线或轴线）的不重合程度。

对称度公差带是距离为公差值 t，且对称于基准中心平面（中心线）的两平行平面（或两平行直线）之间的区域。如图 4－52 所示，被测实际中心面必须位于距离为公差值 0.08mm，且相对于基准中心平面 A 对称配置的两平行平面间。

2）对称度误差的检测

对称度误差测量仪器有三坐标测量机、平板和带指示表的表架等。

如图 4－53 所示，将被测零件放置在平板上，测量被测表面①与平板之间的距离。再将被测零件翻转180°,测量被测表面②与平板之间的距离。取测量截面内对应两测点的最大差值作为该零件的对称度误差。

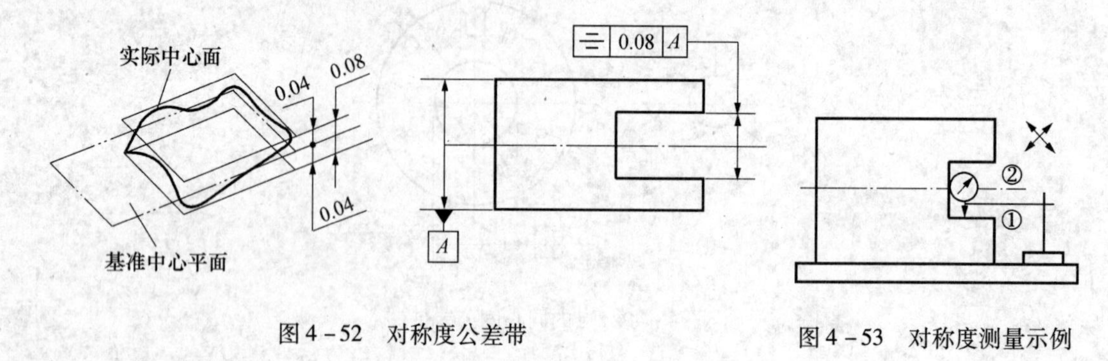

图4-52　对称度公差带

图4-53　对称度测量示例

3. 位置度

位置度用于控制被测要素(点、线、面)的实际位置对其理想位置的变动量。理想要素的位置由基准及理论正确尺寸确定。

位置度公差具有极为广泛的控制功能。原则上,位置度可以代替各种形状公差、定向公差和定位公差所表达的设计要求,但在实际设计和检测中还是应该使用最能表达特征的项目。

根据被测要素的不同,可分为点、线、面的位置度。

1）点的位置度

点的位置度用于控制圆心(公差值前加注 ϕ)或球心(公差值前加注 $S\phi$)的位置误差。公差带是直径为公差值 t,以点的理想位置为中心的圆或球面所限定的区域。如图4-54所示,实际点必须位于直径为公差值0.8mm的圆球域内,该球的球心位于由相对于基准 A、B 的理论正确尺寸0、10所确定的理想位置上。

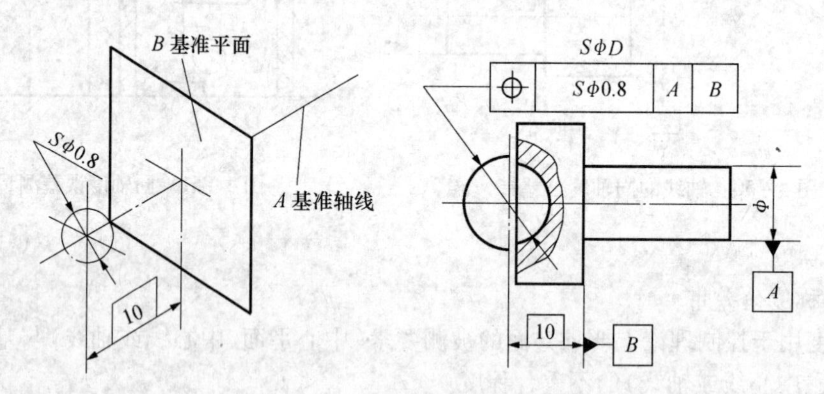

图4-54　点的位置度公差带

2）线的位置度

线的位置度多用于控制板件上孔的位置误差。

(1) 当给定一个方向公差时,公差带是距离为公差值 t,且以线的理论正确位置为中心对称分布的两平行平面(或直线)限定的区域。线的理论正确位置由基准和理论正确尺寸确定。如图 4－55 所示，ϕD 孔的实际轴线应限定在间距为公差值 0.1mm，且对称于由基准平面 A、B、C 和理论正确尺寸 30、40 所确定的理论正确位置的两平行平面之间。

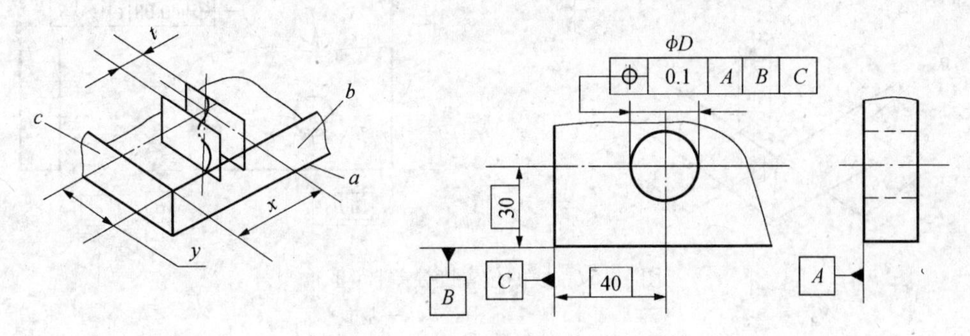

图 4－55　线的位置度公差带（Ⅰ）

a—基准平面 A；b—基准平面 B；c—基准平面 C。

（2）当给定两个方向公差时，公差带是间距分别为公差值 t_1 和 t_2，且对称于线的理论正确位置的两对相互垂直的平行平面（或直线）所限定的区域。线的理论正确位置由基准和理论正确尺寸确定。如图 4－56 所示，各孔实际中心线在给定方向上应各自限定在间距为公差值 0.05mm 和 0.2mm 且相互垂直的两对平行平面区域内。每对平行平面对称于由基准平面 C、A、B 和理论正确尺寸 20、15、30 所确定的各孔轴线的理论正确位置。

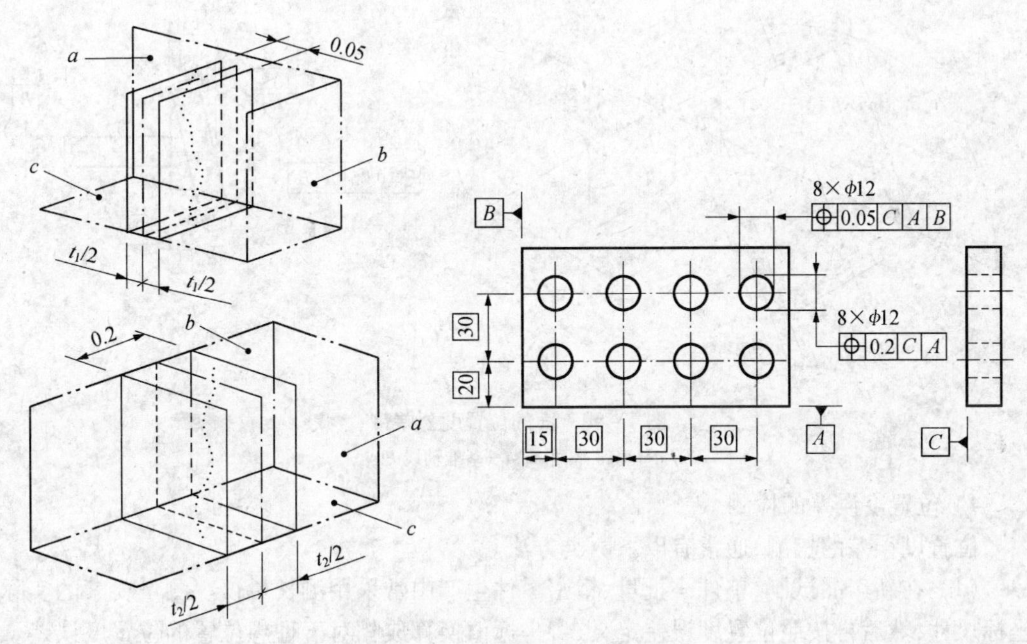

图 4－56　线的位置度公差带（Ⅱ）

a—基准平面 A；b—基准平面 B；c—基准平面 C。

（3）当在公差值前加注符号 ϕ 即为在任意方向均有公差要求。公差带是直径为公差值 ϕt 的圆柱面所限定的区域，该圆柱面的轴线位置由基准平面和理论正确尺寸确定。如图 4－57 所示，ϕD 孔的实际轴线应限定于直径为公差值 0.08mm 的圆柱面内，该圆柱面的轴线在由基准 C、A、B 和理论正确尺寸（角度）90°、100、68 所确定的理论正确位置上。

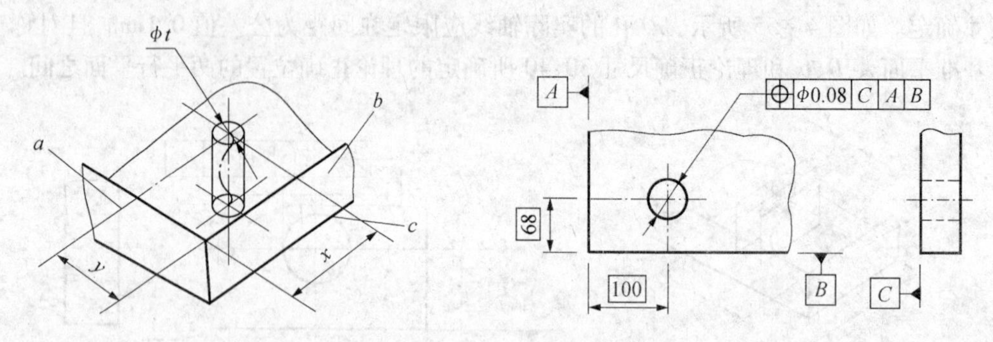

图 4-57　线的位置度公差带(Ⅲ)

a—基准平面 *A*；*b*—基准平面 *B*；*c*—基准平面 *C*。

3）轮廓平面或中心平面的位置度

面的位置度多用于控制面的位置误差。公差带是距离为公差值,且对称于被测面的理论正确位置的两平行平面所限定的区域。面的理论正确位置是由基准平面、基准轴线和理论正确尺寸确定的。如图 4-58 所示,被测表面应限定于距离为公差值 0.05mm 且对称于被测面的理论正确位置的两平行平面之间。该两平行平面对称于有基准平面 *A*、基准轴线 *B* 和理论正确尺寸(角度)15、105°确定的被测面的理论正确位置。

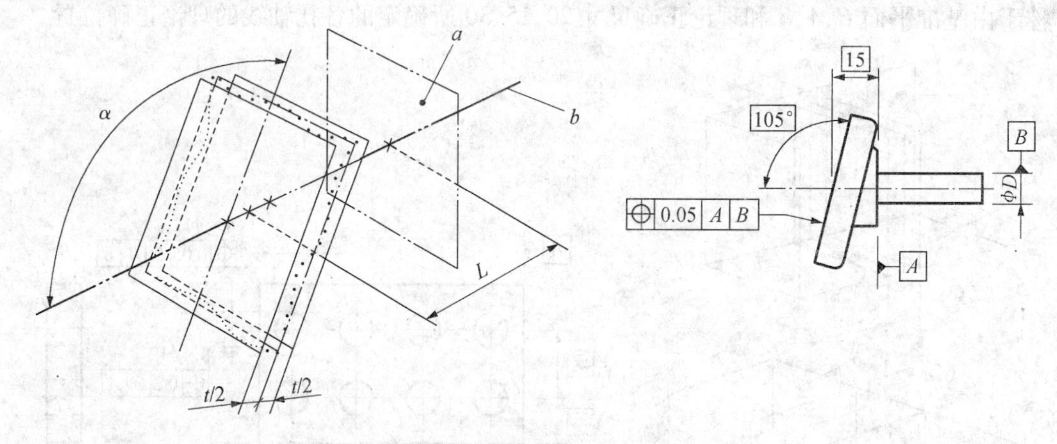

图 4-58　面的位置度公差带

a—基准平面 *A*；*b*—基准轴线 *B*。

4）位置度误差的检测

位置度误差的检测,通常有以下两类方法。

(1) 在新产品试制、单件小批量、精密零件生产中常采用测长量仪。测量要素的实际坐标尺寸,然后再按照位置度误差定义,将坐标值换算成相对于理想位置的位置度误差。

(2) 在大批量生产中常采用位置量规测量。位置量规应与被测零件的基准面相接触,若通过被测零件,则该零件合格。

4.7.3　位置公差带特点

(1) 位置公差用来控制被测要素相对基准的位置误差。公差带相对于基准有确定的位置,因此位置固定。

(2) 位置公差带具有综合控制位置误差、方向误差和形状误差的能力。因此,在保证功能要求的前提下,对同一被测要素给出位置公差后,不再给出方向和形状公差。除非对它的形状或(和)方向提出进一步要求,可再给出形状公差或(和)方向公差。但此时必须使形状公差小于方向公差,方向公差小于位置公差。如图 4-59 所示,对同一被测平面,平面度公差值小于平行度公差值,平行度公差值小于位置度公差值。

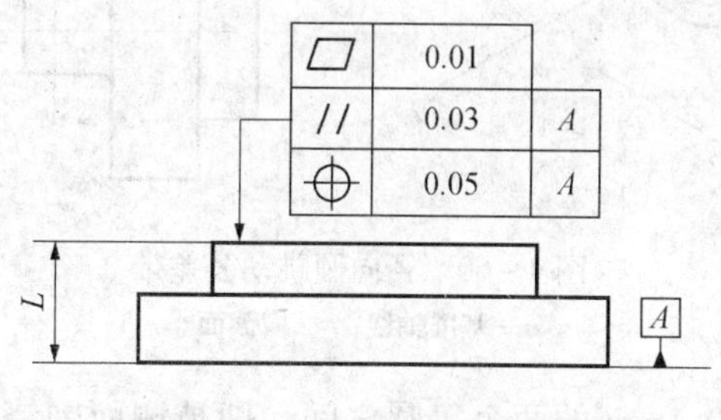

图 4-59　定位公差标注示例

4.8　跳动公差

4.8.1　跳动误差及其评定

跳动是按测量方式规定的公差项目。跳动误差就是指示表指针在给定方向上指示的最大与最小读数之差。

跳动公差为关联实际被测要素绕基准轴线回转一周或连续回转时所允许的最大变动量。仅限应用于回转体,其中被测要素为回转体的轮廓面,基准要素为回转轴。可用来综合控制被测要素的几何误差。

4.8.2　跳动公差各项目

1. 圆跳动

圆跳动是限制一个圆要素几何误差的一项综合指标。圆跳动公差是关联实际被测要素对理想圆的允许变动量,其理想圆的圆心在基准轴线上。测量时被测实际要素绕基准轴线回转一周,指示表指针无轴向移动。

圆跳动分为径向圆跳动、轴向圆跳动和斜向圆跳动三种。

1) 径向圆跳动

径向圆跳动公差带是在垂直于基准轴线的任一横截面内,半径差为公差值 t 且圆心在基准轴线上的两同心圆所限定的区域(跳动通常是围绕轴线旋转一整周,也可对部分圆周进行限制)。如图 4-60 所示,在任一垂直于基准轴线 A 的截面上,其实际轮廓应限定于半径差为 0.8mm、圆心在基准轴线 A 上的两同心圆区域内。即当被测要素围绕基准线 A(基准轴线)旋转一周时,在任一测量平面内的径向圆跳动量均不得大于 0.8mm。

2) 轴向圆跳动

轴向圆跳动公差带是在与基准同轴的任一半径的圆柱截面上间距离为公差值 t 的两圆所限定的区域。如图 4-61 所示,在与基准轴线 D 同轴的任一圆柱形截面上,实际圆

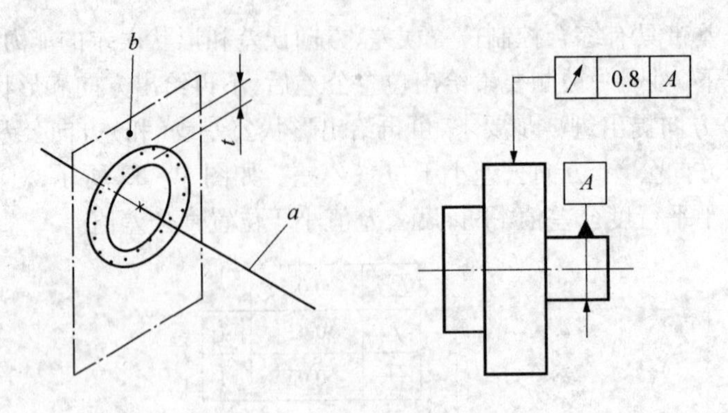

图 4-60　径向圆跳动公差带

a—基准轴线；*b*—横截面。

应限定在轴向距离等于 0. 1mm 的两个等圆之间。即被测面围绕基准线(基准轴线)旋转一周时,在任一测量圆柱面内轴向的跳动量均不得大于 0. 1mm。

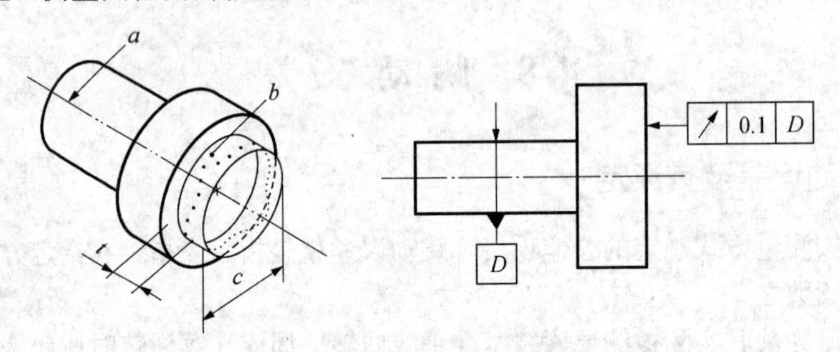

图 4-61　轴向圆跳动公差带

a—基准轴线 *D*；*b*—公差带；*c*—任意直径。

3）斜向圆跳动

斜向圆跳动公差带是在与基准同轴的任一测量圆锥面上间距为公差值 t 的两圆所限定的圆锥面区域。如图 4-62 所示,在与基准轴线 C 同轴任一圆锥截面上,被测圆锥面的实际轮廓应限定在素线方向宽度为 0. 1mm 的圆锥面区域内。即被测面绕基准线 C(基准轴线)旋转一周时,在任一测量圆锥面上的跳动量均不得大于 0. 1mm。

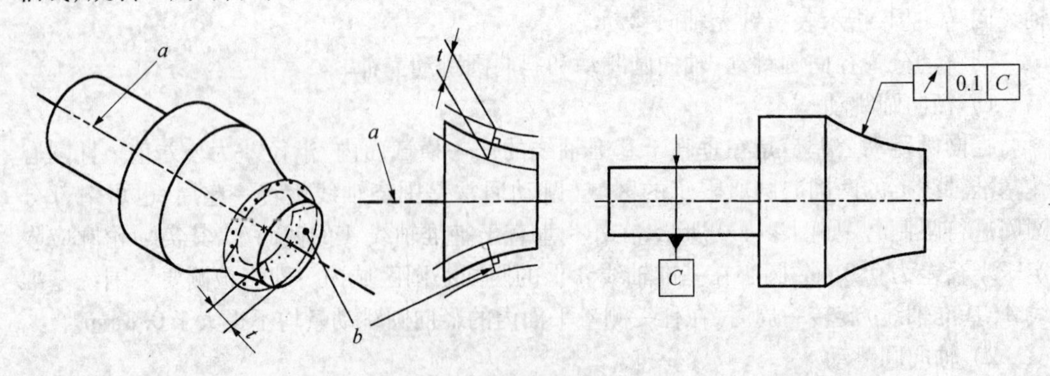

图 4-62　斜向圆跳动公差带

a—基准轴线 *C*；*b*—公差带。

注意：

（1）除特殊规定外，斜向圆跳动的测量方向是被测面的法向方向。

（2）当标注公差的素线不是直线时，圆锥截面的锥角要随所测圆的实际位置而改变。

4）圆跳动误差的检测

通常用两同轴顶尖、V 形块、导向套筒、心轴模拟基准轴线，将指示表打在被测轮廓面上，被测零件旋转一周，以指示表读数的最大差值作为单个测量面的圆跳动误差。如此对若干测量面进行测量，取测得的最大差值作为该零件的圆跳动误差，如图 4－63 所示。

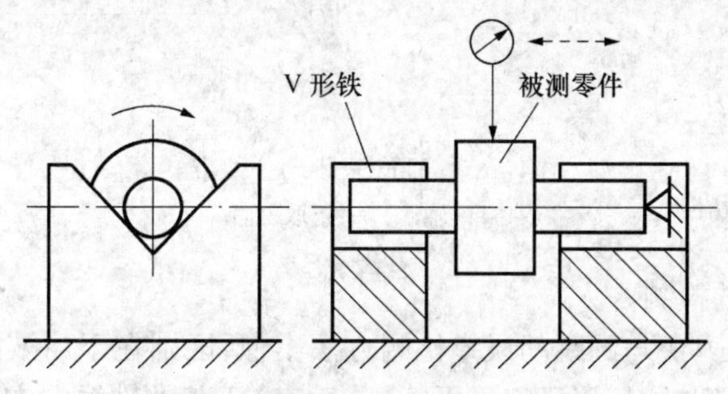

图 4－63　圆跳动测量示例

通常用端面圆跳动控制端面对基准轴线的垂直度误差。但当实际端面为中凹或中凸，端面圆跳动误差为零时，端面对基准轴线的垂直度误差并不一定为零。

2. 全跳动

不同于圆跳动只能对单个测量面内被测轮廓要素进行形状和位置误差控制，全跳动是对整个表面的几何误差综合控制的一项综合指标。测量时被测实际要素绕基准轴线作无轴向移动的连续回转，同时指示表指针连续移动。

全跳动分为径向全跳动、轴向全跳动两种。

1）径向全跳动

径向全跳动公差带是半径差为公差值 t，且与基准轴线同轴的两圆柱面所限定的区域。如图 4－64 所示，轴的实际轮廓应限定于半径差为 0.1mm，且以公共基准轴线 A—B 同轴的两圆柱面区域内。

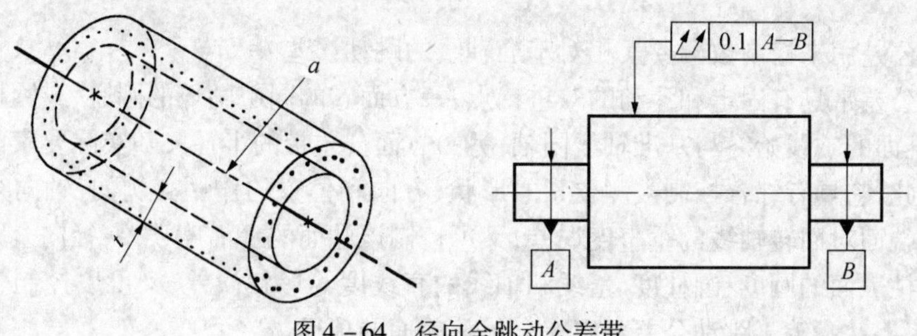

图 4－64　径向全跳动公差带

a—基准轴线 A—B。

2）轴向全跳动

轴向全跳动公差带是距离为公差值 t，且与基准轴线垂直的两平行平面所限定的区域，如图 4－65 所示，右端面的实际轮廓应限定于距离为 0.1mm 且垂直于基准轴线 D 的两平行平面区域内。

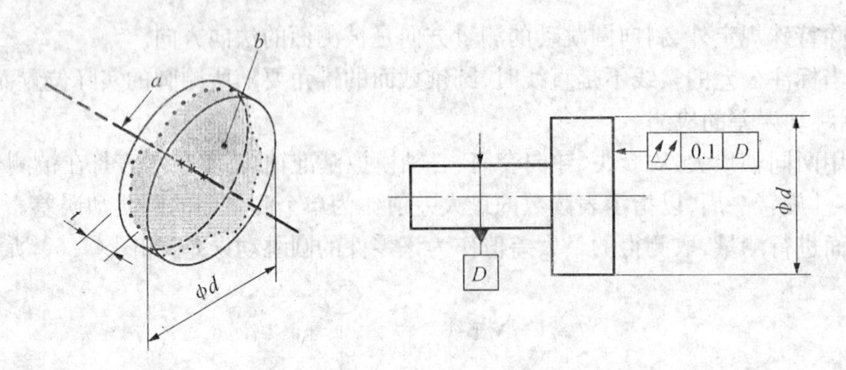

图4-65　轴向全跳动公差带

a—基准轴线；b—提取表面。

3）全跳动误差的检测

全跳动误差检测方法与圆跳动误差检测方法类似，区别在于当被测表面绕基准轴线作无轴向移动的连续回转时，指示表沿平行（或垂直）于基准轴线的方向作直线移动进行测量，取整个过程中指示表的最大读数差为误差值。

全跳动是一项综合指标，它可以同时控制圆度、圆柱度、素线的直线度、平面度、垂直度、同轴度等几何误差。对同一被测要素，全跳动包括了圆跳动。因此，如果对于给定相同的公差值时，标注全跳动的要求比标注圆跳动的要求更严格。

由于跳动的检测简单易行，在生产中常用全跳动的检测代替圆柱度、同轴度、垂直度等的检测。但由于将表面的形状误差值也反映到了测量值中，会得到偏大的误差值。若全跳动误差值不超差，其圆柱度、同轴度、垂直度等项目也不会超差；若测得值超差，原被测项目也不一定超差。

读者可自行分析下列三组公差带的异同点：径向圆跳动公差带、圆度公差带；径向全跳动公差带、圆柱度公差带；轴向全跳动公差带和平面度公差带。

4.8.3　跳动公差带特点

跳动公差用来控制被测要素相对基准轴线的跳动误差。

跳动公差带具有固定和浮动的双重特点：一方面它的同心圆环的圆心，或圆柱面的轴线，或圆锥面的轴线始终与基准轴线同轴；另一方面公差带的半径又随实际要素的变动而变动。因此，它具有综合控制被测要素的形状、方向和位置的作用。例如，轴向全跳动既可以控制端面对回转轴线的垂直度误差，又可控制该端面的平面度误差；径向全跳动既可以控制圆柱表面的圆度、圆柱度、素线和轴线的直线度等形状误差，又可以控制轴线的同轴度误差，但并不等于跳动公差可以完全代替前面的项目。

4.8.4　几何误差的检测原则

由于几何公差项目较多，加上被测要素的形状及零件的结构形式多样，使得几何误差的检测方法也多种多样。为便于准确选用，国家标准《形状和位置公差检测规定》规定了几何误差检测的五条原则，这些原则是各种检测方案的概括，见表4-3。

表 4－3　GB 1958—82 规定的五种检测原则

编号	检测原则名称	说　明	示　例
1	与理想要素比较原则	将被测实际要素与其理想要素相比较,量值由直接法或间接法获得 理想要素用模拟方法获得	1. 量值由直接法获得 模拟理想要素 (a) 2. 量值由间接法获得 自准直仪　模拟理想要素 反射镜 (b)
2	测量坐标值原则	测量被测实际要素的坐标值(如直角坐标值、极坐标值、圆柱面坐标值),并经过数据处理获得形位误差值	测量直角坐标值 x_1　x_2　x_3　y_1　y_2　y_3
3	测量特征参数原则	测量被测实际要素上具有代表性的参数(即特征参数)来表示形位误差值	两点法测量圆度特征参数 测量截面
4	测量跳动原则	被测实际要素绕基准轴线回转过程中,沿给定方向测量其对某参考点或线的变动量 变动量是指指示器最大与最小读数之差	测量径向跳动 测量截面 V 形架

（续）

编号	检测原则名称	说 明	示 例
5	控制实效边界原则	检验被测实际要素是否超过实效边界，以判断合格与否	用综合量规检验同轴度误差 量规

测量几何误差时的标准条件：

（1）标准温度为20℃；

（2）标准测量力为零。

由于偏离标准条件而引起较大测量误差时，应进行测量误差估算。

4.9 几何公差的标注

国家标准规定，几何公差标注一般采用几何公差代号标注。几何公差代号标注除前述介绍的一些基本规定外，本节就标注中有关规定作一详细介绍。

4.9.1 几何公差的标注符号

几何公差的标注符号除几何公差项目符号以外，还有基准符号及按要求给出的一些附加要求（尺寸与几何的关系）符号等，见表4-4。

表4-4 附加符号

说 明	符 号	说 明	符 号
被测要素		最小实体要求	Ⓛ
基准要素	A A	可逆要求	Ⓡ
全周（轮廓）		不凸起	NC
理论正确尺寸	50	公共公差带	CZ
包容要求	Ⓔ	线素	LE
最大实体要求	Ⓜ	任意横截面	ACS

4.9.2 几何公差标注的基本规定

1. 被测要素或基准要素为轮廓要素

当被测要素或基准要素为轮廓要素时，指引线的箭头或基准三角形应置于要素的轮廓线或其延长线上，并应与尺寸线明显地错开；也可指向或放置在该轮廓面引出线的水平线上，如图 4－6(a)、图 4－9(a)所示。

2. 被测要素或基准要素为中心要素

当被测要素或基准要素为中心要素时，指引线箭头或基准三角形应置于该要素的尺寸线的延长线上，如图 4－6(b)、图 4－9(b)所示。

3. 被测要素或基准要素为局部要素

如仅对要素某一部分给定几何公差值（图 4－66(a)），或仅要求要素某一部分作为基准（图 4－66(b)），则用粗点画线表示其范围，并加注尺寸。

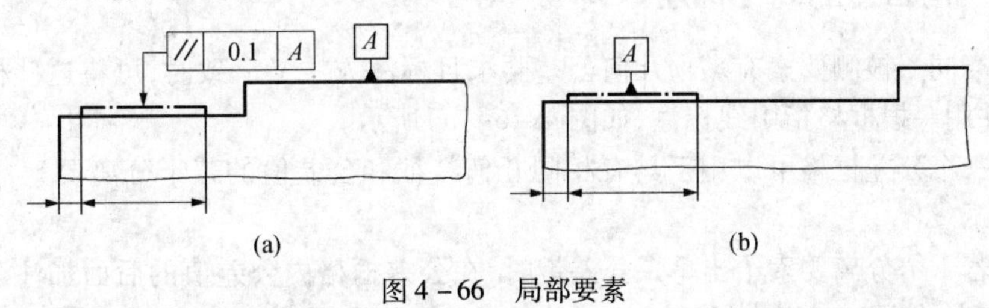

图 4－66　局部要素

4.9.3 几何公差标注的特殊规定

(1) 当几何公差项目如轮廓度公差，适用于横截面内的整周轮廓或由该轮廓所示的整周表面时，应采用“全周”符号表示，如图 4－67(a)、(b)所示。“全周”符号并不包括整个工件的所有表面，只包括由轮廓和公差标注所表示的各个表面。

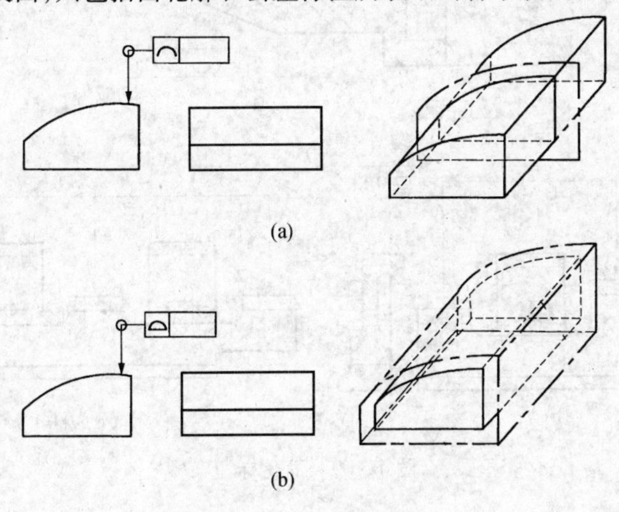

图 4－67　全周符号标注

(2) 如果需要限制被测要素在公差带内的形状，则应在公差框格下方标注，如图 4－68(a)所示。

（3）当某项公差应用于几个相同要素时，应在公差框格上方被测要素尺寸之间注明要素的个数，并在两者之间加注符号“×”，如图4-68（b）所示。

（4）当需要指明被测要素的形式是线而不是面时，应在公差框格附近注明，如图4-37所示。

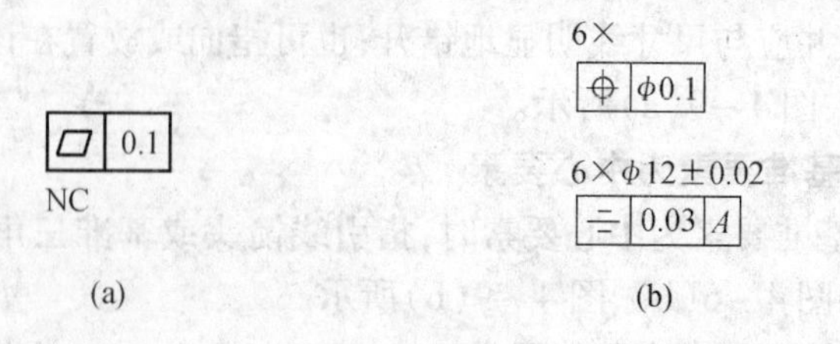

图4-68　附加标注

4.9.4　几何公差的简化标注

（1）当同一被测要素有多项几何公差要求且标注方法又一致时，可将这些框格绘制在一起，并用一根框格指引线标注，如图4-69（a）所示。

（2）一个公差框格可以用于具有相同几何特征和公差值的若干分离要素，如图4-69（b）所示。

（3）若干个分离要素给出单一公差带时，在公差框格内公差值的后面加注公共公差带的符号CZ，如图4-69（c）所示。

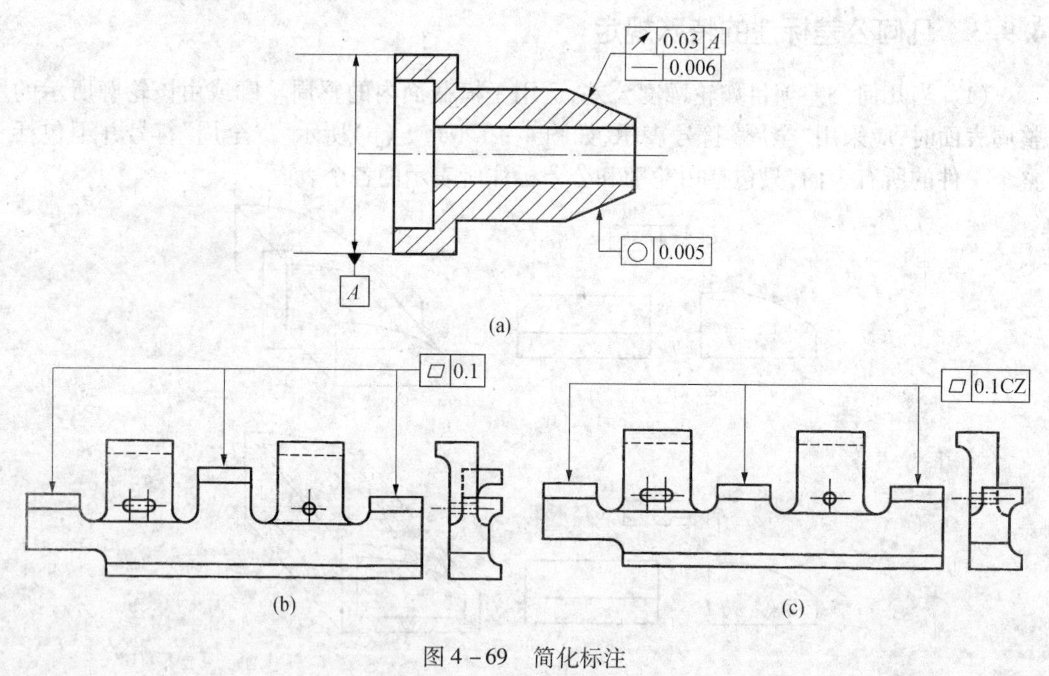

图4-69　简化标注

4.10　公差原则

规定尺寸公差与几何公差的目的是为了控制零件上要素的尺寸、形状以及方向、位置和跳动的误差，这些误差都会影响要素的实际状态，从而影响零件间的配合性质。因此设计零件时，为了保证其功能和互换性要求，需要同时给定尺寸公差和几何公差。在一般情况下，它们是彼此独立分别满足各自的要求，但在一定条件下，它们又可以相互转化、相互补偿。为了保证设计要求，正确判断零件是否合格，必须明确零件同一要素或几个要素的尺寸公差与几何公差的关系。公差原则就是处理尺寸公差与几何公差之间关系的原则。

公差原则分为独立原则（IP）和相关要求，其中相关要求又分为包容要求、最大实体要求、最小实体要求及可逆要求。GB/T 4249—1996《公差原则》和 GB/T 16671—1996《形状和位置公差最大实体要求、最小实体要求和可逆要求》规定了几何公差与尺寸公差之间的关系。

4.10.1 公差原则的基本术语及定义

1. 局部实际尺寸

局部实际尺寸简称实际尺寸，是指在实际要素的任意正截面上，两对应点之间测得的距离。内外表面的局部实际尺寸的代号分别为 D_a、d_a。由于存在形状误差和测量误差，同一要素测得的局部实际尺寸不一定相同，如图 4－70 所示。

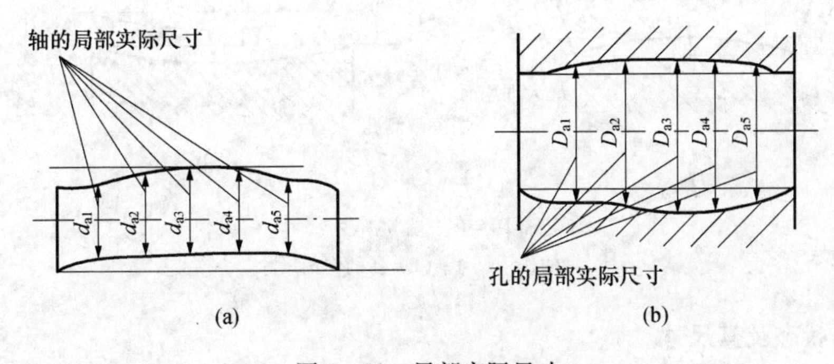

图 4－70 局部实际尺寸

2. 作用尺寸

1）体外作用尺寸

指在被测要素的给定长度上，与实际内表面体外相接的最大理想面或与实际外表面体外相接的最小理想面的直径或宽度。对于关联要素该理想面的轴线或中心平面必须与基准保持图样给定的几何关系。

对于单一要素，实际内、外表面的体外作用尺寸的代号分别为 D_{fe}、d_{fe}（图 4－71）。

孔：
$$D_{fe} = D_a - f_{形} \tag{4-1}$$

轴：
$$d_{fe} = d_a + f_{形} \tag{4-2}$$

对于关联要素，实际内、外表面的体外作用尺寸的代号分别为 D'_{fe}、d'_{fe}。

孔：
$$D'_{fe} = D_a - f_{位} \tag{4-3}$$

轴：
$$d'_{fe} = d_a + f_{位} \tag{4-4}$$

体外作用尺寸的特点是该尺寸的理想面位于零件的实体之外，为零件装配时起作用的尺寸。

2）体内作用尺寸

指在被测要素的给定长度上，与实际内表面体内相接的最小理想面或与实际外表面体内相接的最大理想面的直径或宽度。对于关联要素该理想面的轴线或中心平面必须与基准保持图样给定的几何关系。

对于单一要素，实际内、外表面的体内作用尺寸的代号分别为 D_{fi}、d_{fi}（图4－71）。

孔： $$D_{fi} = D_a + f_{形} \quad (4-5)$$

轴： $$d_{fi} = d_a - f_{形} \quad (4-6)$$

对于关联要素，实际内、外表面的体内作用尺寸的代号分别为 D'_{fi}、d'_{fi}。

孔： $$D'_{fi} = D_a + f_{位} \quad (4-7)$$

轴： $$d'_{fi} = d_a - f_{位} \quad (4-8)$$

体内作用尺寸的特点是该尺寸的理想面位于零件的实体之内，是零件强度起作用的尺寸。

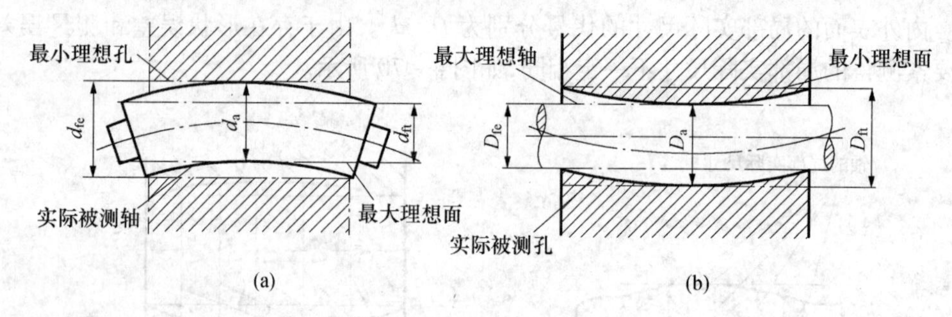

图4－71　单一要素作用尺寸

（a）轴的作用尺寸；（b）孔的作用尺寸。

3. 实体状态及其尺寸

1）最大实体状态及其尺寸

（1）最大实体状态（MMC）。实际要素在给定长度上处处位于极限尺寸之内，并具有实体最大时的状态，即在极限尺寸范围内具有材料量最多时的状态。

（2）最大实体尺寸（MMS）。实际要素在最大实体状态下的极限尺寸。内、外表面最大实体尺寸的代号分别为 D_M、d_M。对于内表面为最小极限尺寸，对于外表面为最大极限尺寸。

孔： $$D_M = D_{min} \quad (4-9)$$

轴： $$d_M = d_{max} \quad (4-10)$$

2）最小实体状态及其尺寸

（1）最小实体状态（LMC）。实际要素在给定长度上处处位于极限尺寸之内，并具有实体最小时的状态，即在极限尺寸范围内具有材料量最少时的状态。

（2）最小实体尺寸（LMS）。实际要素在最小实体状态下的极限尺寸。内、外表面最小实体尺寸的代号分别为 D_L、d_L。对于内表面为最大极限尺寸，对于外表面为最小极限尺寸。

孔：
$$D_L = D_{max} \tag{4-11}$$
轴：
$$d_L = d_{min} \tag{4-12}$$

4. 实体实效状态及其尺寸

1）最大实体实效状态及其尺寸

（1）最大实体实效状态（MMVC）。在给定长度上，实际要素处于最大实体状态，且其中心要素的形状或位置误差等于给出公差值时的综合极限状态。

（2）最大实体实效尺寸（MMVS）。最大实体实效状态下的体外作用尺寸。

$$\text{MMVS} = \text{MMS} \pm t(\text{轴}+,\text{孔}-) \tag{4-13}$$

对于单一要素，孔和轴的最大实体实效尺寸代号分别为 D_{MV}、d_{MV}。对于关联要素，孔和轴的最大实体实效尺寸代号分别为 D'_{MV}、d'_{MV}。

孔：
$$D_{MV}(D'_{MV}) = D_M - t = D_{min} - t \tag{4-14}$$
轴：
$$d_{MV}(d'_{MV}) = d_M + t = d_{max} + t \tag{4-15}$$

2）最小实体实效状态及其尺寸

（1）最小实体实效状态（LMVC）。在给定长度上，实际要素处于最小实体状态，且其中心要素的形状或位置误差等于给出公差值时的综合极限状态。

（2）最小实体实效尺寸（LMVS）。最小实体实效状态下的体内作用尺寸。

$$\text{LMVS} = \text{LMS} \mp t(\text{轴}-,\text{孔}+) \tag{4-16}$$

对于单一要素，孔和轴的最小实体实效尺寸代号分别为 D_{LV}、d_{LV}。对于关联要素，孔和轴的最小实体实效尺寸代号分别为 D'_{LV}、d'_{LV}。

孔：
$$D_{LV}(D'_{LV}) = D_L + t = D_{max} + t \tag{4-17}$$
轴：
$$d_{LV}(d'_{LV}) = d_L - t = d_{min} - t \tag{4-18}$$

5. 边界和边界尺寸

（1）边界。由设计给定的具有理想形状的极限包容面。

（2）边界尺寸。是指极限包容面的直径或距离。当极限包容面为圆柱面时，其边界尺寸为直径；当极限包容面为两平行平面时，其边界尺寸是距离。

设计时，根据零件的功能和经济性要求，常给出以下几种理想边界：

① 最大实体边界（MMB）。具有理想形状且边界尺寸为最大实体尺寸的包容面。

② 最小实体边界（LMB）。具有理想形状且边界尺寸为最小实体尺寸的包容面。

③ 最大实体实效边界（MMVB）。具有理想形状且边界尺寸为最大实体实效尺寸的包容面。

④ 最小实体实效边界（LMVB）。具有理想形状且边界尺寸为最小实体实效尺寸的包容面。

小结：作用尺寸是实际尺寸和几何误差的综合尺寸，对一批零件而言是变化值，每个零件都不一定相同，但每个零件的体外或体内作用尺寸只有一个；最大（最小）实效尺寸是最大（最小）实体尺寸和几何公差的综合尺寸，对一批零件而言是定值。实效尺寸是作用尺寸的极限值。

4.10.2 独立原则

1）独立原则定义

独立原则是指图样上给定的几何公差与尺寸公差相互独立无关，分别满足各自要求的原则。

独立原则是图样标注中通用的基本原则，可用于零件中全部要素的尺寸公差和几何公差，标注时在尺寸和几何公差值后面不需加注特殊符号。

判断采用独立原则的要素是否合格，需分别检测实际尺寸与几何公差。只有同时满足尺寸公差和形状公差的要求，该零件才能被判为合格。

2）独立原则应用示例

例4-2 如图4-72所示零件遵循独立原则，加工后的零件尺寸误差和几何误差应分别检验。要求实际轴径应在$\phi19.979$mm～$\phi20$mm范围内，且轴线的直线度误差应不大于$\phi0.01$mm。

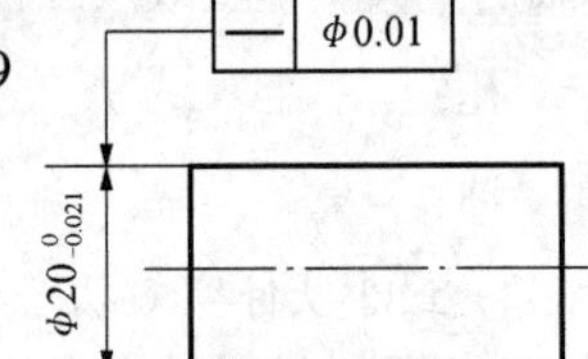

图4-72 独立原则标注示例

3）独立原则的特点

（1）尺寸公差仅控制实际要素的局部实际尺寸。

（2）几何公差是定值，不随要素的实际尺寸变化而变化。

4）独立原则的应用

独立原则一般用于对形状和位置要求严格而对尺寸精度要求不高的场合或非配合零件。如图4-73（a）、（b）所示印刷机的滚筒和测量平板，由于使用的要求，两种零件均对形状精度有较高要求而对尺寸精度要求不高，因此采用独立原则。如图4-73（c）所示箱体上的通油孔，由于其不与其他零件配合，只需控制孔的尺寸大小保证一定的流量，而孔轴线的弯曲并不影响功能要求，故也采用独立原则。

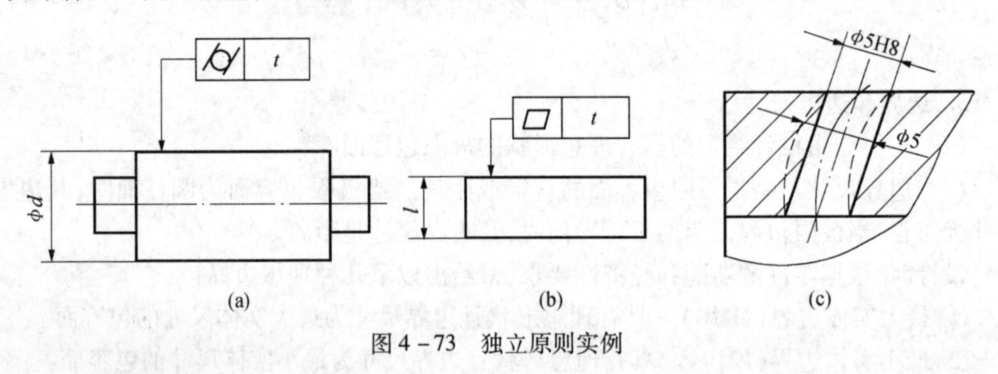

图4-73 独立原则实例

4.10.3 相关要求

相关要求是指图样上给定的尺寸公差和几何公差相互有关的公差要求。分为包容要求、最大实体要求（包括可逆要求应用于最大实体要求）和最小实体要求（包括可逆要求应用于最小实体要求）。

1. 包容要求（ER）

1）包容要求定义

包容要求是指被测实际要素处处位于具有理想形状的包容面内的一种公差原则。

包容要求只适用于单一要素，如圆柱表面或两平行平面。采用包容要求的单一要素应在其尺寸极限偏差或公差带代号之后加注符号Ⓔ，如图4－74(a)所示。

采用包容要求的合格条件为体外作用尺寸不得超过最大实体尺寸，局部实际尺寸不得超过最小实体尺寸。

孔： $$D_{fe} \geqslant D_M = D_{min} \qquad D_a \leqslant D_L = D_{max} \tag{4-19}$$

轴： $$d_{fe} \leqslant d_M = d_{max} \qquad d_a \geqslant d_L = d_{min} \tag{4-20}$$

2）包容要求应用示例

例4－3 如图4－74所示零件遵循包容要求。该圆柱面必须在最大实体边界内，该边界是一个直径为最大实体尺寸 $d_M = \phi 20$mm 的理想圆柱面。局部实际尺寸不得小于最小实体尺寸 $\phi 19.987$ mm，即轴的任一局部实际尺寸在 $\phi 19.987$mm ~ $\phi 20$mm 之间。轴线的直线度误差取决于被测要素的局部实际尺寸对其边界尺寸的偏离，其最大值等于尺寸公差0.013mm。图4－74(b)给出了不同实际尺寸下，该轴线直线度允许的形状误差最大值。

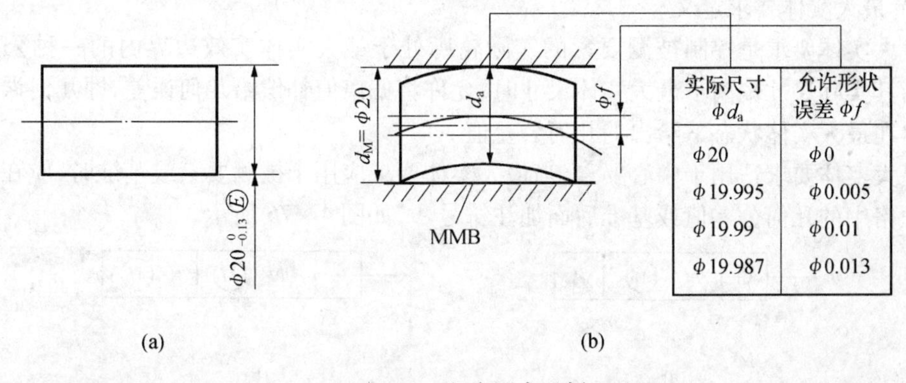

实际尺寸 ϕd_a	允许形状误差 ϕf
ϕ20	ϕ0
ϕ19.995	ϕ0.005
ϕ19.99	ϕ0.01
ϕ19.987	ϕ0.013

图4－74 包容要求示例

3）包容要求的特点

(1) 被测要素遵守最大实体边界，即实际要素的体外作用尺寸不得超出最大实体尺寸。

(2) 实际要素的局部实际尺寸不得超出最小实体尺寸。

(3) 当实际要素的局部实际尺寸为最大实体尺寸时，不允许有任何形状误差，即形状误差为0。

(4) 当实际要素的局部实际尺寸偏离最大实体尺寸时，其偏离量可补偿给形状误差。

(5) 遵守包容要求的要素其尺寸公差不仅限制了要素的实际尺寸，还控制了要素的形状误差。

4）包容要求附加要求

若要素采用包容原则后，按其功能还不能满足形状公差的要求时，可以进一步给出形状公差，如图4－75所示。当 $\phi 25$mm 的轴尺寸在 $\phi 25.002$ ~ $\phi 25.006$ 之间变动时，圆柱度误差按照包容要求的规则得到的补偿；若 $\phi 25$mm 的轴尺寸超过 $\phi 25.006$，允许的圆柱度误差其最大值不超过给定的公差值0.004。

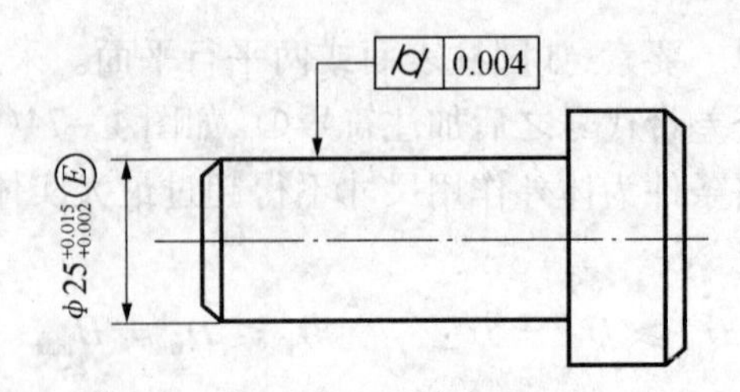

图 4－75　包容要求附加要求示例

5）包容要求的应用

包容要求主要用于机器零件上配合性质要求较严格的配合表面，特别是配合公差较小的精密配合。用最大实体边界综合控制实际尺寸和形状误差来保证必要的最小间隙（保证能自由装配）。用最小实体尺寸控制最大间隙，从而达到所要求的配合性质，如回转轴的轴颈和滑动轴承、滑动套筒和孔、滑块和滑块槽的配合等。

2. 最大实体要求（MMR）

1）最大实体要求定义

最大实体要求是控制被测要素的实际轮廓处于最大实体实效边界内的一种公差原则。当其实际尺寸偏离了最大实体尺寸时，允许将偏离值补偿给几何误差，即几何误差值可超出在最大实体状态下给出的几何公差值。

最大实体要求适用于中心要素，当最大实体要求应用于被测要素或基准时，应在几何公差框格中的几何公差值或基准后面加注符号Ⓜ，如图 4－76 所示。

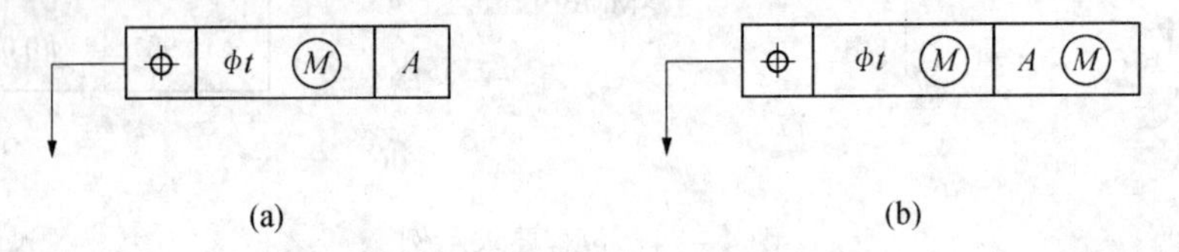

图 4－76　最大实体要求标注

采用最大实体要求的合格条件为体外作用尺寸不得超过最大实体实效尺寸，局部实际尺寸不得超过最小实体尺寸。

孔：　$D_{fe} \geqslant D_{MV} = D_M(D_{min}) - t \qquad D_a \leqslant D_L = D_{max}$　（4－21）

轴：　$d_{fe} \leqslant d_{MV} = d_M(d_{max}) + t \qquad d_a \geqslant d_L = d_{min}$　（4－22）

2）最大实体要求应用示例

例 4－4　最大实体要求应用于单一被测要素。图 4－77（a）表示轴 $\phi30^{\ 0}_{-0.03}$ 的轴线直线度公差采用最大实体要求，其轴线的直线度公差为 $\phi0.02$mm。

该轴边界是一个直径为最大实体实效尺寸 $d_{MV} = \phi30.02$mm 的理想圆柱面。局部实际尺寸不得小于最小实体尺寸 $\phi29.97$mm，即轴的任一局部实际尺寸在 $\phi29.97$mm ~ $\phi30$mm 之间。当轴的实际尺寸偏离最大实体尺寸时，其轴线允许的直线度误差可相应地增大。

当被测要素处于最大实体状态时，其轴线的直线度公差为 $\phi0.02$mm，如图 4－77（b）所示。

当被测要素处于最小实体状态时，其轴线直线度误差允许达到最大值，即尺寸公差值全部补偿给直线度公差，允许直线度误差为 $\phi0.02 + \phi0.03 = \phi0.05$mm。

当被测要素的实际尺寸偏离最大实体状态时，其轴线允许的直线度误差可相应地增大，其尺寸与几何公差补偿关系如图 4-77(c)所示。

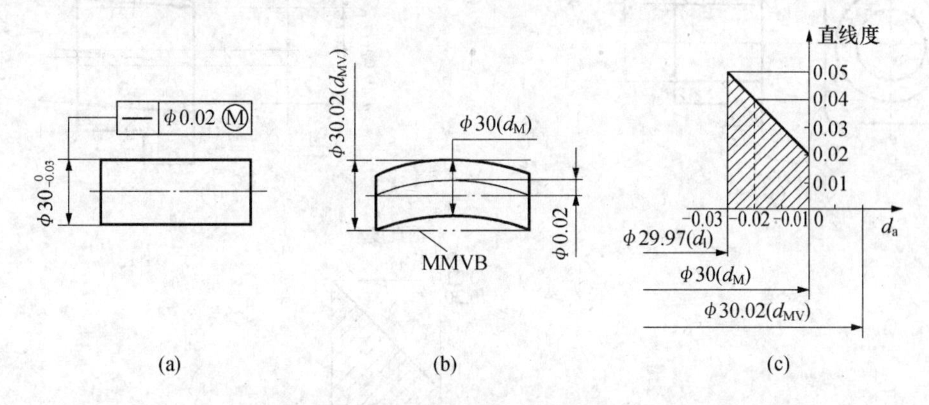

图 4-77　最大实体要求示例 1

例 4-5　最大实体要求应用于关联被测要素。图 4-78(a)表示孔 $\phi50^{+0.13}_{0}$ 的轴线对基准 A 的垂直度公差采用最大实体要求，其轴线的垂直度公差为 $\phi0.08$mm。

该孔边界是一个直径为最大实体实效尺寸 $D_{MV} = \phi49.92$mm 的理想孔。局部实际尺寸不得大于最小实体尺寸 $\phi50.13$mm，即孔的任一局部实际尺寸在 $\phi50.13$mm ~ $\phi50$mm 之间。当孔的实际尺寸偏离最大实体尺寸时，其轴线允许的垂直度误差可相应地增大。

当被测要素处于最大实体状态时，其轴线的垂直度公差为 $\phi0.08$mm，如图 4-78(b)所示。

当被测要素处于最小实体状态时，其轴线垂直度误差允许达到最大值，即尺寸公差值全部补偿给垂直度公差，允许垂直度误差为 $\phi0.08 + \phi0.13 = \phi0.21$mm。

当被测要素的实际尺寸偏离最大实体状态时，其轴线允许的直线度误差可相应地增大，其尺寸与几何公差补偿关系如图 4-78(c)所示。

例 4-6　最大实体要求的零几何公差。如图 4-79(a)所示，孔 $\phi50^{+0.13}_{-0.08}$ 的轴线对 A 基准的垂直度公差采用最大实体要求的零几何公差。

孔的最大实体实效尺寸 $D_{MV} = D_M - t = \phi49.92 - 0 = \phi49.92\text{mm} = D_M$，该孔边界是一个直径为最大实体实效尺寸 $D_{MV} = \phi49.92$mm 的理想孔。局部实际尺寸不得大于最小实体尺寸 $\phi50.13$mm，即孔的任一局部实际尺寸在 $\phi50.13$mm ~ $\phi49.92$mm 之间。当孔的实际尺寸偏离最大实体尺寸时，其轴线允许的垂直度误差可相应地增大。

当被测要素处于最大实体状态时，其轴线对基准 A 的垂直度误差应为 0，如图 4-79(b)所示。

当被测要素处于最小实体状态时，其轴线对基准 A 垂直度误差允许达到最大值，即尺寸公差值全部补偿给垂直度公差，允许垂直度误差为 $\phi0.21$mm。

当被测要素的实际尺寸偏离最大实体尺寸时，其轴线对基准 A 允许的垂直度误差可相应地增大，其尺寸与几何公差补偿关系如图 4-79(c)所示。

零几何公差是最大实体要求的一种特例。关联要素遵守最大实体边界时可以应用最

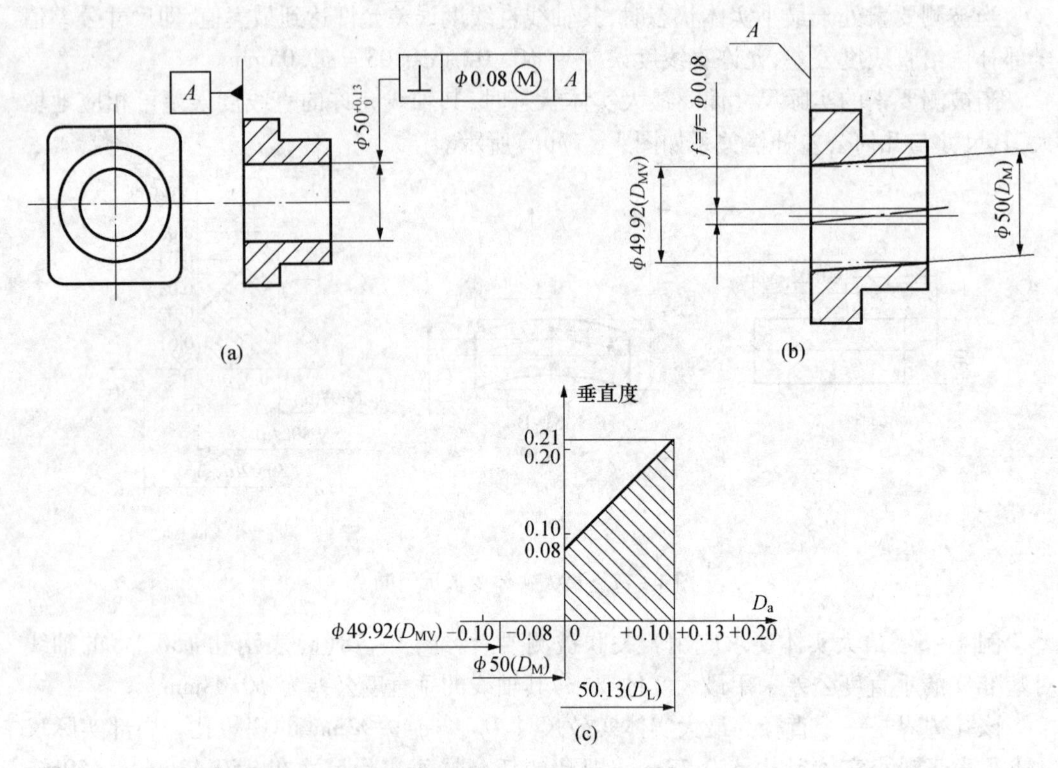

图 4-78 最大实体要求示例 2

大实体要求的零几何公差。要求实际轮廓处处不得超过最大实体边界，且该边界应与基准保持图样上给定的几何关系。零几何公差在公差框格中用“φ0 Ⓜ”或“0 Ⓜ”标注公差值。

3）最大实体要求的特点

（1）被测要素遵守最大实体实效边界，即实际要素的体外作用尺寸不得超出最大实体实效尺寸。

（2）实际要素的局部实际尺寸不得超出最小实体尺寸。

（3）当实际要素的局部实际尺寸处处均为最大实体尺寸时，允许的几何误差最大值为图样上给出的形状公差值。

（4）当实际要素的局部实际尺寸偏离最大实体尺寸时，其偏离量可补偿给几何公差，允许的几何误差最大值为图样上给出的形状公差值与偏离量之和。

4）最大实体要求的应用

最大实体要求是从装配互换性基础上建立起来的，主要应用在要求装配互换性的场合。常用于零件精度低（尺寸精度、几何精度较低），配合性质要求不严，但要求能自由装配的零件，以获得最大的技术经济效益。最大实体要求只用于零件的中心要素（轴线、圆心、球心或中心平面），多用于位置度公差。

3. 最小实体要求（LMR）

最小实体要求是控制被测要素的实际轮廓处于最小实体实效边界内的一种公差原则。当其实际尺寸偏离了最小实体尺寸时，允许将偏离值补偿给几何误差，即几何误差值

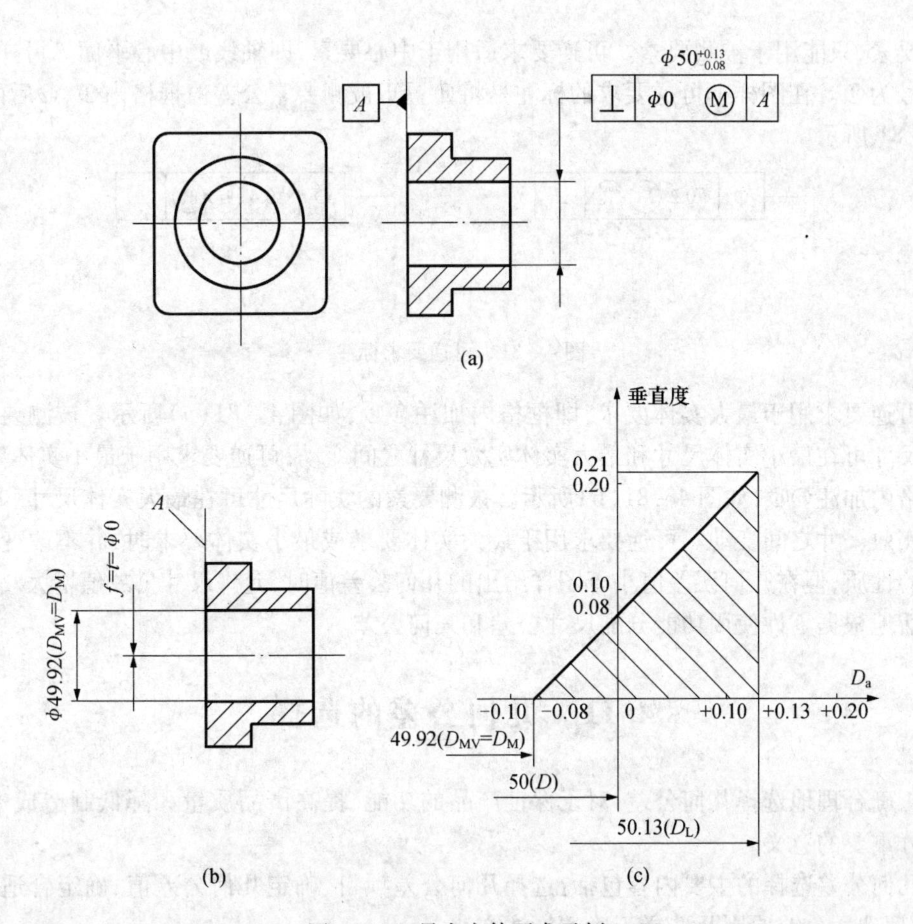

图 4－79　最大实体要求示例 3

可超出在最小实体状态下给出的几何公差值。

最小实体要求适用于中心要素，既可用于被测要素（一般指关联要素），又可用于基准中心要素。当应用于被测要素或基准要素时，应在几何公差框格中的几何公差值或基准后面加注符号Ⓛ，如图 4－80 所示。

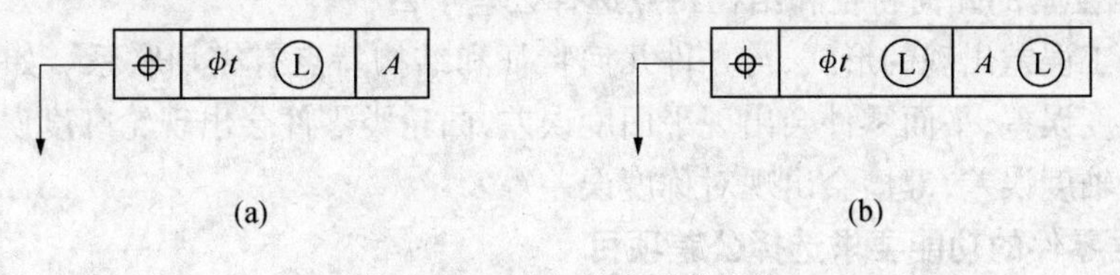

图 4－80　最小实体要求标注

4. 可逆要求（RR）

可逆要求是既允许尺寸公差补偿给几何公差，也允许几何公差补偿给尺寸公差的一种要求。

采用最大实体要求与最小实体要求时，只允许将尺寸公差补偿给几何公差。可逆要求可以逆向补偿，即被测要素的几何误差值小于给出的几何公差值时，允许在满足功能要求的前提下扩大尺寸公差。

可逆要求不能独立使用，应当与最大实体要求和最小实体要求一起应用，且不能用于基准要素,只能用于被测要素。可逆要求适用于中心要素,即轴线或中心平面。可逆要求的符号为Ⓡ。在图样上可逆要求的标注是将Ⓡ置于被测要素公差值框格内Ⓜ、Ⓛ后面,如图4-81所示。

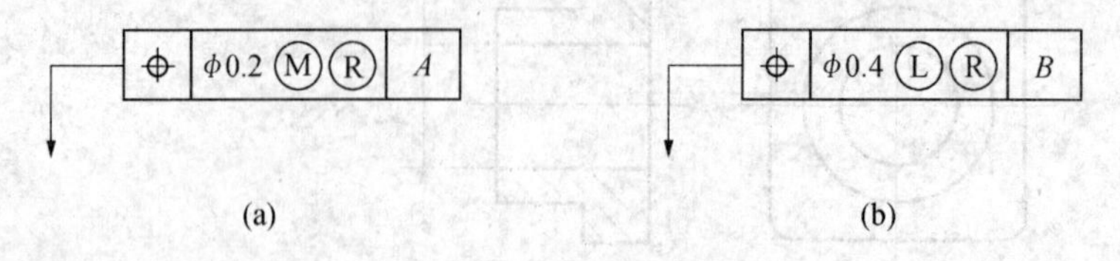

图4-81 可逆要求标注

可逆要求用于最大实体要求,即框格内加注ⓂⓇ,如图4-81(a)所示。被测要素的实际尺寸可在最小实体尺寸和最大实体实效尺寸之间变动;可逆要求用于最小实体要求,即框格内加注ⓁⓇ,如图4-81(b)所示。被测要素的实际尺寸可在最大实体尺寸和最小实体实效尺寸之间变动。可逆要求用于最大实体要求或最小实体要求时,并不改变它们原有的性质,但在几何误差值小于图样给出的几何公差值时,允许尺寸公差值增大。这样可灵活地根据零件使用功能分配尺寸公差和几何公差。

4.11 几何公差的选择

正确合理地选择几何公差,对于保证产品的功能、提高产品质量和降低制造成本,具有十分重要的意义。

几何公差选择的主要内容包括:选择几何公差项目、确定几何公差值、确定合适的基准、合理选用公差原则及选择正确的标注方法。

4.11.1 几何公差项目的选择

几何公差项目选择应根据要素的几何特征和结构特点,充分考虑和满足各要素的功能要求,尽可能考虑便于检测和经济性,结合各几何公差项目的特点,正确合理地选择。

1. 根据要素的几何特征和结构特点选择公差项目

零件加工误差出现的形式,与零件几何特征和结构特点有密切联系。如圆柱形零件会出现圆柱度误差,平面零件会出现平面度误差,凸轮类零件会出现轮廓度误差,阶梯轴、孔会出现同轴度误差,键槽会出现对称度误差等。

2. 根据零件的功能要求选择公差项目

几何误差对零件的功能有不同的影响,一般只对零件功能有显著影响的误差项目才规定合理的几何公差。

选择公差项目应考虑以下几个主要方面。

1)保证零件的工作精度

例如,机床导轨的直线度误差会影响导轨的导向精度,使刀架在滑板的带动下作不规则的直线运动,应对机床导轨规定直线度公差。滚动轴承内、外圈及滚动体的形状误差,会影响轴承的回转精度,应对其给出圆度或圆柱度公差。在齿轮箱体中,安装齿轮副的两孔轴线如果不平行,会影响齿轮副的接触精度和齿侧间隙的均匀性,降低承载能力,应对其规定轴线的平行度公差。机床工作台面和夹具定位面都是定位基准面,应规定平面度公差等。

2)保证联接强度和密封性

例如,汽缸盖与缸体之间要求有较好的连接强度和很好的密封性,应对这两个相互贴合的平面给出平面度公差。在孔、轴过盈配合中,圆柱面的形状误差会影响整个结合面上的过盈量,降低连接强度,应规定圆度或圆柱度公差等。

3)减少磨损,延长零件使用寿命

在有相对运动的孔、轴间隙配合中,内、外圆柱面的形状误差会影响两者的接触面积,造成零件早期磨损失效,降低零件使用寿命,应对圆柱面规定圆度、圆柱度公差。对滑块等作相对运动的平面,则应给出平面度公差要求等。

3. 根据几何公差的控制功能选择几何公差项目

各项几何公差的控制功能各不相同,有单一控制项目,如直线度、圆度、线轮廓度等;也有综合控制项目,如圆柱度、同轴度、位置度及跳动等。选择时应充分考虑它们之间的关系。例如,圆柱度公差可以控制该要素的圆度误差;方向公差可以控制与之有关的形状误差;位置公差可以控制与之有关的方向误差和形状误差;跳动公差可以控制与之有关的位置、方向和形状误差等。因此,应该尽量减少图样的几何公差项目,充分发挥综合控制项目的功能。

4. 充分考虑检测的方便性

检测方法是否简便,将直接影响零件的生产效率和成本,所以,在满足功能要求的前提下,尽量选择检测方便的几何公差项目。例如,齿轮箱中某传动轴的两支承轴径,根据几何特征和使用要求应当规定圆柱度公差和同轴度公差,但为了测量方便,可规定径向圆跳动(或全跳动)公差代替同轴度公差。

应当注意:径向圆跳动是同轴度误差与圆柱面形状误差的综合结果,给出的跳动公差值应略大于同轴度公差,否则会要求过严。由于轴向全跳动与垂直度的公差带完全相同,当被测表面面积较大时,可用轴向全跳动代替垂直度公差。还有用圆度和素线直线度及平行度代替圆柱度,或用全跳动代替圆柱度等。

几何公差项目的确定还应参照有关专业标准的规定。例如,与滚动轴承相配合孔、轴的几何公差项目,在滚动轴承标准中已有规定;单键、花键、齿轮等标准对有关几何公差也都有相应要求和规定。

同时要注意的是,设计时应尽量减少几何公差项目标注,对于那些对零件使用性能影响不大,并能够由尺寸公差控制的几何误差项目,或使用经济的加工工艺和加工设备能够满足要求时,不必在图样上标注几何公差,即按未注几何公差处理。

4.11.2 几何公差值的确定

几何公差值决定了几何公差带的宽度或直径,是控制零件制造精度的直接指标。因此,应合理确定几何公差值,以保证产品功能,提高产品质量,降低制造成本。

1. 几何公差等级

在国家标准中将几何公差等级分为12级(不包括圆度、圆柱度),1级最高,依次递减,6级、7级为基本级。

（1）圆度、圆柱度公差等级分为0级、1级、2级、…、12级（共13级），其中0级最高。其值参见附表4－2。

（2）其余各项几何公差都分为1级～12级。其公差值参见附表4－1、附表4－3、附表4－4。

（3）位置度公差没有划分公差等级，仅给出位置度数系，见附表4－5。

根据主参数所在尺寸段及几何公差等级即可在相应几何公差表中查出所需项目的几何公差值。位置度公差值通过计算化整后按附表4－5选择公差值。

2. 几何公差值

几何公差值选用的原则是，在满足零件功能要求的前提下，应该尽可能选用较低的公差等级，并考虑加工的经济性、结构及刚性等具体问题。

几何公差值的确定方法一般有两种，即计算法和类比法。计算法是依据零件功能要求，通过计算确定公差值。由于计算法复杂且缺乏实践验证，故应用不多；类比法是根据实践经验或参考类似零件几何公差的应用，综合多方面因素来确定几何公差值。目前几何公差值确定常采用类比法。

按类比法确定几何公差值时，应考虑以下几个方面：

（1）选取的公差数值应使零件的性能和经济性都具有最佳效果。

（2）几何公差部分项目公差等级的适用范围及应用举例见表4－5～表4－9，以供设计者类比参考。几何公差等级的高低，可根据设计要求对照表中应用举例来确定。

表4－5　直线度、平面度公差等级应用举例

公差等级	应用举例
1、2	精密量具、测量仪器和精度要求极高的精密机械零件，如高精度量规、样板平尺、工具显微镜等精密测量仪器的导轨面，喷油嘴针阀体表面，油泵柱塞套端面等高精度零件
3	0级及1级宽平尺的工作面，1级样板平尺的工作面，测量仪器圆弧导轨，测量仪器侧杆等
4	量具、测量仪器和高精度机床的导轨，如0级平板、测量仪器的V形液动导轨、轴承磨床床身导轨、液压阀芯等
5	1级平板，2级宽平尺，平面磨床的纵导轨、垂直导轨、立柱导轨及工作台，液压龙门刨床和转塔车床床身导轨，柴油机进气、排气阀门导杆
6	普通机床导轨，如卧式车床、龙门刨床、滚齿机、自动车床等的床身导轨、立柱导轨，滚齿机、卧式镗床、铣床的工作台及机床主轴箱导轨，柴油机体结合面
7	2级平板，0.02游标卡尺尺身，机床主轴箱体、摇臂钻床底座和工作台，镗床工作台，液压泵盖等
8	2级平板，机床传动箱体，挂轮箱体，车床溜板箱体，主轴箱体，柴油机气缸体，连杆分离面，缸盖结合面，汽车发动机缸盖、曲轴箱结合面，减速箱壳体结合面，自动车床底座的直线度
9	3级平板，机床溜板箱，立钻工作台，螺纹磨床的挂轮架，金相显微镜的载物台，柴油机汽缸体连杆的分离面，缸盖的接合面，阀片的平面度，空气压缩机汽缸体，柴油机缸孔环面的平面度及液压管件和法兰连接面等
10	3级平板，自动车床床身平面度，车床挂轮架的平面度，柴油机汽缸体、摩托车曲轴箱体、汽车变速箱壳体、汽车发动机缸盖结合面的平面度，辅助机构及手动机械的支承面
11、12	易变形的薄片、薄壳零件，如离合器的摩擦片、汽车发动机缸盖结合面、手动机械支架、机床法兰等

表4-6　圆度、圆柱度公差等级应用举例

公差等级	应用举例
1	高精度量仪主轴，高精度机床主轴、滚动轴承和滚柱等
2	精密量仪主轴、外套、阀套，高压油泵柱塞及套，纺锭轴承，高速柴油机进、排气门，精密机床主轴轴颈，针阀圆柱表面，喷油泵柱塞及柱塞套
3	工具显微镜套管外圆，高精度外圆磨床轴承，磨床砂轮主轴套筒，喷油嘴针、阀体，高精度微型轴承内外圈
4	较精密机床主轴，精密机床主轴箱孔，高压阀门活塞、活塞销、阀体孔，工具显微镜顶针，高压液压泵柱塞，较高精度滚动轴承配合轴，铣削动力头箱体孔等
5	一般量仪主轴、测杆外圆柱面，陀螺仪轴颈，一般机床主轴，较精密机床主轴及主轴箱体孔，柴油机、汽油机活塞、活塞销孔，铣削动力头箱体座孔，高压空气压缩机十字头销、活塞，较低精度滚动轴承配合轴等
6	仪表端盖外圆柱面，一般机床主轴及箱体孔，中等压力下液压装置工作面(包括泵、压缩机的活塞和汽缸)，汽油发动机凸轮轴，纺机锭子，通用减速器转轴轴颈，高速船用柴油机、拖拉机曲轴主轴颈
7	大功率低速柴油机曲轴轴颈、活塞、活塞销、连杆、汽缸，高速柴油机箱体轴承孔，千斤顶或压力油缸活塞，机车传动轴，水泵及通用减速器转轴轴颈
8	大功率低速发动机曲轴轴颈，压气机连杆盖、连杆体，拖拉机汽缸、活塞，炼胶机冷铸轴辊，印刷机传墨辊，内燃机曲轴轴颈，柴油机凸轮轴承孔、凸轮轴，拖拉机、小型船用柴油机汽缸套
9	空气压缩机缸体，液压传动筒，通用机械杠杆与拉杆用套筒销子，拖拉机活塞环、套筒孔
10	印染机导布辊，绞车、吊车、起重机滑动轴承轴颈等

表4-7　平行度公差等级应用举例

公差等级	应用举例
1	高精度机床、测量仪器以及量具等主要基准面和工作面
2、3	精密机床、测量仪器、量具以及模具的基准面和工作面；精密机床上重要箱体主轴孔对基准面的要求，尾座孔对基准面的要求
4、5	普通机床测量仪器、量具以及模具的基准面和工作面，高精度轴承座圈、端盖、挡圈的端面；机床主轴孔对基准面的要求，重要轴承孔对基准面的要求，床头箱体重要孔间要求，一般减速箱箱体孔、齿轮泵的轴孔端面等
6~8	一般机床零件的工作面或基准面、压力机和锻锤的工作面、中等精度钻模的工作面、一般刀具、量具、模具；机床一般轴承孔对基准面的要求、主轴箱一般孔间要求、变速箱孔；主轴花键对定心直径，重型机械轴承盖的端面，卷扬机、手动传动装置中的传动轴、汽缸轴线
9、10	低精度零件，重型机械滚动轴承端盖，柴油机、煤气发动机箱体曲轴孔、轴颈等
11、12	零件的非工作面，卷扬机运输机上用的减速器壳体平面

表4-8 垂直度、倾斜度公差等级应用举例

公差等级	应用举例
1	高精度机床、测量仪器以及量具等主要基准面和工作面
2、3	精密机床导轨、普通机床主要导轨、机床主轴轴向定位面;精密机床主轴肩端面、滚动轴承座圈端面、齿轮测量仪的心轴、光学分度头心轴、涡轮轴端面、精密刀具、量具的基准面和工作面
4、5	普通机床导轨、精密机床重要零件、机床重要支撑面、普通机床主轴偏摆、发动机轴和离合器的凸缘;汽缸的支撑端面、安装C、D级轴承的箱体的凸肩,液压传动轴瓦端面、量具、量仪的重要端面
6~8	低精度机床主要工作面和基准面、一般导轨、主轴箱体孔;刀架、砂轮架及工作台回转中心、机床轴肩、汽缸配合面对其轴线、活塞销孔对活塞中心线以及安装F、G级轴承壳体孔的轴线等
9、10	花键轴轴肩端面、带式运输机法兰盘等端面对轴心线,手动卷扬机及传动装置中轴承孔端面,减速器壳体平面
11、12	农业机械齿轮端面

表4-9 同轴度、对称度、圆跳动和全跳动公差等级应用举例

公差等级	应用举例
1~4	同轴度或旋转精度要求高的零件,一般要求按尺寸公差IT5或高于IT5级加工制造的零件。1级、2级用于精密测量仪器的主轴和顶尖,柴油机喷嘴油针阀等;3级、4级用于机床主轴轴颈、砂轮轴轴颈、汽轮机主轴、测量仪器的小齿轮、高精度滚动轴承内、外圈等
5~7	这是应用范围较广的公差等级。用于几何精度要求较高、尺寸的标准公差等级为IT8及高于IT8的零件。5级常用于机床主轴轴颈,计量仪器的测杆,汽轮机主轴,柱塞液压泵转子,高精度滚动轴承外圈,一般精度滚动轴承内圈,回转工作台端面跳动。7级用于内燃机曲轴、凸轮轴、齿轮轴、水泵轴、汽车后轮输出轴,电动机转子、印刷机传墨辊的轴颈、键槽
8~10	常用于几何精度要求一般、尺寸的公差等级为IT9、IT10的零件。8级用于拖拉机发动机分配轴轴颈,与9级精度以下齿轮相配的轴、水泵叶轮、离心泵体、棉花精梳机前后滚子、键槽等。9级用于内燃机汽缸套配合面,自行车中轴。10级用于摩托车活塞、印染机导布辊、内燃机活塞环槽底径对活塞中心、汽缸套外圈对内孔等
11、12	无特殊要求,一般按尺寸公差IT12加工制造的零件

(3)常用的机械加工方法所能达到的几何公差等级见表4-10~表4-14,加工经济性直接影响着产品的成本,也应在公差等级选用时充分考虑。

表4-10 加工方法能达到的直线度和平面度公差等级

加工方法			公差等级											
			1	2	3	4	5	6	7	8	9	10	11	12
车	普通车	粗											+	+
	立车	细									+	+		
	自动车	精					+	+	+	+				
铣	万能铣	粗											+	+
		细										+	+	
		精						+	+	+	+			

（续）

加工方法			公差等级											
			1	2	3	4	5	6	7	8	9	10	11	12
刨	龙门刨 牛头刨	粗											+	+
		细									+	+		
		精							+	+	+			
磨	无心磨 外圆磨	粗									+	+	+	
		细							+	+	+			
	平磨	精		+	+	+	+	+	+					
研磨	机动研磨 手工研磨	粗				+	+							
		细			+									
		精	+	+										
刮		粗						+	+					
		细				+	+							
		精	+	+	+									

表4-11　加工方法能达到的直线度和平面度公差等级

加工方法		公差等级											
		1	2	3	4	5	6	7	8	9	10	11	12
精密车削				+	+	+							
普通车削						+	+	+	+	+	+		
普通立车	粗					+	+	+					
	细						+	+	+	+	+		
自动、半自动车	粗								+	+			
	细						+	+					
	精						+	+					
外圆磨	粗					+	+	+					
	细			+	+	+							
	精	+	+	+									
无心磨	粗						+	+					
	细		+	+	+	+							
研磨			+	+	+	+							
精磨		+	+										
钻								+	+	+	+	+	+
普通镗	粗							+	+	+	+		
	细					+	+	+	+				
	精				+	+							
金刚石镗	粗			+	+								
	细	+	+	+									

（续）

加工方法		公差等级											
		1	2	3	4	5	6	7	8	9	10	11	12
铰孔						+	+	+					
扩孔						+	+	+					
内圆磨	细				+	+							
	精			+	+								
研磨	细				+	+	+						
	精	+	+	+	+								
珩磨						+	+						

表4-12　加工方法能达到的平行度公差等级

加工方法			公差等级											
			1	2	3	4	5	6	7	8	9	10	11	12
轴线对轴线（或对平面）的平行度	车	粗										+	+	
		细							+	+	+	+		
	钻										+	+		
	镗	粗									+	+		
		细								+				
		精						+	+					
	磨						+	+	+	+				
	坐标镗钻					+	+	+						
平面对平面的平行度	刨	粗								+	+	+	+	
		细							+	+	+			
	铣	粗							+	+	+	+	+	
		细						+	+	+				
	拉								+	+	+			
	磨	粗					+	+	+	+				
		细				+	+	+						
		精		+	+									
	刮	粗					+	+						
		细			+	+								
		精	+	+										
	研磨		+	+	+	+								
	超精磨		+	+										

表4-13　加工方法能达到的垂直度和倾斜度公差等级

加工方法			公差等级											
			1	2	3	4	5	6	7	8	9	10	11	12
轴线对轴线（或对平面）的垂直度和倾斜度	车	粗										+	+	
		细								+	+	+		
	钻											+	+	+
	镗 车立铣	细								+	+	+		
		精						+	+	+				
	镗 镗床	粗								+	+	+		
		细							+	+				
		精						+	+					
	金刚石镗					+	+	+						
	磨	粗							+	+				
		细				+	+	+	+					
平面对平面的垂直度和倾斜度	刨	粗								+	+	+	+	
		细							+	+	+	+		
		精						+						
	铣	粗								+	+	+	+	
		细						+	+	+	+	+		
	插	粗								+				
		细							+					
	磨	粗								+				
		细					+	+	+					
		精			+	+								
	刮	细					+	+	+					
		精				+	+							
	研磨				+									

表4-14　加工方法能达到的同轴度、对称度、圆跳动和全跳动公差等级度公差等级

加工方法		公差等级											
		1	2	3	4	5	6	7	8	9	10	11	12
车	粗								+	+	+		
	细							+	+				
镗	精			+	+	+	+						
铰	细						+	+					
磨	粗							+	+				
	细					+	+						
	精	+	+	+	+								

（续）

加工方法		公差等级											
		1	2	3	4	5	6	7	8	9	10	11	12
内圆磨	细				+	+	+						
珩磨		+	+	+									
研磨	+	+	+	+									
斜向和轴向跳动													
车	粗										+	+	
	细								+	+	+		
	精						+	+	+	+			
磨	细					+	+	+	+	+			
	精				+	+	+	+					
刮	细		+	+	+	+							

(4) 协调几何与尺寸公差之间的关系。其原则是 $t_{形} < t_{位} < T_{尺寸}$。

(5) 应协调几何公差之间的关系。

① 同一要素上给定的形状公差值应小于方向和位置公差值；

② 同一要素的方向公差值应小于其位置公差值；

③ 综合性的公差应大于单项公差。

(6) 在满足功能要求的前提下，考虑到加工的难易程度、测量条件等，对于下列情况公差值可适当降低 1 级 ~2 级。

① 孔相对轴；

② 长径比(L/d)较大的孔或轴；

③ 宽度较大(一般大于 1/2 长度)的零件表面；

④ 对结构复杂、刚性较差或不易加工和测量的零件，如细长轴、薄壁件等；

⑤ 对工艺性不好，如距离较大的分离孔或轴；

⑥ 线对线、线对面相对于面对面的定向公差。

(7) 确定与标准件相配合的零件几何公差值时，不但要考虑几何公差国家标准的规定，还应遵守有关国家标准的规定。

总之，具体应用时要全面考虑各种因素来确定各项公差等级。

注：由于轮廓度的误差规律比较复杂，其公差值目前国家标准尚未作出统一规定。

4.11.3 基准要素的选用

基准是设计、加工、装配与检验关联要素之间方向和位置的依据。因此，合理选择基准才能保证零件的功能要求和工艺性及经济性。

基准选择的主要任务，就是要根据零件的功能要求和零件上各部位要素间的几何关系，正确选择基准部位，确定所需基准的数量，并依据零件的使用、装配要求选定最优的基准顺序。选择基准时可从下列几方面考虑：

(1) 选择时应遵守基准统一原则，使设计、工艺、装配和检验基准一致。

(2) 从零件结构考虑,应选较大表面、较长要素作基准,以便定位稳固、准确。

(3) 从加工、检测的要求考虑,应尽可能选择在夹具、检具中定位的要素作为基准,以保证加工精度、减小测量误差、简化夹具与检具的设计。

4.11.4 公差原则的选用

选择公差原则时,应根据被测要素的功能要求,充分发挥公差的职能和选择该种公差原则的可行性、经济性。表4-15列出了三种常用公差原则的应用场合,可供选择时参考。

表4-15 公差原则选择参照表

公差原则	应用场合	示例
独立原则	尺寸精度与几何精度需要分别满足	齿轮箱体孔的尺寸精度与两孔轴线的平行度滚动轴承内、外圈滚道的尺寸精度与形状的精度
	尺寸精度与几何精度相差较大	冲模架的下模座尺寸精度要求不高,平行度要求较高;滚筒类零件尺寸精度要求很低,形状精度要求较高
	尺寸精度与几何精度无联系	齿轮箱体孔的尺寸精度与孔轴线间的位置精度;发动机连杆上的尺寸精度与孔轴线间的位置精度
	保证运动精度	导轨的形状精度要求严格,尺寸精度要求次要
	保证密封性	汽缸套的形状精度要求严格,尺寸精度要求次要
	未注公差	凡未注尺寸公差与本注几何公差都采用独立原则,例如退刀槽、倒角等
包容要求	保证配合性质	配合的孔与轴采用包容要求时,可以保证配合的最小间隙或最大过盈。也常用于作为基准使用的孔、轴类零件
	尺寸公差与几何公差间无严格比例关系要求	一般的孔与轴配合,只要求作用尺寸不超越最大实体尺寸,局部实际尺寸不超越最小实体尺寸
	保证关联作用尺寸不超越最大实体尺寸	关联要素的孔与轴的性质要求,标注 0Ⓜ
最大实体要求	被测中心要素	保证自由装配,如轴承盖上用于穿过螺钉的通孔,法兰盘上用于穿过螺栓的通孔,使制造更经济
	基准中心要素	基准轴线或中心平面相对于理想边界的中心允许偏离时,如同轴度的基准轴线
最小实体要求	中心要素	用于满足临界值的设计,以控制最小壁厚,保证最低强度

4.11.5 未注几何公差

为了简化图样,对一般机床加工能保证的几何精度,不必在图样上注出几何公差。图样上没有具体注明几何公差值的要素,其几何精度应按下列规定执行:

(1) 对未注直线度、平面度、垂直度、对称度和圆跳动各规定了H、K、L三个公差等级,其公差值见附表4-6~附表4-9。采用规定的未注公差值时,应在标题栏或技术要求中注出公差等级代号及标准代号,如"GB/T 1184—H"。

（2）未注圆度公差值等于直径公差值，但不能大于附表4－4中的径向圆跳动值。

（3）未注圆柱度公差由圆度、直线度和素线平行度的注出公差或未注公差控制。

（4）未注平行度公差值等于尺寸公差值或直线度和平面度未注公差值中的较大者。

（5）未注同轴度的公差值可以和附表4－4中规定的圆跳动的未注公差值相等。

（6）未注线、面轮廓度，倾斜度，位置度和全跳动的公差值均应由各要素的注出或未注线性尺寸公差或角度公差控制。

未注几何公差的要素一般不需要作通过性检查，但要作首检和抽检，并以上述规定为仲裁依据。当零件要素的几何误差值超出未注公差值时，如果不影响零件功能，则不应拒收。

4.11.6 几何公差的选择方法与实例

1. 选择方法

（1）根据功能要求确定几何公差项目；

（2）根据零件使用要求、加工方法等实际情况结合公差等级应用范围确定公差等级并查表得出公差值；

（3）选择基准及公差原则；

（4）选择标注方法。

2. 实例

例4－7 图1－3为功率为5kW的一级圆柱齿轮减速器的输出轴，该轴转速为83r/min，其结构特征、使用要求及各轴颈的尺寸公差均已确定。要求对其进行几何公差选用。

解：（1）几何公差项目的选择。从结构特征上分析，该轴存在有同轴度、圆跳动、全跳动、直线度、对称度、圆度、圆柱度和垂直度等八个项目。从使用要求分析，轴颈ϕ45mm和ϕ56mm处与齿轮或联轴器内孔配合，以传递动力，因此需要控制轴颈的同轴度、跳动和轴线的直线度误差；轴上两键槽处均需控制其对称度误差；ϕ55mm轴颈与易于变形的滚动轴承内圈配合，因此需要控制圆度和圆柱度误差；ϕ62mm两端轴肩处分别是齿轮和滚动轴承的止推面，需要控制端面对轴线的垂直度误差。从检测的可能性和经济性来分析，对于轴类零件，可用径向圆跳动公差代替同轴度和轴线的直线度公差；用圆度代替圆柱度；用端面圆跳动代替垂直度公差。这样，该轴最后确定的几何公差项目仅有径向和端面圆跳动、对称度和圆柱度。

（2）几何公差的等级确定。可按类比法查表4－5，参考公差等级应用举例来确定：齿轮传动轴的径向圆跳动公差为7级；对称度公差按单键标准规定一般选8级；轴肩的端面圆跳动公差和轴颈的圆柱度公差，可根据滚动轴承的公差等级查得，对于0级轴承，其公差值分别为0.015mm和0.005mm。

（3）几何公差值的确定。查附表4－4，径向圆跳动的主参数为轴颈ϕ45mm和ϕ56mm，公差等级均为7级时，则其公差值分别为0.020mm、0.025mm；对称度公差的主参数为被测要素键宽14mm和16mm，公差等级均为8级时，则其公差值均为0.020mm。

（4）基准的选择。应以该轴安装时两ϕ55mm轴颈的公共轴线作为设计基准；而轴颈ϕ45mm和ϕ56mm的轴线分别是其轴上键槽对称度的基准。

（5）公差原则的选择。根据各原则的应用范围，考虑到ϕ45mm、ϕ55mm和ϕ56mm各轴颈处，应保证配合性质要求，采用包容要求，即在其尺寸公差带代号后标注Ⓔ。

（6）将以上几何公差用框格合理地标注在工程图样上，如图 1－3 所示。

附表 4－1 直线度、平面度公差值（摘自 GB/T 1184—1996）

主参数图例

主参数 L /mm	公差等级											
	1	2	3	4	5	6	7	8	9	10	11	12
	公差值 /μm											
≤10	0.2	0.4	0.8	1.2	2	3	5	8	12	20	30	60
>10～16	0.25	0.5	1	1.5	2.5	4	6	10	15	25	40	80
>16～25	0.3	0.6	1.2	2	3	5	8	12	20	30	50	100
>25～40	0.4	0.8	1.5	2.5	4	6	10	15	25	40	60	120
>40～63	0.5	1	2	3	5	8	12	20	30	50	80	150
>63～100	0.6	1.2	2.5	4	6	10	15	25	40	60	100	200
>100～160	0.8	1.5	3	5	8	12	20	30	50	80	120	250

附表 4－2 圆度、圆柱度公差值（摘自 GB/T 1184—1996）

主参数图例

主参数 d /mm	公差等级												
	0	1	2	3	4	5	6	7	8	9	10	11	12
	公差值 /μm												
≤3	0.1	0.2	0.3	0.5	0.8	1.2	2	3	4	6	10	14	25
>3～6	0.1	0.2	0.4	0.6	1	1.5	2.5	4	5	8	12	18	30
>6～10	0.12	0.25	0.4	0.6	1	1.5	2.5	4	6	9	15	22	36
>10～18	0.15	0.25	0.5	0.8	1.2	2	3	5	8	11	18	27	43
>18～30	0.2	0.3	0.6	1	1.5	2.5	4	6	9	13	21	33	52
>30～50	0.25	0.4	0.6	1	1.5	2.5	4	7	11	16	25	39	62
>50～80	0.3	0.5	0.8	1.2	2	3	5	8	13	19	30	46	74
>80～120	0.4	0.6	1	1.5	2.5	4	6	10	15	22	35	54	87

附表4-3 平行度、垂直度、倾斜度公差值(摘自GB/T 1184—1996)

主参数图例

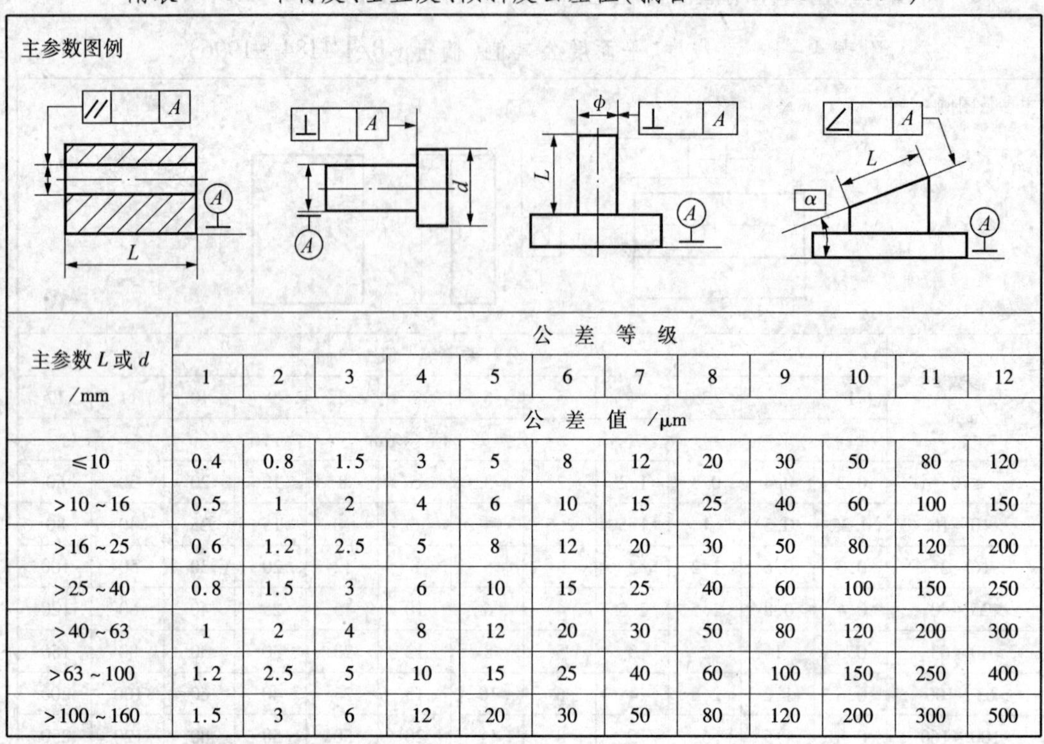

主参数 L 或 d /mm	公差等级											
	1	2	3	4	5	6	7	8	9	10	11	12
	公差值/μm											
≤10	0.4	0.8	1.5	3	5	8	12	20	30	50	80	120
>10~16	0.5	1	2	4	6	10	15	25	40	60	100	150
>16~25	0.6	1.2	2.5	5	8	12	20	30	50	80	120	200
>25~40	0.8	1.5	3	6	10	15	25	40	60	100	150	250
>40~63	1	2	4	8	12	20	30	50	80	120	200	300
>63~100	1.2	2.5	5	10	15	25	40	60	100	150	250	400
>100~160	1.5	3	6	12	20	30	50	80	120	200	300	500

附表4-4 同轴度、对称度、圆跳动、全跳动公差值(摘自GB/T 1184—1996)

主参数图例

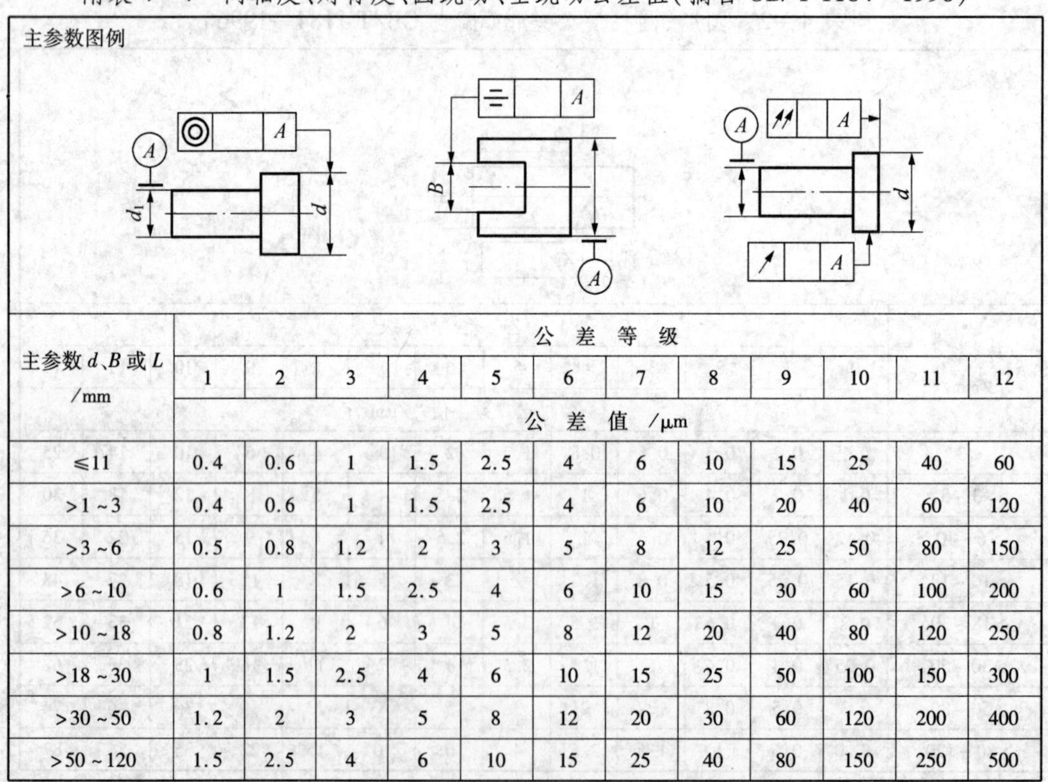

主参数 d、B 或 L /mm	公差等级											
	1	2	3	4	5	6	7	8	9	10	11	12
	公差值/μm											
≤11	0.4	0.6	1	1.5	2.5	4	6	10	15	25	40	60
>1~3	0.4	0.6	1	1.5	2.5	4	6	10	20	40	60	120
>3~6	0.5	0.8	1.2	2	3	5	8	12	25	50	80	150
>6~10	0.6	1	1.5	2.5	4	6	10	15	30	60	100	200
>10~18	0.8	1.2	2	3	5	8	12	20	40	80	120	250
>18~30	1	1.5	2.5	4	6	10	15	25	50	100	150	300
>30~50	1.2	2	3	5	8	12	20	30	60	120	200	400
>50~120	1.5	2.5	4	6	10	15	25	40	80	150	250	500

附表 4-5　位置度公差值数系(摘自 GB/T 1184—1996)

优先数系	1	1.2	1.6	2	2.5	3	4	5	6	8
	1×10^n	1.2×10^n	1.5×10^n	2×10^n	2.5×10^n	3×10^n	4×10^n	5×10^n	6×10^n	8×10^n
注:n 为整数										

附表 4-6　直线度和平面度的未注公差值　(mm)

公差等级	基本长度范围					
	≤10	>10~30	>30~100	>100~300	>300~1000	>1000~3000
H	0.02	0.05	0.1	0.2	0.3	0.4
K	0.05	0.1	0.2	0.4	0.6	0.8
L	0.1	0.2	0.4	0.8	1.2	1.6

附表 4-7　垂直度的未注公差值　(mm)

公差等级	基本长度范围			
	≤100	>100~300	>300~1000	>1000~3000
H	0.2	0.3	0.4	0.5
K	0.4	0.6	0.8	1
L	0.6	1	1.5	2

附表 4-8　对称度的未注公差值　(mm)

公差等级	基本长度范围			
	≤100	>100~300	>300~1000	>1000~3000
H	0.5			
K	0.6		0.8	1
L	0.6	1	1.5	2

附表 4-9　圆跳动的未注公差值　(mm)

公差等级	圆跳动公差值
H	0.1
K	0.2
L	0.5

本章知识梳理与总结

(1) 形位误差的研究对象是几何要素,根据几何要素特征的不同可分为:理想要素与实际要素、轮廓要素与中心要素、被测要素与基准要素以及单一要素与关联要素等;国家标准规定的形位公差特征共有 14 项,熟悉各项目的符号、有无基准要求等。

(2) 形位公差是形状公差和位置公差的简称。形状公差是指实际单一要素形状所允许的变动量。位置公差是指实际关联要素相对于基准的位置所允许的变动量；形位公差带具有形状、大小、方向和位置四个特征。应熟悉常用形位公差特征的公差带定义和特征，并能正确标注。

(3) 公差原则是处理形位公差与尺寸公差关系的基本原则，它分为独立原则和相关要求两大类。应了解有关公差原则的术语及定义，公差原则的特点和适用场合，能熟练运用独立原则和包容要求。

(4) 正确选择形位公差对保证零件的功能要求及提高经济效益都十分重要。应了解形位公差的选择依据，初步具备选择形位公差特征、基准要素、公差等级(公差值)和公差原则的能力。

(5) 建立某些定向和定位公差具有综合控制功能的概念。例如，平面的平行度公差带，可以控制该平面的平面度和直线度误差；径向全跳动公差可综合控制同轴度和圆柱度误差；端面全跳动公差带可综合控制端面对基准轴线的垂直度公差和平面度误差等等。

思考题与习题

4-1 判断题

(1) 理想要素与实际要素相接触即可符合最小条件。 (　　)

(2) 应用最小条件评定所得出的误差值，是最小值，但不是唯一的值。 (　　)

(3) 形状公差带不涉及基准，其公差带的位置是浮动的，与基准要素无关。 (　　)

(4) 圆度公差对于圆柱是在垂直于轴线的任一正截面上量取，而对圆锥则是在法线方向测量。 (　　)

(5) 建立基准的基本原则是基准应符合最小条件。 (　　)

(6) 径向全跳动公差带与圆柱度公差带形状是相同的，所以两者控制误差的效果也是等效的。 (　　)

(7) 包容要求是要求实际要素处处不超越最小实体边界的一种公差原则。 (　　)

(8) 实效尺寸是作用尺寸中的一个极限值。 (　　)

(9) 最大实体状态是孔、轴具有允许的材料量为最少的状态。 (　　)

(10) 作用尺寸能综合反映被测要素的尺寸误差和几何误差在配合中的作用。 (　　)

4-2 填空题

(1) 几何公差带有____________等四方面的因素。

(2) 若被测要素为轮廓要素，框格箭头指引线应与该要素的尺寸线________。若被测要素为中心要素，框格箭头指引线应与该要素的尺寸线________。

(3) 测得实际轴线与基准轴线的最大距离为 +0.04mm，最小距离为 -0.01mm，则该零件的同轴度误差为________。

(4) 既能控制中心要素又能控制轮廓要素的几何公差项目符号有________。

(5) 最小实体实效尺寸是________与________的综合尺寸。

(6) ________应在几何公差框格中的几何公差值或基准后面加注符号Ⓜ。

(7) 几何公差中只能用于中心要素的项目有________，只能用于轮廓要素的项目有________。

(8) 包容要求采用________边界，最大实体要求采用________边界。

4-3 选择题

(1) 圆柱度既可以控制________又可以控制________。

A. 平面度　　B. 圆度　　C. 直线度

(2) 端面全跳动可以代替________。

A. 面对线的平行度　　B. 面对线的垂直度　　C. 线对线的平行度

(3) 一般说来零件的形状误差________其位置误差。

A. 大于　　B. 小于　　C. 等于

(4) 处理尺寸公差与几何公差关系的是________。

A. 最小条件　　B. 检测原则　　C. 公差原则

(5) 某轴线对基准中心平面的对称度公差为0.1mm,则允许该轴线对基准中心平面的偏离量为________。

A. 0.1mm　　B. 0.05mm　　C. 0.2mm

(6) ________公差的公差带形状是唯一的。

A. 直线度　　B. 同轴度　　C. 垂直度　　D. 平行度

(7) 若某平面的平面度误差为0.05mm,则其________误差一定不大于0.05mm。

A. 平行度　　B. 位置度　　C. 对称度　　D. 直线度　　E. 垂直度

(8) 在公差原则中,实效尺寸是________综合形成的。

A. 最小实体尺寸与几何误差　　B. 最大实体尺寸和几何公差

C. 最大实体尺寸和几何误差　　D. 最小实体尺寸与几何公差

4-4 比较下列各条中两项几何公差之间的异同点:

(1) 平面度和平行度

(2) 圆度和圆柱度

(3) 圆度和径向圆跳动

(4) 圆柱度和径向全跳动

(5) 两平面的平行度和两平面的对称度

(6) 端面圆跳动和端面全跳动

(7) 端面全跳动和端面对轴线的垂直度

4-5 试说明图4-82所示各项几何公差标注的含义,并填于下表中。

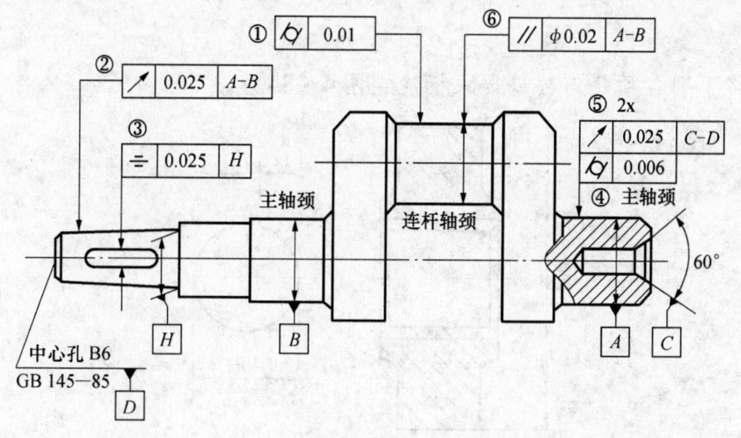

图4-82

序号	公差项目名称	公差带形状	公差带大小	解释(被测要素、基准要素及要求)
①				
②				
③				
④				
⑤				
⑥				

4－6 试分别改正图4－83中各图几何公差标注的错误(公差项目不允许变更)。

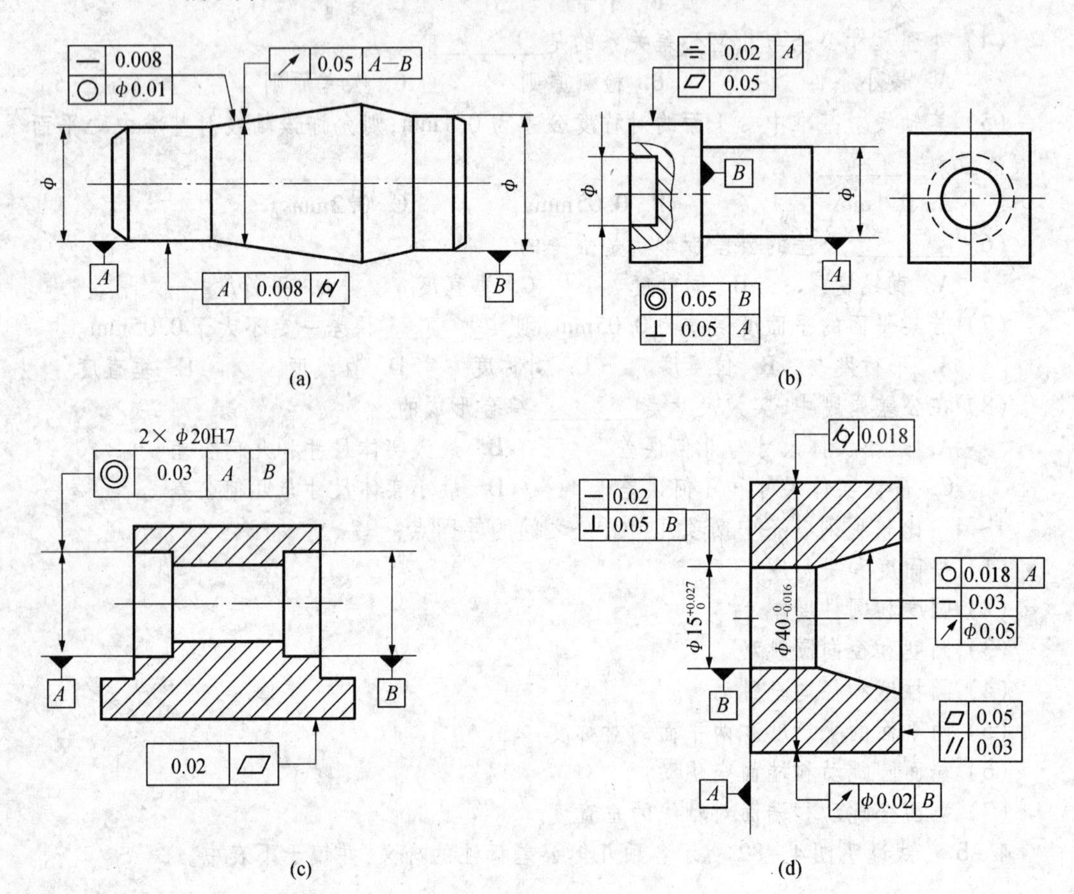

图4－83

4－7 将下列各项几何公差要求标注在图4－84上。

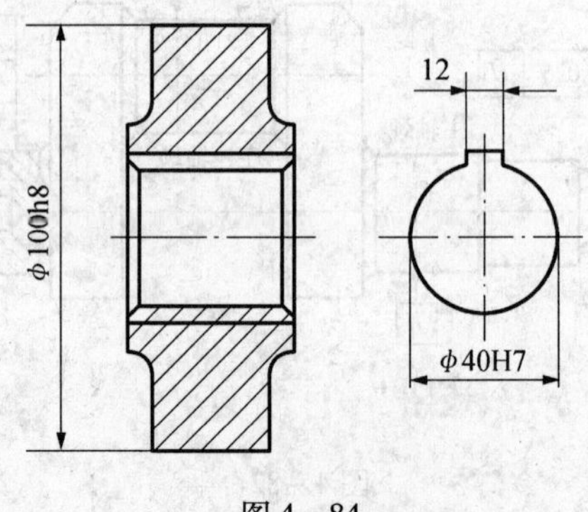

图4－84

(1) ϕ100h8 圆柱面对 ϕ40H7 孔轴线的圆跳动公差为 0.015mm；

(2) ϕ40H7 孔遵守包容原则，其圆柱度公差为 0.011mm；

(3) 左右两凸台端面对 ϕ40H7 孔轴线的端面圆跳动公差均为 0.02mm；

(4) 轮毂键槽对 ϕ40H7 孔轴线的对称度公差为 0.012mm。

4-8 将下列各项几何公差要求标注在图 4-85 上。

(1) $\phi5^{+0.05}_{-0.03}$mm 孔的圆度公差为 0.004mm，圆柱度公差 0.006mm；

(2) B 面的平面度公差为 0.008mm，B 面对 $\phi5^{+0.05}_{-0.03}$mm 孔轴线的端面圆跳动公差为 0.02mm，B 面对 C 面的平行度公差为 0.03mm；

(3) 平面 H 对 $\phi5^{+0.05}_{-0.03}$mm 孔轴线的端面圆跳动公差为 0.02mm；

(4) $\phi18^{-0.05}_{-0.10}$mm 的外圆柱面轴线对 $\phi5^{+0.05}_{-0.03}$mm 孔轴线的同轴度公差为 0.08mm；

(5) 90°30″密封锥面 G 的圆度公差为 0.0025mm，G 面的轴线对孔轴线的同轴度公差为 0.012mm；

(6) $\phi12^{-0.15}_{-0.26}$mm 外圆柱面轴线对 $\phi5^{+0.05}_{-0.03}$mm 孔轴线的同轴度公差为 0.08mm。

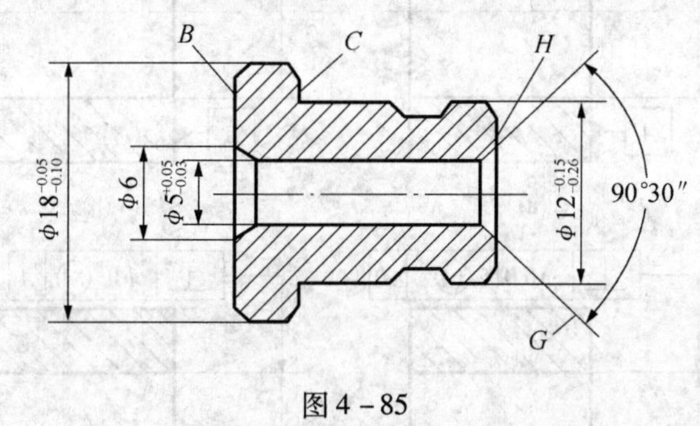

图 4-85

4-9 根据图 4-86 中的几何公差要求填写下表(图中未注直线度公差为 H 级，查得为 0.2mm)。

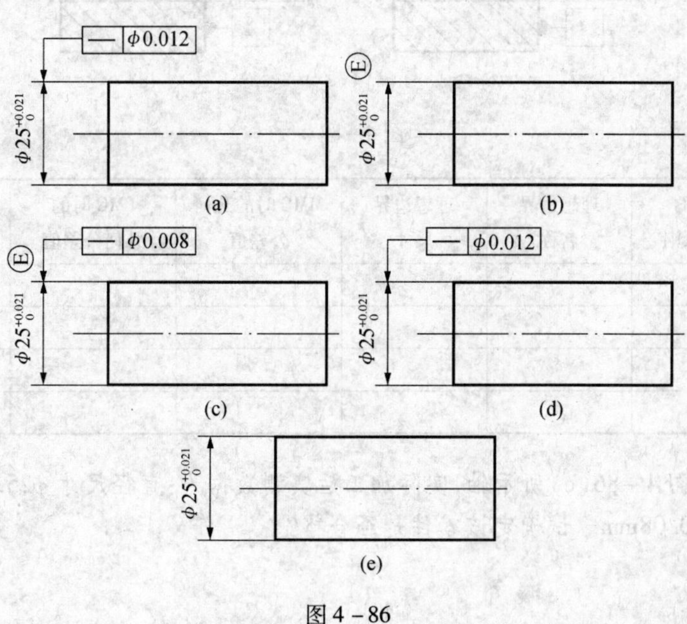

图 4-86

图样序号	采用的公差原则	理想边界名称	理想边界尺寸	MMC 时的几何公差值	LMC 时的几何公差值	实际尺寸合格范围
(a)						
(b)						
(c)						
(d)						
(e)						

4-10 根据图 4-87 中的几何公差要求填写下表。

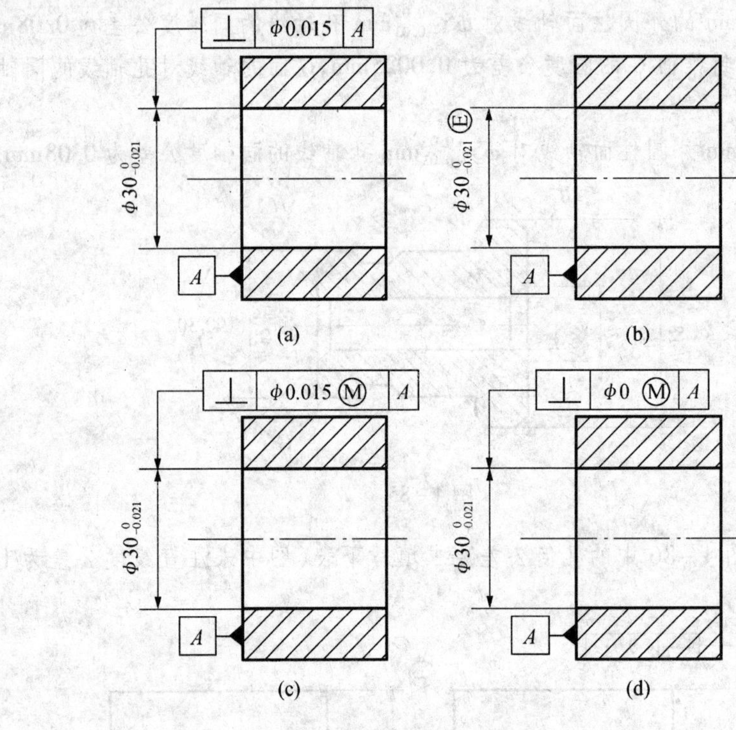

图 4-87

图样序号	采用的公差原则	理想边界名称	理想边界尺寸	MMC 时的几何公差值	LMC 时的几何公差值	实际尺寸合格范围
(a)						
(b)						
(c)						
(d)						

4-11 如图 4-86(c)所示轴,实际加工后实测数据为:直径尺寸 ϕ25.019mm,轴线的直线度误差 ϕ0.08mm。试确定该零件是否合格?

第5章　表面粗糙度

本章教学导航

知识目标:表面粗糙度的基本概念、评定参数、选用及标注。

技能目标:能够正确设计典型零件的表面粗糙度。

教学重点:表面粗造度的有关术语和标准规定。

教学难点:设计零件的表面粗糙度。

课堂随笔:________

本章知识轮廓树形图

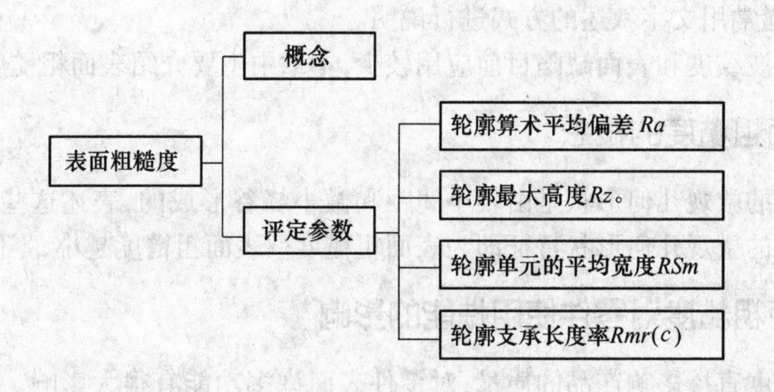

5.1　概　述

5.1.1　表面结构

表面结构是反映表面工作性能和工作寿命的指标,包括表面粗糙度、表面波纹度、表面缺陷和宏观表面几何形状误差等表面特性。不同的表面质量要求应采用表面结构的不同特性的指标来保证。

表面结构的研究是在表面轮廓上进行的。表面轮廓是指平面与实际表面相交的轮廓,一般用垂直于零件实际表面的平面与该零件实际表面相交所得的轮廓线作为表面轮廓,称为实际轮廓,如图5-1所示。

经过机械加工的零件表面,由于加工过程中刀具和零件间的摩擦和挤压,切削过程中

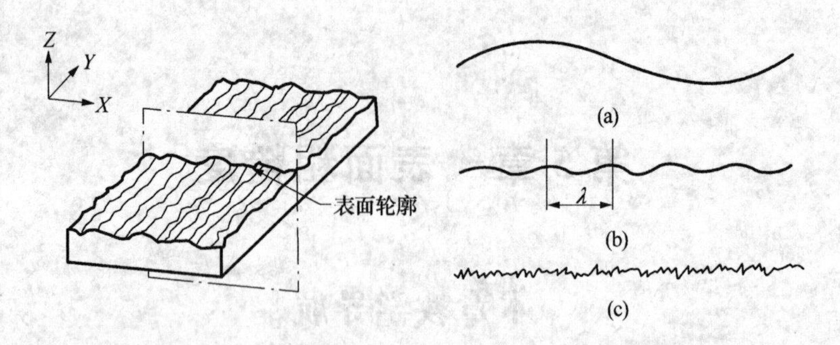

图 5-1　表面轮廓

(a) 宏观表面几何形状轮廓；(b) 表面波纹度轮廓；(c) 表面粗糙度轮廓。

切屑分离时的塑性变形，加工过程中由机床—刀具—工件系统的振动、发热和运动不平衡等因素的存在，使得零件的表面不可能是绝对光滑的，在零件加工表面存在几何形状误差。这种几何形状误差可分为三种误差：表面粗糙度、表面波纹度、表面宏观几何形状误差。划分这三种误差目前没有统一的标准，通常按波距 λ 来划分。波距 λ 大于 10mm 的属于表面宏观几何形状误差，如图 5-1(a)所示；波距 λ 介于 1mm ~ 10mm 之间的属于表面波度，如图 5-1(b)所示；波距 λ 小于 1mm 的属于表面粗糙度，如图 5-1(c)所示。

除此以外还有一种表面几何形状误差称为表面缺陷，是指零件在加工、运输、存储或使用过程中产生的无一定规则的单元体。目前国家标准尚没有表面缺陷在图样上的表示方法的规定，通常用文字叙述的方式进行说明。

由于表面波纹度和表面缺陷目前应用较少，本章中主要介绍表面粗糙度的相关内容。

5.1.2　表面粗糙度的概念

零件表面的微观几何形状是由较小间距和微小峰谷形成的，表述这些间距状况和峰谷的高低程度的微观几何形状特征即为表面粗糙度。表面粗糙度越小，零件表面越光滑。

5.1.3　表面粗糙度对零件使用性能的影响

表面粗糙度直接影响产品的质量，对零件表面许多功能有很大影响。其影响主要表现在以下几个方面。

1. 对配合性质的影响

对于有配合要求的零件表面，由于相对运动会导致微小的波峰磨损，从而影响配合性质。

对间隙配合，零件粗糙表面的波峰会很快磨去，导致间隙增大，影响原有的配合功能；对过盈配合，在装配时会将波峰挤平填入波谷，使实际有效过盈量减小，降低了连接强度；对有定位或导向要求的过渡配合，也会在使用和拆装过程中，发生磨损，使配合变松，降低了定位和导向的精度。

2. 对耐磨性的影响

相互接触的表面由于存在微观几何形状误差，只能在轮廓峰顶处接触，实际有效接触面积小，导致单位面积上压力大，表面磨损加剧；但在某些场合(如滑动轴承及液压导轨面的配合处)，过于光滑的表面即表面粗糙度过小的零件表面，由于金属分子间的吸附作用，接触表面的润滑油被挤掉形成干摩擦，也会使摩擦系数增大从而加剧磨损。

3. 对耐腐蚀性的影响

由于腐蚀性气体或液体容易积存在波谷底部，腐蚀作用便从波谷向金属零件内部深入，造成锈蚀。因此零件表面越粗糙，波谷越深，腐蚀越严重。

4. 对抗疲劳强度的影响

零件粗糙表面的波谷处，在交变载荷、重载荷作用下易引起应力集中，使抗疲劳强度降低。

此外，表面粗糙度对接触刚度、结合面的密封性、零件的外观、零件表面导电性等都有影响，因此为保证零件的使用性能，在零件几何精度设计时必须提出合理的表面粗糙度要求。

5.2 表面粗糙度的评定参数

我国现行的表面粗糙度标准有：GB/T 3505—2000《产品几何技术规范 表面结构 轮廓法 表面结构的术语、定义及参数》、GB/T 1031—1995《表面粗糙度 参数及其数值》、GB/T 131—2006《产品几何技术规范（GPS）技术产品文件中表面结构的表示法》等。

5.2.1 基本术语及定义

国家标准 GB/T 3505—2000 对表面粗糙度的术语、定义及参数做了规定。

1. 取样长度（*lr*）

取样长度是用于判别被评定轮廓的不规则特征的 *X* 轴（*X* 轴的方向与轮廓总的走向一致）上的长度，即具有表面粗糙度特征的一段基准线长度。

规定和限制这段长度是为了限制和减弱表面波纹度对表面粗糙度测量结果的影响。为了在测量范围内较好地反映表面粗糙的实际情况，标准规定取样长度按表面粗糙度的程度选取相应的数值。在一个取样长度内一般应至少包括 5 个轮廓峰和轮廓谷，如图 5－2 所示。

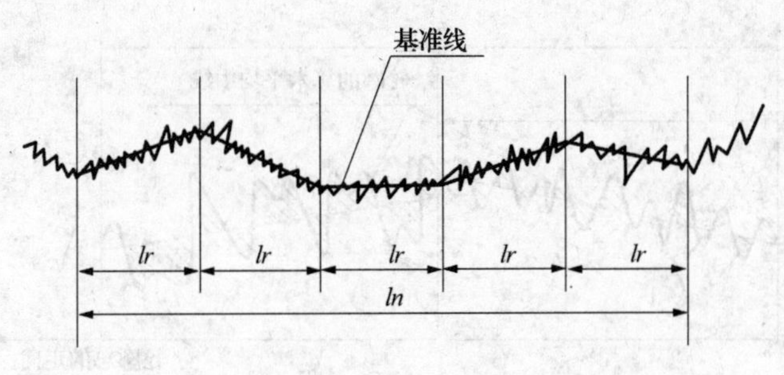

图 5－2 取样长度和评定长度

2. 评定长度（*ln*）

评定长度是用于判别被评定轮廓的 *X* 轴方向上的长度。包括一个或几个取样长度，如图 5－2 所示。

由于零件表面粗糙度不一定很均匀，在一个取样长度上往往不能合理地反映该表面粗糙度特性，所以要取几个连续取样长度，一般取 $ln=5lr$。若被测表面比较均匀，可选 $ln<5lr$；若被测表面均匀性差或测量精度要求高，可选 $ln>5lr$。lr、ln 的数值见附表 5－5。

3. 中线

中线是指具有几何轮廓形状并划分轮廓的基准线，评定轮廓表面粗糙度的中线有以下两种。

1）轮廓的最小二乘中线（简称中线）

轮廓的最小二乘中线是指在取样长度内，使轮廓线上各点轮廓偏距 Z_i 的平方和为最小，即 $\min\left(\int_0^{l_r} Z_i^2 \mathrm{d}x\right)$，如图 5－3 所示。

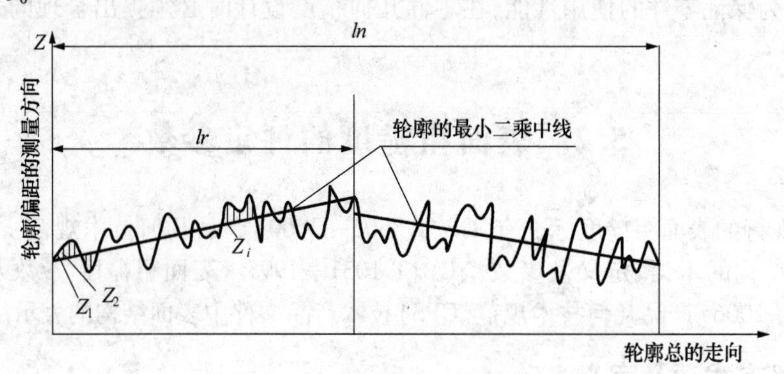

图 5－3　轮廓的最小二乘中线

轮廓偏距 **Z** 是指测量方向上，轮廓线上的点与基准线之间的距离。对实际轮廓来说，基准线和评定长度内轮廓总的走向之间的夹角是很小的，故可认为轮廓偏距是垂直于基准线的。轮廓偏距有正负之分：在基准线以上，轮廓线和基准线所包围部分是材料的实体部分，这部分的 **Z** 值为正；反之为负。

2）轮廓算术平均中线

轮廓算术平均中线是指在取样长度内划分实际轮廓为上、下两部分，且使两部分面积相等的基准线，如图 5－4 所示。

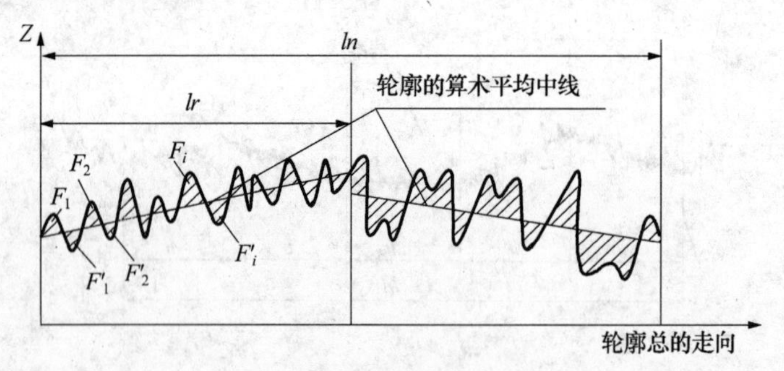

图 5－4　轮廓的算术平均中线

用公式表示为

$$\sum_{i=1}^{n} F_i = \sum_{i=1}^{n} F'_i \tag{5-1}$$

式中　F_i——轮廓峰面积；

F'_i——轮廓谷面积。

最小二乘中线从理论上讲是理想的、唯一的基准线，但在轮廓图形上确定最小二乘中线的位置比较困难，因此只用于精确测量。轮廓算术平均中线与最小二乘中线差别很小，通常用图解法或目测法就可以确定，故实际应用中常用轮廓算术平均中线代替最小二乘中线。当轮廓很不规则时，轮廓算术平均中线不唯一。

4. 轮廓峰

轮廓峰是指在取样长度内，轮廓与中线相交，连接两相邻交点向外的轮廓部分。轮廓最高点距 X 轴线的距离称为轮廓峰高，用符号 Zp 表示，如图 5-5 所示。

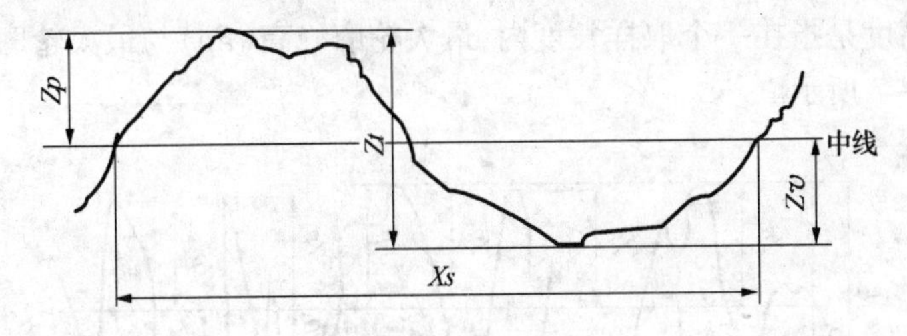

图 5-5　轮廓单元

5. 轮廓谷

轮廓谷是指在取样长度内，轮廓与中线相交，连接两相邻交点向内的轮廓部分。轮廓最低点距 X 轴线的距离称为轮廓谷深，用符号 Zv 表示，如图 5-5 所示。

6. 轮廓单元

轮廓单元是指轮廓峰与轮廓谷的组合。

X 轴线与轮廓单元相交线段的长度称为轮廓单元的宽度，用符号 Xs 表示，如图 5-5 所示。

一个轮廓单元的轮廓峰高与轮廓谷深之和称为轮廓单元的高度，用符号 Zt 表示，如图 5-5 所示。

5.2.2　评定参数

1. 幅度参数（纵坐标平均值）

1）评定轮廓算术平均偏差（Ra）

轮廓算术平均偏差是指在一个取样长度内，轮廓偏距 $Z(x)$ 绝对值的算术平均值，如图 5-6 所示。

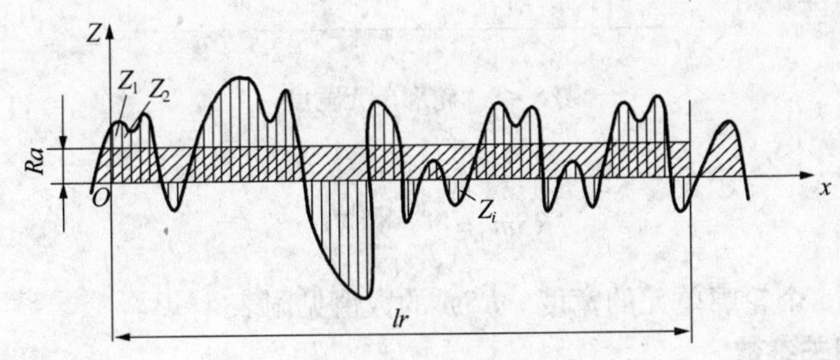

图 5-6　评定轮廓的算术平均偏差

用公式表示为

$$Ra = \frac{1}{lr}\int_0^{lr} |Z(x)| \mathrm{d}x \tag{5-2}$$

或近似为

$$Ra = \frac{1}{n}\sum_{i=1}^{n} |Z_i| \tag{5-3}$$

式中 Z——轮廓偏距;

Z_i——第 i 点轮廓偏距($i=1,2,3,\cdots$)。Ra 的数值见附表 5-1。

2)轮廓最大高度(Rz)

轮廓最大高度是指在一个取样长度内,最大轮廓峰高(Rp)与最大轮廓谷深(Rv)之和的高度,如图 5-7 所示。

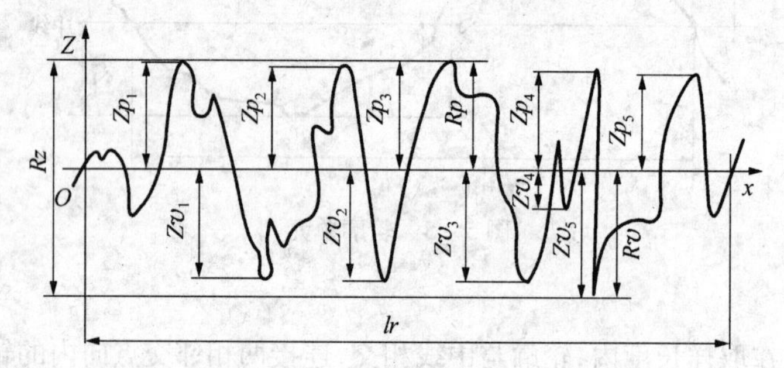

图 5-7 轮廓最大高度

用公式表示为

$$Rz = Rp + Rv \tag{5-4}$$

Rz 的数值见附表 5-2。

2. 间距参数

轮廓单元的平均宽度(RSm):在取样长度内,轮廓单元宽度 Xs 的平均值,如图 5-8 所示。

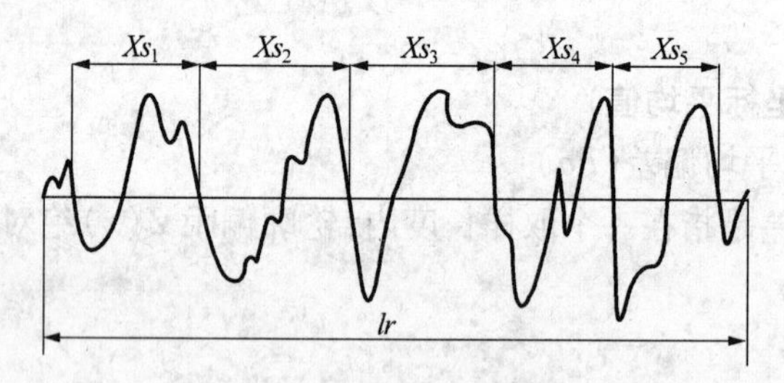

图 5-8 轮廓单元宽度

用公式表示为

$$RSm = \frac{1}{m}\sum_{i=1}^{m} Xs_i \tag{5-5}$$

式中 Xs_i——第 i 个轮廓单元的宽度。RSm 的数值见附表 5-3。

3. 曲线和相关参数

轮廓支承长度率($Rmr(c)$)是指在给定水平位置 c 上,轮廓的实体材料长度 $Ml(c)$ 与

评定长度 ln 的比率(图 5-9)。

轮廓的实体材料长度 $Ml(c)$ 是指评定长度内,用一平行于 X 轴的线与轮廓单元相截所获得的各段截线长度之和。

用公式表示为

$$Rmr(c) = \frac{Ml(c)}{ln} = \frac{\sum_{i=1}^{n} Ml_i}{ln} \tag{5-6}$$

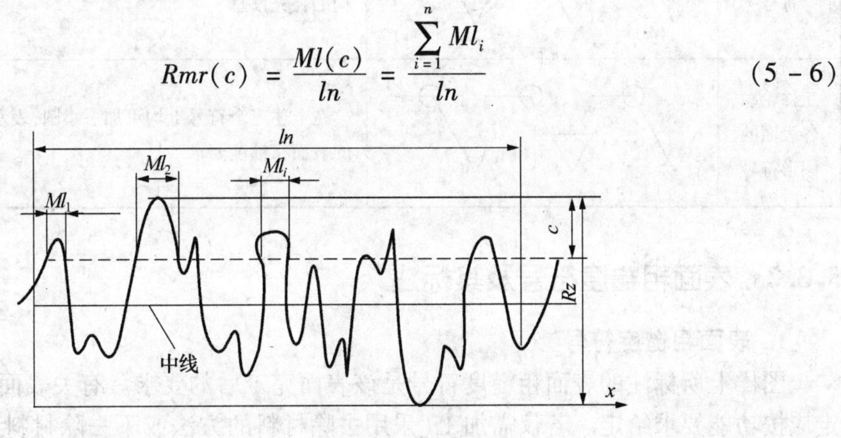

图 5-9 轮廓支承长度

$Rmr(c)$ 值是对应于轮廓水平截距 c 给出的,水平截距 c 值可用 μm 或对 Rz 的百分数表示。给出 $Rmr(c)$ 参数时,必须同时给出轮廓水平截距 c 值。$Rmr(c)$ 的数值见附表 5-4。

5.3 表面粗糙度的标注

国家标准 GB/T 131—2006 对表面粗糙度的符号、代号及其在图样上的标注做了规定。

5.3.1 表面粗糙度符号及意义

表面粗糙度的基本符号是由两条不等长且与被标注表面投影轮廓线成 60°且左、右倾斜的细实线组成。表面粗糙度的符号及其意义见表 5-1。

表 5-1 表面粗糙度的符号(摘自 GB/T 131—1993)

符号类型	符 号	意义及说明
基本图形符号		基本符号,表示表面可用任何方法获得,当不加注粗糙度参数值或有关说明(例如表面处理、局部热处理状况)时,仅适用于简化代号标注,没有补充说明时不能单独使用
扩展图形符号		基本符号加一短划,表示指定表面是用去除材料的方法获得。例如:车、铣、钻、磨、剪切、抛光、腐蚀、电火花加工等
		基本符号加一小圆,表示指定表面是用不去除材料的方法获得。例如:铸、锻、冲压变形、热轧、粉末冶金等,或者是用于保持原供应状况的表面(包括保持上道工序的状况)

（续）

符号类型	符 号	意义及说明
完整图形符号		在上述三个符号的长边上均可加一横线，用于标注表面结构的补充信息
工件轮廓各表面的图形符号		在上述三个符号上均可加一小圆，表示所有表面具有相同的表面粗糙度要求

5.3.2 表面粗糙度符号及其标注

1. 表面粗糙度符号

图样上所标注的表面粗糙度符号是该表面完工后的要求。有关表面粗糙度的各项规定应按功能要求给定。若仅需加工（采用去除材料的方法或不去除材料的方法），对表面粗糙度的其他规定没有要求时，允许只标注表面粗糙度符号。

但当需要表示的加工表面对表面特征的其他规定有要求时，应在表面粗糙度符号的相应位置，注上若干必要项目的表面特征规定。表面特征的各项规定在符号中的注写位置如图 5－10 所示。

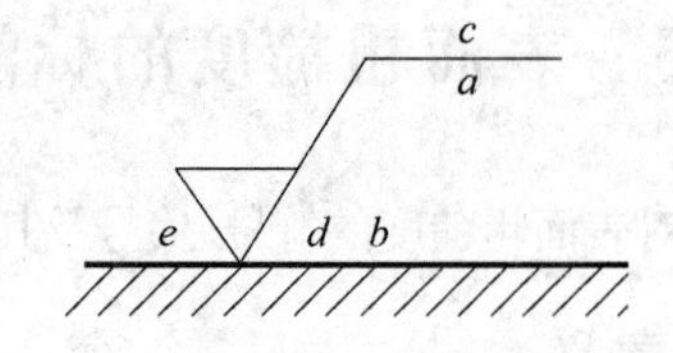

图 5－10 表面粗糙度完整符号

1）位置 a

位置 a 注写表面粗糙度的单一要求。包括取样长度、表面粗糙度参数符号和极限值。书写方式为“取样长度/表面粗糙度参数符号 极限值”。

如：－0.8/ Rz 6.3

2）位置 a 和 b

当注写两个或多个表面粗糙度要求时，在位置 a 注写第一个表面粗糙度要求，在位置 b 注写第二个表面粗糙度要求，方法同 1）。如果有更多要求，图形符号应在垂直方向扩大，a 和 b 的位置上移，其他表面粗糙度要求依次向下写。

3）位置 c

位置 c 注写加工方法、表面处理、涂层或其他工艺要求。

4）位置 d

位置 d 注写表面纹理和纹理方向。

5）位置 e

位置 e 注写所要求的加工余量，其数值单位为 mm。

2. 表面粗糙度参数的标注

表面粗糙度评定参数标注时，必须注出参数代号和相应数值，数值的默认单位为μm，数值判断的规则有两种：①16%规则，表示表面粗糙度参数的所有实测值中允许16%测得值超过规定值，此为默认规则；②最大规则，表示表面粗糙度参数的所有实测值不得超过规定值，参数代号中应加上“max”。

表面粗糙度参数如果有极限值的要求时，应在参数代号前加注极限代号“U”（上极限）或“L”（下极限）。如果同一参数具有双向极限值要求，在不引起歧义的情况下，可以不加注“U”、“L”。上下极限采用何种数值规则由标注具体决定。

表面粗糙度参数的标注及其意义示例见表5－2。

表5－2　表面粗糙度参数标注示例（摘自GB/T 131—2006）

符　号	意　义
Rz 25	表示不允许去除材料，单向上限值（默认），粗糙度最大高度为25μm，评定长度为5个取样长度（默认），“16%规则”（默认）
Rz max 0.2	表示去除材料，单向上限值（默认），粗糙度最大高度的最大值为0.2μm，评定长度为5个取样长度（默认），“最大规则”
－0.8/*Ra*3 3.2	表示去除材料，单向上限值（默认），取样长度0.8mm，算术平均偏差为3.2μm，评定长度为3个取样长度，“16%规则”（默认）
U *Ra* max 25 L *Ra* 6.3	表示不去除材料，双向极限值，上限值：算术平均偏差为25μm，“最大规则”；下限值：算术平均偏差为6.3μm，“16%规则”（默认）。评定长度均为5个取样长度（默认）

3. 其他要求表面粗糙度的标注

若某表面粗糙度要求按指定加工方法获得，可用文字标注在符号的横线上方，如图5－11（a）所示。

若加工表面有镀（涂）覆或其他表面处理要求，可在符号的横线上方标注其需达到的要求，如图5－11（b）所示。

若需标注加工余量，可在完整符号的左下方加注余量值，单位为mm，如图5－11（c）所示。

若需控制表面加工纹理方向时，可在规定之处加注纹理方向符号，如图5－11（d）所示。

国家标准规定了常见的加工纹理方向符号，见表5－3。

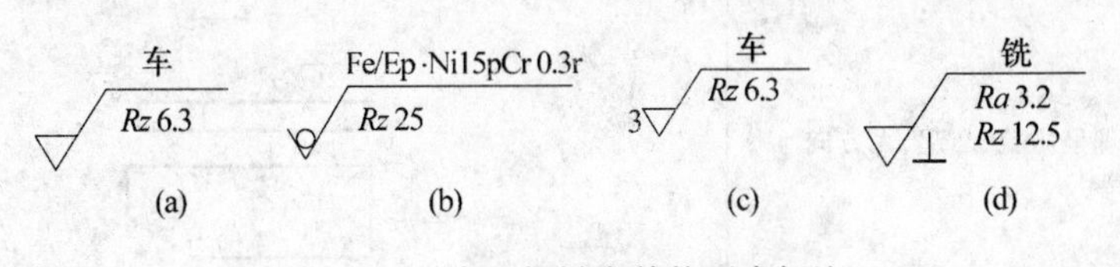

图5－11　表面粗糙度其他要求标注

表 5-3　表面纹理的标注(摘自 GB/T 131—2006)

符号	解释和示例	
=	纹理平行于视图所在投影面	纹理方向
⊥	纹理垂直于视图所在投影面	纹理方向
×	纹理呈两斜线交叉且与视图所在投影面相交	纹理方向
M	纹理呈多方向	M
C	纹理呈近似同心圆且圆心与表面中心相关	C
R	纹理呈近似放射状且与表面圆心相关	R
P	纹理呈微粒、凸起,无方向	P
注:如果表面纹理不能清楚地用这些符号表示,必要时可在图样上加注说明		

5.3.3 表面粗糙度在图样上的标注

表面粗糙度符号一般可标注在轮廓线、指引线、尺寸线、几何公差框格或延长线上，其注写和读取方向与尺寸的注写和读取方向一致。一般对每一表面只标注一次，并尽可能标注在相应的尺寸及其公差的同一视图上。除非另有说明，所标注的表面粗糙度是对完工零件的要求。

1. 表面粗糙度一般注法

表面粗糙度要求可标注在轮廓线上，其符号的尖端应从材料外指向并接触。必要时也可用带箭头或黑点的指引线引出标注，如图 5-12 所示。

表面粗糙度要求也可以直接标注在延长线上，或用带箭头的指引线引出标注，如图 5-13 所示。

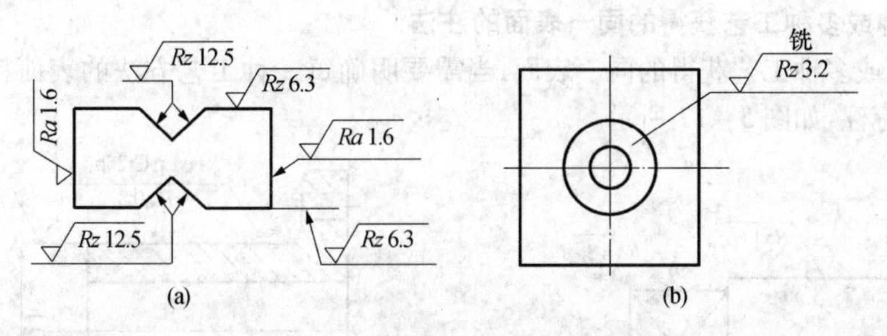

图 5-12 在轮廓线及指引线上的标注

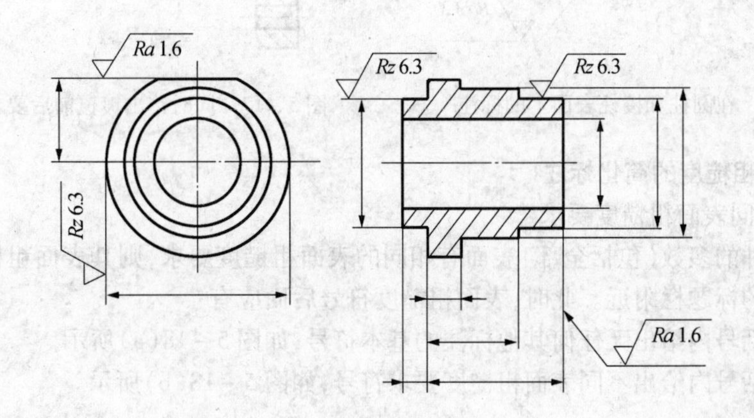

图 5-13 在轮廓线及指引线上的标注

2. 表面粗糙度标注在特征尺寸的尺寸线上

在不致引起误解时，表面粗糙度可以标注在给定的尺寸线上，如图 5-14 所示。

3. 表面粗糙度标注在几何公差框格上

表面粗糙度可标注在几何公差框格的上方，如图 5-15 所示。

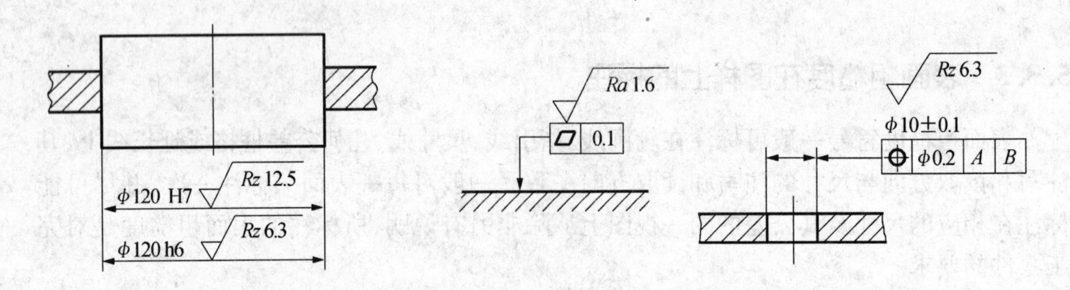

图 5－14　在尺寸线上标注　　　　图 5－15　在几何公差框格上标注

4. 表面粗糙度标注在圆柱和棱柱表面

一般情况下，圆柱和棱柱表面的表面粗糙度要求只标注一次，但如果每个棱柱表面有不同的要求时，则应分别标注，如图 5－16 所示。

5. 两种或多种工艺获得的同一表面的注法

由两种或多种工艺获得的同一表面，当需要明确每一种工艺方法的表面粗糙度要求时，可分别标注，如图 5－17 所示。

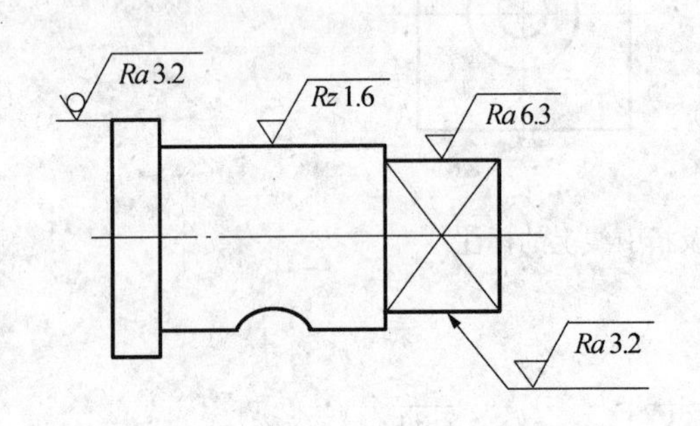

图 5－16　在圆柱和棱柱表面上的标注

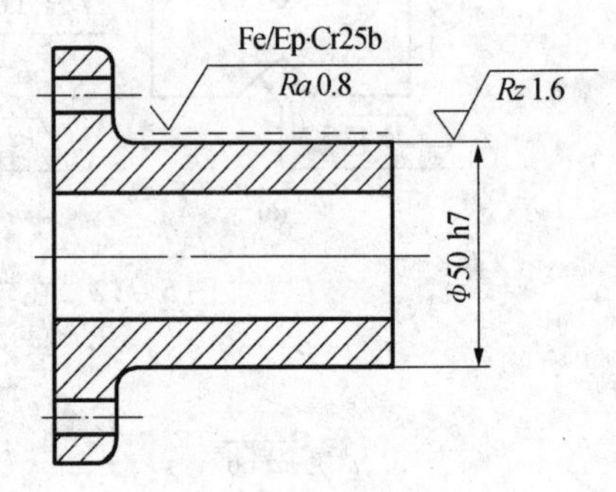

图 5－17　同时给出镀覆前后要求的标注

6. 表面粗糙度的简化标注

1）有相同表面粗糙度要求

如果工件的多数（包括全部）表面有相同的表面粗糙度要求，则其表面粗糙度可统一标注在图样的标题栏附近。此时，表面粗糙度符号后面应有：

（1）圆括号内给出无任何其他标注的基本符号，如图 5－18（a）所示。

（2）圆括号内给出不同表面粗糙度要求符号，如图 5－18（b）所示。

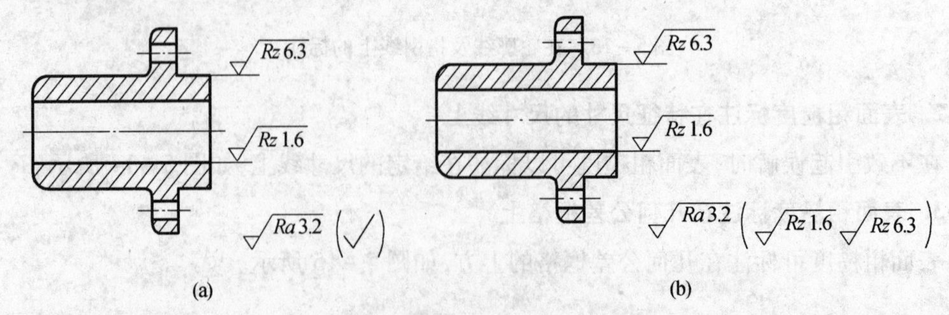

图 5－18　简化标注 1

2）多个表面有相同表面粗糙度要求

当多个表面有相同表面粗糙度要求时，可以用带字母的完整符号或用表 5－1 中的基本图形符号、扩展图形符号进行简化标注，并在图形或标题栏附近以等式的形式进行说明，如图 5－19 所示。

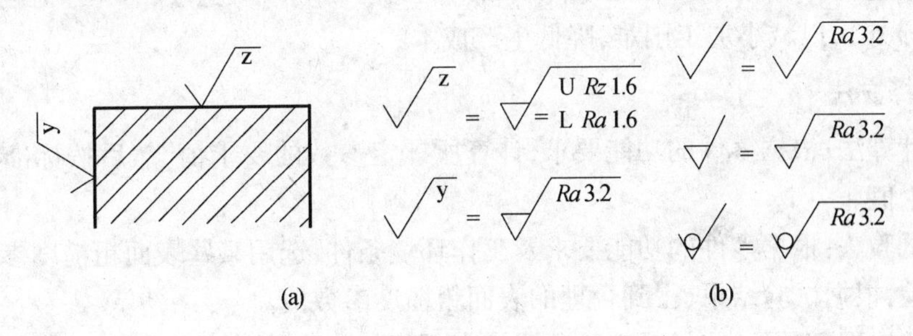

图 5－19　简化标注 2

5.3.4　表面粗糙度在图样上的标注示例

图 1－3 为一减速器输出轴表面粗糙度的标注实例，图中两轴颈 ϕ55j6 与 P0 级滚动轴承内圈相配合，配合精度要求很高，故相应表面粗糙度 *Ra* 选 0.8μm。两个有键槽的圆柱面中，左边小圆柱面与带轮配合，右边大圆柱面与齿轮配合，其配合精度要求较高，故相应表面粗糙度 *Ra* 选 1.6μm。两轴槽和与键的两侧面配合，配合精度要求一般，故表面粗糙度参数 *Ra* 选 3.2μm。其余未标注表面表面粗糙度 *Ra* 选 6.3μm 。

5.4　表面粗糙度的选择

5.4.1　表面粗糙度评定参数的选择

表面粗糙度评定参数中，*Ra*、*Rz* 两个幅度参数为基本参数，RSm、Rmr(*c*)为两个附加参数。这些参数分别从不同角度反映了零件的表面特征，但都存在着不同程度的不完整性。因此，在选用时要根据零件的功能要求、材料性能、结构特点及测量条件等情况适当选择一个或几个评定参数。

如无特殊要求，一般仅选用幅度参数。

（1）在 *Ra* = 0.025μm ~ 6.3μm 范围内，优先选用 *Ra*，因为在上述范围内用轮廓仪能很方便地测出 *Ra* 的实际值。在 *Ra* > 6.3μm 和 *Ra* < 0.025μm 范围内，即表面过于粗糙或太光滑时，用光切显微镜和干涉显微镜测很方便，多采用 *Rz*。

（2）当表面不允许出现较深加工痕迹，防止应力过于集中，要求保证零件的抗疲劳强度和密封性时，需选 *Rz*。

（3）附加参数一般不单独使用，对有特殊要求的少数零件的重要表面（如要求喷涂均匀、涂层有较好的附着性和光泽表面）需要控制 RSm 数值；对于有较高支撑刚度和耐磨性的表面，应规定 Rmr(*c*)参数。

5.4.2 表面粗糙度评定参数值的选择

表面粗糙度评定参数值的选择,不但与零件的使用性能有关,还与零件的制造及经济性有关。其选用的原则为:在满足零件表面功能的前提下,评定参数的允许值应尽可能大(除 Rmr(c)外),以减小加工困难,降低生产成本。

1. 选择方法

(1) 计算法:根据零件的功能要求,计算所评定参数的要求值,然后按标准规定选择适当的理论值。

(2) 试验法:根据零件的功能要求及工作环境条件,选用某些表面粗糙度参数的允许值进行试验,根据试验结果,得到合理的表面粗糙度参数值。

(3) 类比法:选择一些经过实验证明的表面粗糙度合理的数值,经过分析,确定所设计零件表面粗糙度有关参数的允许值。

目前用计算法精确计算零件表面的参数值还比较困难,而一般零件用试验法来确定表面粗糙度参数值成本昂贵,所以,具体设计时,多采用类比法确定零件表面的评定参数值。

2. 类比法选择的一般原则

(1) 在同一零件上工作表面比非工作表面粗糙度值小。

(2) 摩擦表面比非摩擦表面、滚动摩擦表面比滑动摩擦表面的表面粗糙度值小。

(3) 运动速度高、单位面积压力大、受交变载荷的零件表面,以及最易产生应力集中的部位(如沟槽、圆角、台肩等),表面粗糙度值均应小些。

(4) 配合精度要求高的表面,表面粗糙度值应小些。具体选择见表 5-4。

表 5-4 表面粗糙度与配合间隙或过盈的关系

<table>
<tr><th rowspan="2">间隙或过盈量/mm</th><th colspan="2">表面粗糙度 Rz/μm</th></tr>
<tr><th>轴</th><th>孔</th></tr>
<tr><td>≤2.5</td><td>0.10~0.20</td><td>0.20~0.40</td></tr>
<tr><td>>2.5~4</td><td rowspan="2">0.20~0.40</td><td>0.40~0.80</td></tr>
<tr><td>>4~6.5</td><td>0.8~1.60</td></tr>
<tr><td>>6.5~10</td><td>0.40~0.80</td><td rowspan="3">1.6~3.2</td></tr>
<tr><td>>10~16</td><td rowspan="2">0.80~1.60</td></tr>
<tr><td>>16~25</td></tr>
<tr><td>>25~40</td><td>1.6~3.2</td><td>3.2~6.3</td></tr>
</table>

(5) 对防腐性能、密封性能要求高的表面,表面粗糙度值应小些。

(6) 配合零件表面的粗糙度与尺寸公差、几何公差应协调。一般应符合:尺寸公差 > 几何公差 > 表面粗糙度。一般情况下,尺寸公差值越小,表面粗糙度应越小;同一公差等级,小尺寸比大尺寸,轴比孔的表面粗糙度值应小些。表 5-5 列出了表面粗糙度与尺寸公差等级和几何公差的对应关系。

表5-5 表面粗糙度与尺寸公差等级和几何公差的对应关系

尺寸公差等级		IT5			IT6			IT7			IT8		
相应的形状公差		A	B	C	A	B	C	A	B	C	A	B	C
基本尺寸/mm		表面粗糙度参考数值/μm											
至18	*Ra*	0.20	0.10	0.05	0.40	0.20	0.1	0.80	0.40	0.20	0.80	0.40	0.20
	Rz	1.00	0.50	0.25	2.00	1.00	0.50	4.00	2.00	1.00	4.00	2.00	1.00
>18~50	*Ra*	0.50	0.20	0.10	0.80	0.40	0.20	1.60	0.80	0.40	1.60	0.80	0.40
	Rz	2.00	1.00	0.50	4.00	2.00	1.00	6.30	4.00	2.00	6.30	4.00	2.00
>50~120	*Ra*	0.80	0.40	0.20	0.80	0.40	0.20	1.60	0.80	0.40	1.60	1.60	0.80
	Rz	4.00	2.00	1.00	4.00	2.00	1.00	6.30	4.00	2.00	6.30	6.30	4.00
>120~500	*Ra*	0.80	0.40	0.20	1.60	0.80	0.40	1.60	1.60	0.80	1.60	1.60	0.80
	Rz	4.00	2.00	1.00	6.30	4.00	2.00	6.30	6.30	4.00	6.30	6.30	4.00

尺寸公差等级		IT9			IT10			IT11			IT12/IT13		IT14/IT15	
相应的形状公差		A、B	C	D	A、B	C	D	A、B	C	D	A、B	C	A、B	C
基本尺寸/mm		表面粗糙度参数值/μm												
至18	*Ra*	1.60	0.80	0.40	1.60	0.80	0.40	3.20	1.60	0.80	6.30	3.20	6.30	6.30
	Rz	6.30	4.00	2.00	6.30	4.00	2.00	12.50	6.30	4.00	25.0	12.5	25.0	25.0
>18~50	*Ra*	1.60	1.60	0.80	3.20	1.60	0.80	3.20	1.60	0.80	6.30	3.2	12.5	6.30
	Rz	6.30	6.30	4.00	12.5	6.30	4.00	12.5	6.30	4.00	25.0	12.5	50.0	25.0
>50~120	*Ra*	3.20	1.60	0.80	3.2	1.60	0.80	6.3	3.2	1.60	12.5	6.30	25.0	12.5
	Rz	12.5	6.30	4.00	12.5	6.30	4.00	25	12.5	6.30	50.0	25.0	100.0	50.0
>120~500	*Ra*	3.2	3.2	1.60	3.2	3.20	1.60	6.3	3.2	1.60	12.5	6.30	25.0	12.5
	Rz	12.5	12.5	6.30	12.5	12.5	6.30	25.0	12.5	6.30	50.0	25.0	100.0	50.0

（7）还需考虑其他一些因素和要求，表5-6为应用举例，可供参考。

表5-6 表面粗糙度的表面特征、经济加工方法及应用举例

表面微观特性		*Ra*/μm	加工方法	应用举例
粗糙表面	微见刀痕	≤12.5	粗车、粗刨、粗铣、钻、毛锉、锯断	半成品粗加工过的表面，非配合的加工表面，如轴端面、倒角、钻孔、齿轮及皮带轮侧面、键槽底面、垫圈接触面
半光表面	可见加工痕迹	≤6.3	车、刨、铣、镗、钻、粗铰	轴上不安装轴承、齿轮处的非配合表面，紧固件的自由装配表面，轴和孔的退刀槽
	微见加工痕迹	≤3.2	车、刨、铣、镗、磨、拉、粗刮、滚压	半精加工表面，箱体、支架、盖面、套筒等和其他零件结合而无配合要求的表面，需要发蓝的表面等
	看不清加工痕迹	≤1.6	车、刨、铣、镗、磨、拉、刮、压、铣齿	接近于精加工表面，箱体上安装轴承的镗孔表面，齿轮的工作面

（续）

表面微观特性		$Ra/\mu m$	加工方法	应用举例
光表面	可辨加工痕迹方向	≤0.8	车、镗、磨、拉、刮、精铰、磨齿、滚压	圆柱销、圆锥销，与滚动轴承配合的表面，普通车床导轨面，内、外花键定心表面等
	微辨加工痕迹方向	≤0.4	精镗、磨、精铰、滚压、刮	要求配合性质稳定的配合表面，工作时受交变应力的重要零件，较高精度车床的导轨面
	不可辨加工痕迹方向	≤0.2	精磨、磨、研磨、超精加工	精密机床主轴锥孔、顶尖圆锥面，发动机曲轴、齿轮轴工作表面，高精度齿轮齿面
极光表面	暗光泽面	≤0.1	精磨、研磨、普通抛光	精密机床主轴颈表面，一般量规工作表面，汽缸套内表面，活塞销表面
	亮光泽面	≤0.05	超精磨、精抛光、精面磨削	精密机床主轴颈表面，滚动轴承的滚珠，高压油泵中柱塞和柱塞套配合的表面高精度
	镜状光泽面	≤0.025		
	镜面	≤0.012	镜面磨削、超精研	高精度量仪、量块的工作表面，光学仪器中的金属镜面

5.5 表面粗糙度的测量

常用的表面粗糙度测量方法有比较法、光切法、光波干涉法和针描法。这些方法基本上用于测量表面粗糙度的幅度参数。

5.5.1 比较法

比较法是将被测零件表面与粗糙度样板直接进行比较的一种测量方法。它可以通过视觉、触觉或借助放大镜、比较显微镜，从而估计出表面粗糙度。这种方法多用于车间，评定一些表面粗糙度参数值较大的表面；精度较差，只能做定性分析比较。

5.5.2 光切法

光切法是利用光切原理，即光的反射原理测量表面粗糙度的一种方法。常用的仪器是光切显微镜（双管显微镜），该仪器适宜测量车、铣、刨或其他类似加工方法所加工的零件平面或外圆表面。主要用来测量粗糙度参数 Rz 的值，其测量范围为 $0.8\mu m \sim 80\mu m$。

图 5-20(a)表示被测表面为阶梯面，其阶梯高度为 h。由光源发出的光线经狭缝后形成一个光带，此光带与被测表面以夹角为45°的方向 A 与被测表面相截，被测表面的轮廓影像沿 B 向反射后可由显微镜中观察得到图 5-20(b)。其光路系统如图 5-20(c)所示，光源 1 通过聚光镜 2、狭缝 3 和物镜 5，以45°的方向投射到工件表面 4 上，形成一窄细光带。光带边缘的形状，即光束与工件表面的交线，也就是工件在45°截面上的轮廓形状，此轮廓曲线的波峰在 S_1 点反射，波谷在 S_2 点反射，通过物镜 5，分别成像在分划板 6 上的 S''_1 和 S''_2 点，其峰、谷影像高度差为 h''。由仪器的测微装置可读出此值，按定义测出评定参数 Rz 的数值。

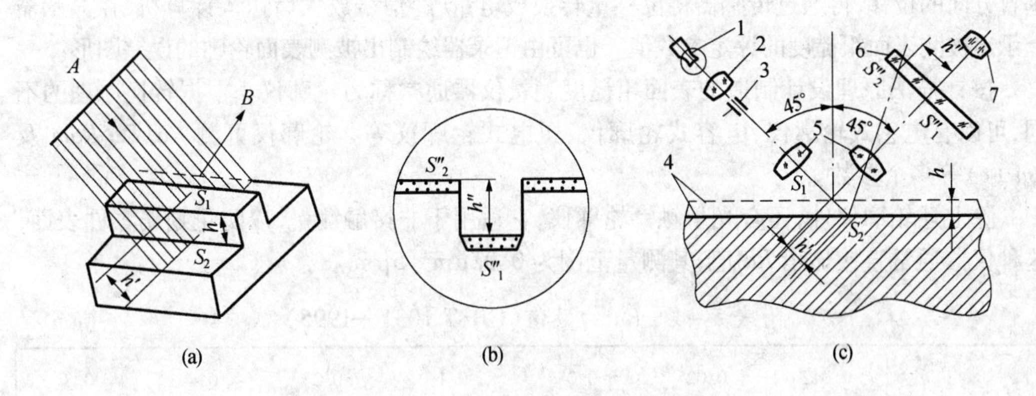

图 5-20　光切显微镜工作原理图

1—光源；2—聚光镜；3—狭缝；4—工件表面；5—物镜；6—分划板；7—目镜。

5.5.3　光波干涉法

光波干涉法是利用光波的干涉原理测量表面粗糙度的方法。常用的仪器是干涉显微镜，适宜于用来测量粗糙度参数 Rz，测量范围为 0.05μm ~ 0.8μm。

干涉显微镜基本光路系统如图 5-21(a)所示。由光源 1 发出的光线经平面镜 5 反射向上，至半透半反分光镜 9 后分成两束。一束向上射至被测表面 18 返回，另一束向左射至参考镜 13 返回。此两束光线会合后形成一组干涉条纹。干涉条纹的相对弯曲程度反映被测表面微观不平度的状况，如图 5-21(b)所示。仪器的测微装置可按定义测出相应的评定参数 Rz 值。

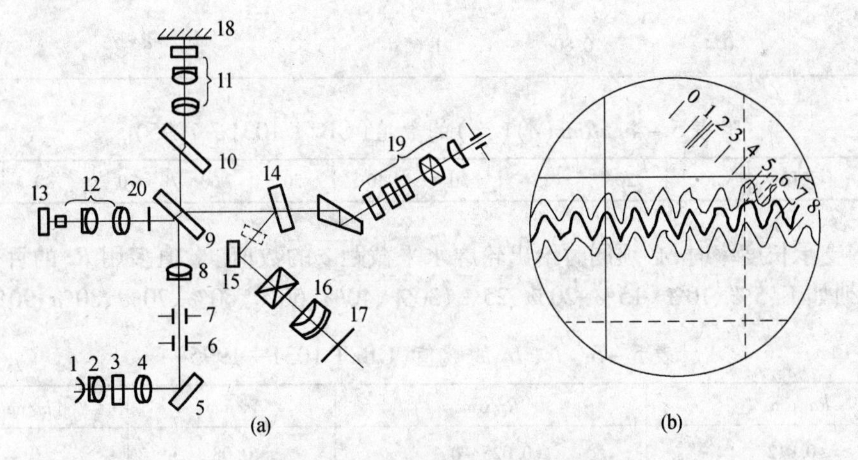

图 5-21　光波干涉法测量原理图

1—光源；2、4、8、16—聚光镜；3、20—滤色片；5、15—平面镜；6—可变光栏；
7—视物光栏；9—分光镜；10—补偿板；11、12—物镜；13—参考镜；14—遮光板；
17—照相机；18—被测表面；19—目镜。

5.5.4　针描法

针描法是利用仪器的触针在被测表面上轻轻划过，被测表面的微观不平度将使触针作垂直方向的位移，再通过传感器将位移量转换成电量，经信号放大后送入计算机，在显示器上示出被测表面粗糙度的评定参数值。也可由记录器绘制出被测表面轮廓的误差图形。

按针描法原理设计制造的表面粗糙度测量仪器通常称为轮廓仪。根据转换原理的不同，可以有电感式轮廓仪、电容式轮廓仪、压电式轮廓仪等。轮廓仪可测 *Ra*、*Rz*、*RSm* 及 *Rmr*(*c*)等多个参数。

除上述轮廓仪外，还有光学触针轮廓仪，它适用于非接触测量，以防止划伤零件表面，这种仪器通常直接显示 *Ra* 值，其测量范围为 0.02μm ~ 5μm。

附表 5-1 *Ra* 的数值(GB/T 1031—1995) (μm)

Ra	0.012	0.025	0.05	0.1	0.2	0.4	0.8
	1.6	3.2	6.3	12.5	25	50	100

附表 5-2 *Rz* 的数值(GB/T 1031—1995) (μm)

Rz	0.025	0.05	0.1	0.2	0.4	0.8
	1.6	3.2	6.3	12.5	25	50
	100	200	400	800	1600	

附表 5-3 *RSm* 的数值(GB/T 1031—1995) (mm)

RSm	0.006	0.0125	0.025	0.050	0.1	0.20
	0.4	0.80	1.6	3.2	6.3	12.5

附表 5-4 *Rmr*(*c*)(%)的数值(GB/T 1031—1995)

Rmr(*c*)	10	15	20	25	30	40	50	60	70	80	90

选用支承长度率时，必须同时给出轮廓水平截距 *c* 的数值。*c* 值多用 *Rz* 的百分数表示，其系列如下：5%、10%、15%、20%、25%、30%、40%、50%、60%、70%、80%、90%。

附表 5-5 *lr*、*ln* 的数值(GB/T 1031—1995)

Ra/μm	*Rz*/μm	*lr*/mm	*ln*/mm
≤0.012	≥0.025 ~ 0.1	0.08	0.4
>0.012 ~ 0.1	>0.1 ~ 0.4	0.25	1.25
>0.1 ~ 1.6	>0.4 ~ 12.5	0.8	4.0
>1.6 ~ 12.5	>12.5 ~ 50.0	2.5	12.5
>12.5 ~ 50.0	>50.0 ~ 400	8.0	40.0

本章知识梳理与总结

（1）表面粗糙度是一种波距小于1mm的微观几何形状误差，它对零件的工作性能产生影响。

（2）表面粗糙度评定参数包括轮廓算术平均偏差 *Ra*、轮廓最大高度 *Rz*、轮廓单元的平均宽度 *RSm* 和轮廓支承长度率 *Rmr*(*c*)。

（3）表面粗糙度轮廓的技术要求通常只给出轮廓算术平均偏差 *Ra* 及轮廓最大高度 *Rz* 值，必要时可规定轮廓的其他评定参数、表面加工纹理方向、加工方法或(和)加工余量等附加要求。

思考题与习题

5-1 表面结构包括哪些特性？

5-2 表面粗糙度对零件使用性能有哪些影响？

5-3 什么是取样长度和评定长度？规定取样长度和评定长度有何意义？两者有什么关系？

5-4 表面粗糙度数值确定规则有哪两种？其意义上和符号标注上有何区别？

5-5 试说明最大值、最小值与上限值、下限值在意义上和符号标注上的区别？

5-6 在一般情况下，ϕ45H7 和 ϕ8H7、ϕ45H7 和 ϕ45H6，哪个应选用较小的表面粗糙度值？

5-7 表面粗糙度常用测量方法有哪几种？各适宜测量哪些参数？

5-8 解释下列表面粗糙度符号的意义。

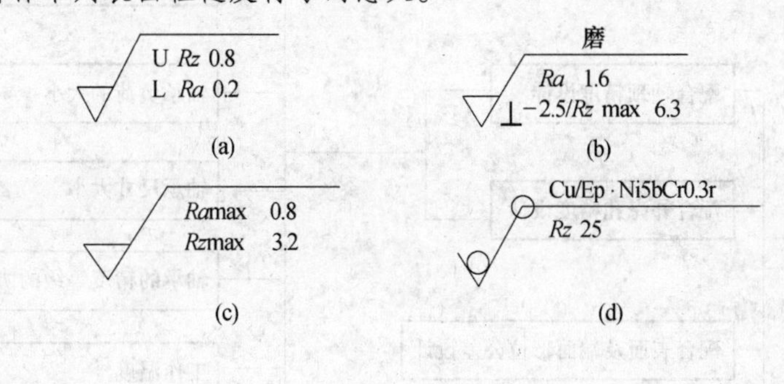

第6章　普通结合件的互换性

本章教学导航

知识目标:滚动轴承、圆锥、键连接、螺纹、圆柱齿轮公差项目和术语。

技能目标:能设计典型零件的精度。

教学重点:滚动轴承、圆锥、键连接、螺纹公差项目和术语。

教学难点:圆柱齿轮公差项目和术语。

课堂随笔:____________________

本章知识轮廓树形图

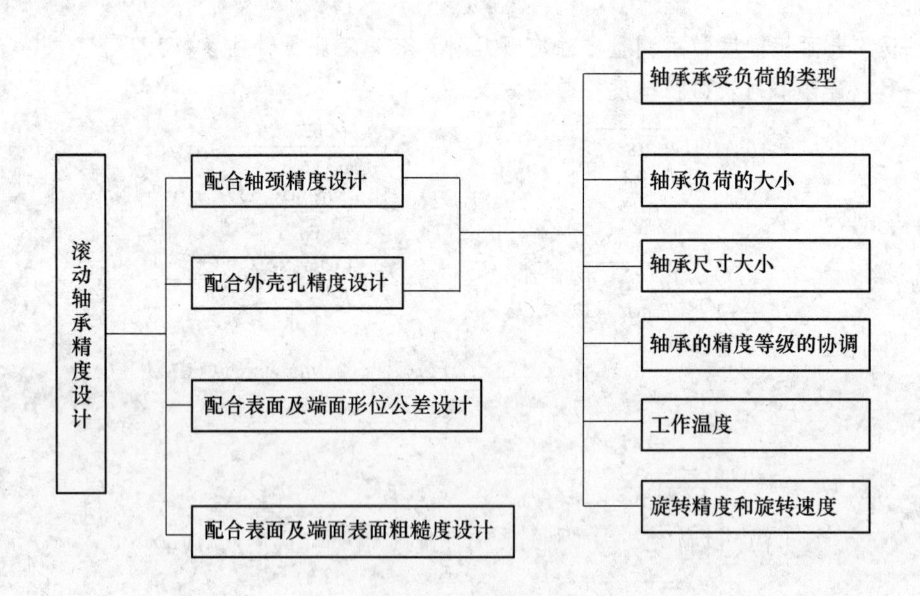

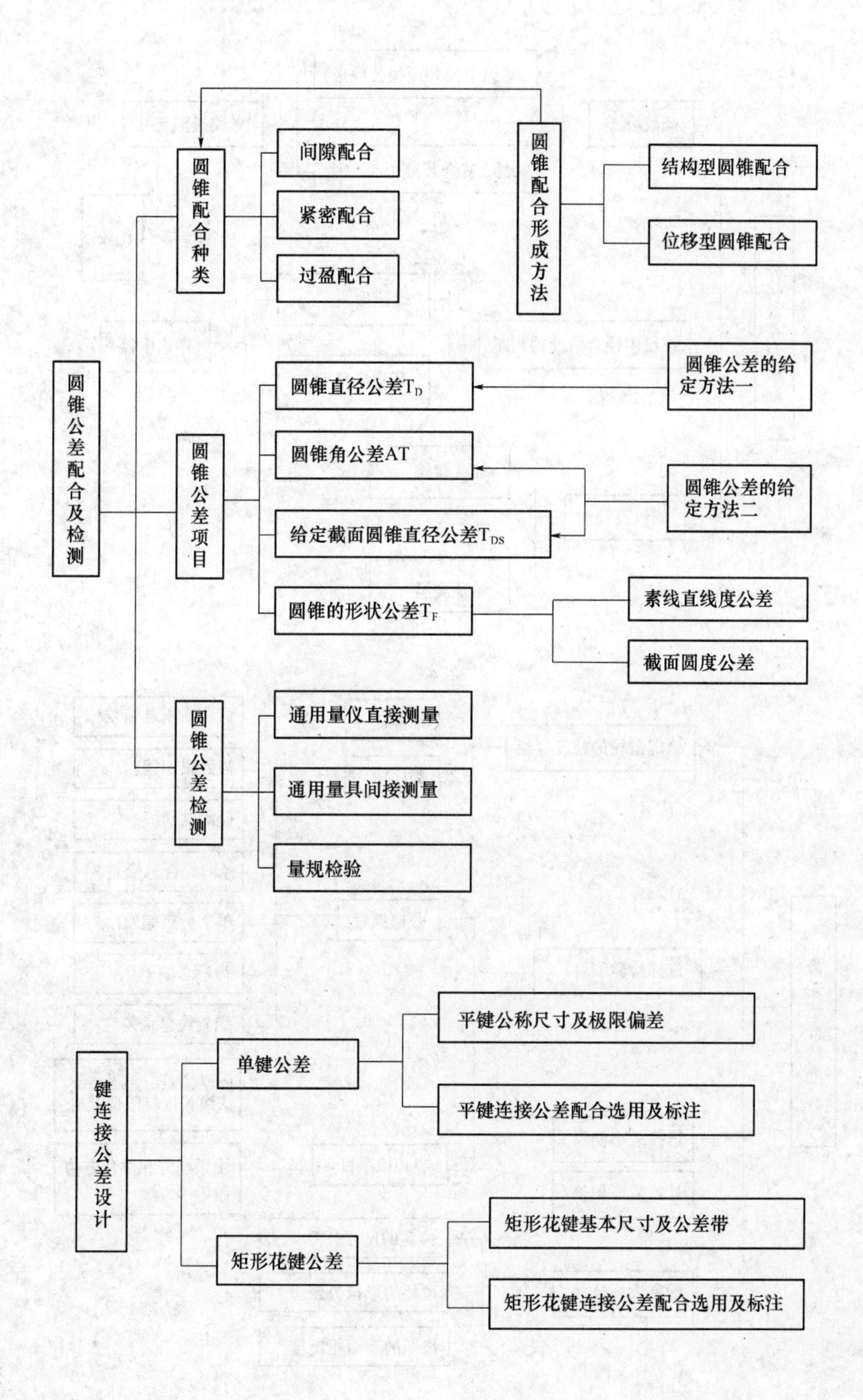

圆锥公差配合及检测
圆锥配合种类
间隙配合
紧密配合
过盈配合
圆锥配合形成方法
结构型圆锥配合
位移型圆锥配合
圆锥公差项目
圆锥直径公差T_D
圆锥角公差AT
给定截面圆锥直径公差T_{DS}
圆锥的形状公差T_F
圆锥公差的给定方法一
圆锥公差的给定方法二
素线直线度公差
截面圆度公差
圆锥公差检测
通用量仪直接测量
通用量具间接测量
量规检验
键连接公差设计
单键公差
平键公称尺寸及极限偏差
平键连接公差配合选用及标注
矩形花键公差
矩形花键基本尺寸及公差带
矩形花键连接公差配合选用及标注

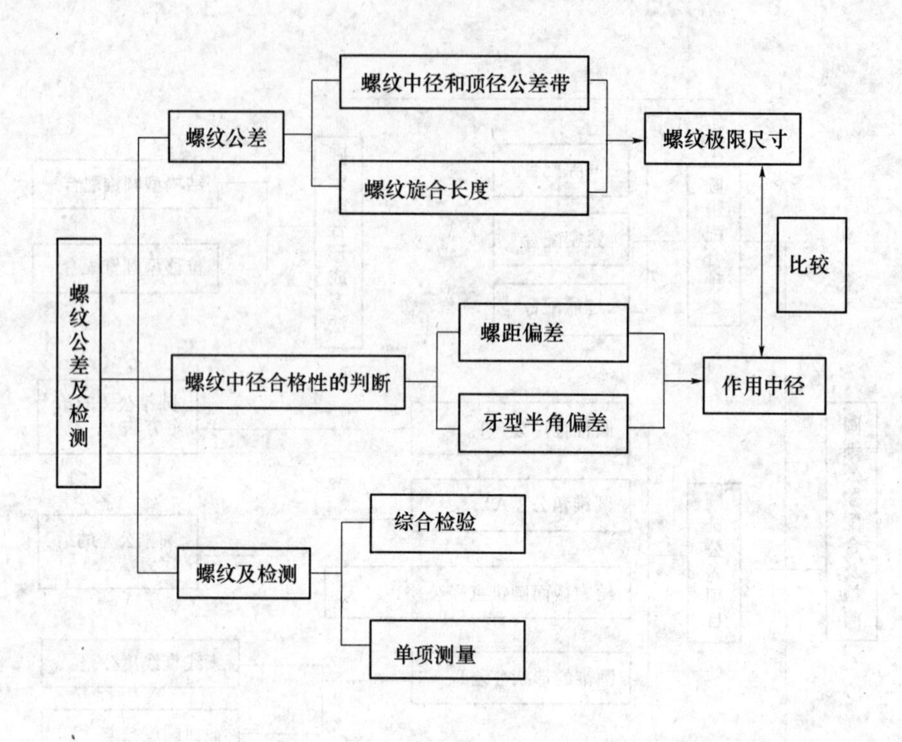
螺纹公差及检测
螺纹公差
螺纹中径和顶径公差带
螺纹旋合长度
螺纹极限尺寸
比较
螺纹中径合格性的判断
螺距偏差
牙型半角偏差
作用中径
螺纹及检测
综合检验
单项测量

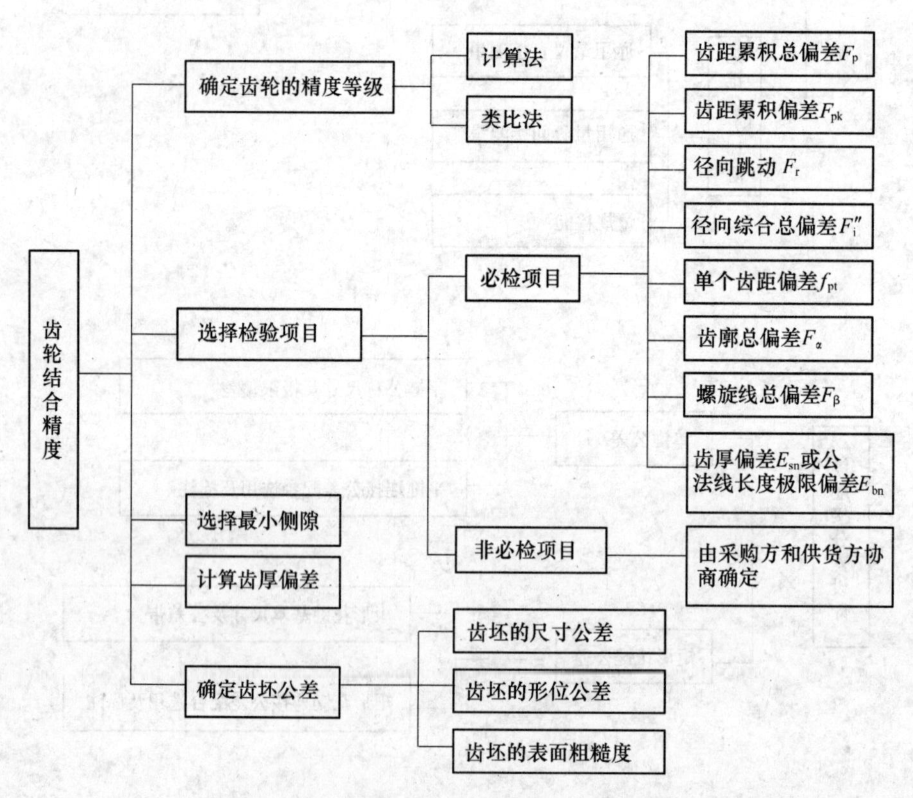
齿轮结合精度
确定齿轮的精度等级
计算法
类比法
选择检验项目
必检项目
非必检项目
齿距累积总偏差F_p
齿距累积偏差F_{pk}
径向跳动 F_r
径向综合总偏差F_i''
单个齿距偏差f_{pt}
齿廓总偏差F_α
螺旋线总偏差F_β
齿厚偏差E_{sn}或公法线长度极限偏差E_{bn}
由采购方和供货方协商确定
选择最小侧隙
计算齿厚偏差
确定齿坯公差
齿坯的尺寸公差
齿坯的形位公差
齿坯的表面粗糙度

6.1 滚动轴承的互换性

滚动轴承是广泛应用于机械制造业中的标准化部件,一般由内圈、外圈、滚动体和保持架组成。图 6－1 所示为向心球轴承的结构。滚动轴承的配合尺寸是外径 D、内径 d,它们相应的圆柱面分别与外壳孔和轴颈配合,为完全互换。滚动轴承的内、外圈滚道与滚动体的装配,一般采用分组方法,为不完全互换。

滚动轴承的类型很多,按滚动体形状可分为球、滚子及滚针轴承;按其可承受负荷的方向可分为向心、向心推力和推力轴承等。

滚动轴承的工作性能和使用寿命取决于滚动轴承本身的制造精度、滚动轴承与轴及外壳孔的配合性质,以及轴和外壳孔的尺寸精度、几何精度、表面粗糙度以及安装等因素。

滚动轴承配合是指轴承安装在机器上,其内圈内圆柱面与轴颈及外圈外圆柱面与外壳孔的配合。它们的配合性质必须满足合适的游隙和必要的旋转精度要求。

1. 合适的游隙

轴承工作时,滚动轴承与套圈之间的径向游隙 δ_1 和轴向游隙 δ_2(图 6－2)的大小,均应保持在合理的范围之内,以保证轴承正常运转和使用寿命。游隙过大,会引起转轴较大的径向跳动和轴向窜动及振动和噪声。游隙过小则会因为轴承与轴颈、外壳孔的过盈配合使轴承滚动体与内、外圈产生较大的接触应力,增加轴承摩擦发热,从而降低轴承的使用寿命。

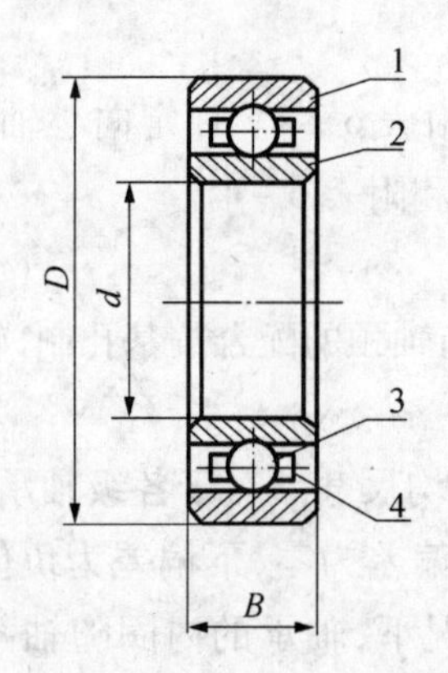

图 6－1　向心球轴承结构

1—外圈;2—内圈;3—滚动体;4—保持架。

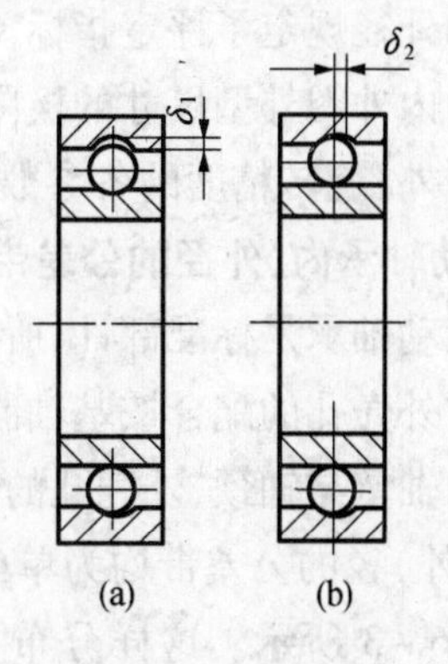

图 6－2　滚动轴承的游隙

(a) 径向游隙;(b) 轴向游隙。

2. 必要的旋转精度

轴承工作时,其内、外圈和端面的圆跳动应控制在允许的范围之内,以保证传动零件的回转精度。

由于轴承具有摩擦系数小,润滑简便,制造较经济,且具有互换性、易于更换等许多优点,因而在机械设备中得到广泛应用。

6.1.1 滚动轴承的公差

1. 滚动轴承公差等级

1）滚动轴承的公差等级

根据 GB/T 307.3—1996 的规定，滚动轴承按尺寸公差与旋转精度分级。向心轴承分0、6、5、4、2 五个精度等级，从 0 级到 2 级，精度依次增高（相当于 84 标准中的 G、E、D、C、B 级）；圆锥滚子轴承分为0、6、5、4 四个等级；推力轴承分为0、6、5、4 四个等级。

0 级称为普通级，在机械制造业中应用最广，常用于旋转精度要求不高、中等转速、中等负荷的一般机构中。例如，普通机床中的变速、进给机构，汽车、拖拉机中的变速机构，普通电动机、水泵、压缩机、汽轮机和涡轮机的旋转机构中的轴承等。

6 级称为高级，5 级称为精密级，用于旋转精度和转速较高的机构中。例如，普通机床主轴的前轴承多用5 级，后轴承多用6 级。

4 级和2 级轴承称为超精密轴承，用于旋转精度高和转速高的旋转机构，如精密机床的主轴轴承，精密仪器、高速摄影机等高速精密机械中的轴承。

2）滚动轴承公差分级的特点

滚动轴承尺寸精度是指轴承内圈内径 d、外圈外径 D、内圈宽度 B、外圈宽度 C 和装配高度 T 的制造精度。

由于轴承的内外圈都是薄壁零件，在制造和自由状态下都易变形，在装配后又得到校正。为保证配合性质，应规定其平均直径的极限偏差。因此，GB/T 307.1—1994 对滚动轴承内径和外径规定了评定指标。

轴承的内外圈外型尺寸的极限偏差见附表6 - 1 和附表6 - 2。评定向心轴承（除圆锥滚子轴承外）旋转精度的各参数的允许值见附表6 - 3 和附表6 - 4。

2. 滚动轴承内、外径的公差带

由于滚动轴承是标准部件，所以轴承内圈内圆柱面与轴颈的配合按基孔制，轴承外圈外圆柱面与外壳孔的配合按基轴制。

在滚动轴承与轴颈、外壳孔的配合中，起作用的是平均尺寸。对于各级轴承，单一平面平均内（外）径的公差带均为单向制，而且统一采用上偏差为零，下偏差为负值的布置方案，如图 6 - 3 所示。这样分布主要是考虑在多数情况下，轴承的内圈随轴一起转动时，为防止它们之间发生相对运动磨损结合面，两者的配合应有一定的过盈，但由于内圈是薄壁件，且一定时间后（受寿命限制）又必须拆卸，因此过盈量不宜过大。滚动轴承国家标准所规定的单向制正适合这一特殊要求。

轴颈和外壳孔的公差带均在光滑圆柱体的国家标准中选择，它们分别与轴承内、外圈相应的圆柱面结合，可以得到松紧程度不同的各种配合。需要特别注意的是，轴承内圈与轴颈的配合虽属基孔制，但配合的性质不同于一般基孔制的相应配合，这是因为基准孔公差带下移为上偏差为零、下偏差为负的位置，所以轴承内圈内圆柱面与轴颈得到的配合比相应光滑圆柱体按基孔制形成的配合紧一些。

轴颈与外壳孔的标准公差等级的选用与滚动轴承本身精度等级密切相关。与0 级和

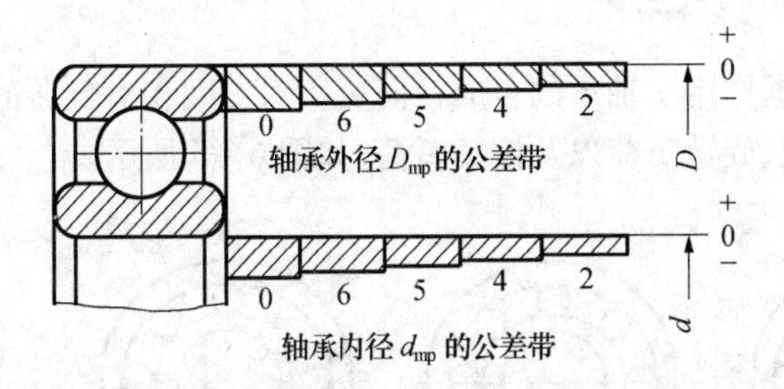

图 6-3 轴承内外圈公差带图

6 级轴承配合的轴一般取 IT6，外壳孔一般取 IT7；对旋转精度和运转平稳有较高要求的场合，轴颈取 IT5，外壳孔取 IT6；与 5 级轴承配合的轴颈和外壳孔均取 IT6，要求高的场合取 IT5；与 4 级轴承配合的轴颈取 IT5，外壳孔取 IT6；要求更高的场合轴颈取 IT4，外壳孔取 IT5。

6.1.2 滚动轴承配合的选择

1. 轴径和外壳孔的公差带

按 GB/T 275—1993 的规定，滚动轴承与轴颈、外壳孔配合的公差带如图 6-4 所示。图中为标准推荐的外壳孔、轴颈的尺寸公差带，其适用范围如下：

(1) 对轴承的旋转精度和运转平稳性无特殊要求。

(2) 轴颈为实体或厚壁空心。

(3) 轴颈与座孔的材料为钢或铸铁。

(4) 轴承的工作温度不超过 100℃。

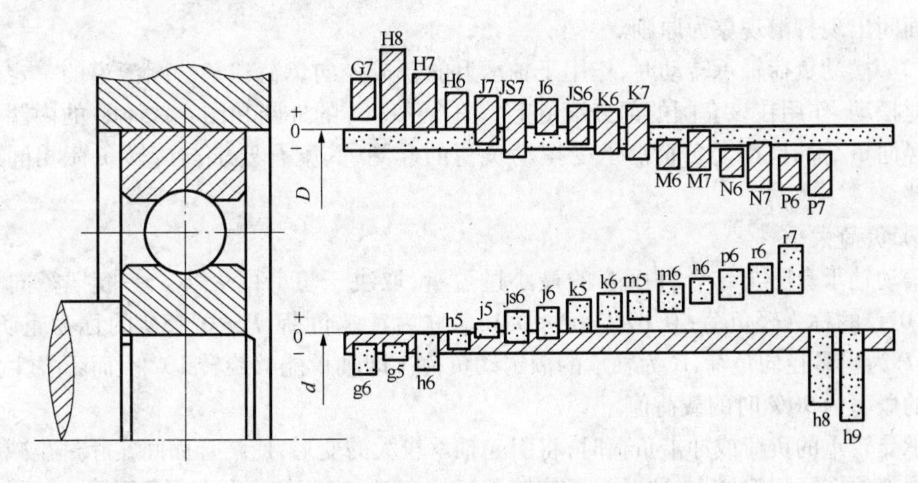

图 6-4 轴承与轴颈、外壳孔配合的公差带

2. 配合选择的基本原则

正确选择滚动轴承与轴颈、外壳孔的配合，对保证机器的正常运转，延长轴承的使用寿命影响很大。因此，应以轴承的工作条件、公差等级和结构类型为依据进行设计。选择时考虑的主要因素如下：

1）负荷类型

轴承转动时，根据作用于轴承的合成径向负荷对套圈相对旋转的情况，可将套圈承受的负荷分为定向负荷、旋转负荷以及摆动负荷，如图 6－5 所示。

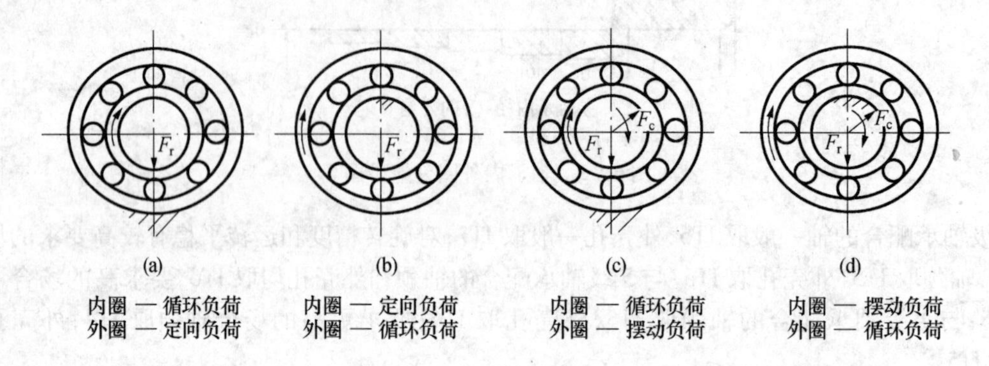

图 6－5　轴承套圈承受负荷的类型

（1）定向负荷轴承转动时，作用于轴承上的合成径向负荷与某套圈相对静止，该负荷将始终不变地作用在该套圈的局部滚道上。图 6－5(a) 中的外圈和图 6－5(b) 中的内圈所承受的径向负荷都是定向负荷。承受定向负荷的套圈，一般选较松的过渡配合，或较小的间隙配合，从而减少滚道的局部磨损，以延长轴承的使用寿命。

（2）旋转负荷轴承转动时，作用于轴承上的合成径向负荷与某套圈相对旋转，并依次作用在该套圈的整个圆周滚道上。图 6－5(a) 和图 6－5(c) 中的内圈、图 6－5(b) 和图 6－5(d) 中的外圈所承受的径向负荷都是旋转负荷。承受旋转负荷的套圈与轴（或外壳孔）相配应选过盈配合或较紧的过渡配合，其过盈量的大小以不使套圈与轮或壳体孔配合表面间出现打滑现象为原则。

（3）摆动负荷轴承转动时，作用于轴承上的合成径向负荷在某套圈滚道的一定区域内相对摆动，作用在该套圈的部分滚道上。图 6－5(c) 的外圈和图 6－5(d) 的内圈所承受的径向负荷都是摆动负荷。承受摆动负荷的套圈，其配合要求与旋转负荷相同或略松一些。

2）负荷大小

滚动轴承套图与结合件配合的最小过盈量，取决于负荷的大小。一般把径向负荷 $P < 0.07C$ 的称为轻负荷；$0.07C < P < 0.15C$ 称为正常负荷；$P > 0.15C$ 的称为重负荷。其中，P 为当量径向负荷，C 为轴承的额定动负荷。即轴承能够旋转 10^6 次而不发生点蚀破坏的概率为 90% 时的载荷值。

承受较重的负荷或冲击负荷时，将引起轴承较大的变形，使结合面间实际过盈减小和轴承内部的实际间隙增大，这时为了使轴承运转正常，应选较大的过盈配合。同理，承受较轻的负荷，可选用较小的过盈配合。

当内圈承受旋转负荷时，它与轴颈配合所需的最小过盈 Y'_{min}，可近似按下式计算：

$$Y'_{min} = -\frac{13Pk}{10^6 b}\ (\mathrm{mm}) \tag{6-1}$$

式中　P——轴承承受的最大径向负荷(kN)；

k——与轴承系列有关的系数,轻系列:$k=2.8$,中系列:$k=2.3$,重系列:$k=2.0$；

b——轴承内圈的配合宽度(mm),$b=B-2r$,B 为轴承宽度,r 为内圈的圆角半径。

为避免套圈破裂,必须按不超出套圈允许的强度的要求,核算其最大过盈量 Y'_{max},可近似按下式计算:

$$Y'_{max}=-\frac{11.4kd[\sigma_p]}{(2k-1)\times10^3}\ (\mathrm{mm}) \tag{6-2}$$

式中　$[\sigma_p]$——轴承套圈材料的许用拉应力(10^5Pa),轴承钢的许用拉应力$[\sigma_p]=400\times10^5$Pa；

d——轴承内圈内径(mm)。

3）工作温度

轴承工作时,由于摩擦发热和其他热源的影响,使轴承套圈的温度经常高于结合零件的温度。由于发热膨胀,轴承内圈与轴颈的配合可能变松,外圈与外壳孔的配合可能变紧。轴承工作温度一般应低于100℃,在高于此温度时,必须考虑温度影响的修正量。

4）轴承尺寸大小

滚动轴承的尺寸愈大,选取的配合应愈紧。但对于重型机械上使用的特别大尺寸的轴承,应采用较松的配合。

5）旋转精度和旋转速度

对于负荷较大且有较高旋转精度要求的轴承,为了消除弹性变形和振动的影响,应避免采用间隙配合。对精密机床的轻负荷轴承,为避免外壳孔与轴颈形状误差对轴承精度的影响,常采用较小的间隙配合。一般认为,轴承的旋转速度愈高,配合也应该愈紧。

6）轴颈和外壳孔的结构与材料

采用剖分式外壳体结构时,为避免外圈产生椭圆变形,宜采用较松配合。采用薄壁、轻合金外壳孔或薄壁空心轴颈时,为保证轴承有足够的支承刚度和强度,应采用较紧配合。对紧于 k7(包括 k7)的配合或壳体孔的标准公差小于 IT6 级时,应选用整体式外壳体。

7）安装条件

为了便于安装、拆卸,特别对于重型机械,宜采用较松的配合。如果要求拆卸,而又需较紧配合时,可采用分离型轴承或内圈带锥孔和紧定套或退卸套的轴承。

除上述条件外,还应考虑当要求轴承的内圈或外圈能沿轴向移动时,该内圈与轴颈或外圈与外壳孔的配合,应选较松的配合。

此外,当轴承的两个套圈之一须采用特大过盈的过盈配合时,由于过盈配合使轴承径向游隙减小,则应选择具有大于基本组的径向游隙的轴承。

滚动轴承与轴颈、座孔配合的选择方法有类比法和计算法,通常采用类比法。表6-1和表6-2列出了 GB/T 275—1993 规定的向心轴承与轴颈、外壳孔配合的公差带,供选择参考。配合初选后,还应考虑对有关影响因素进行修正。

表 6-1　向心轴承和轴的配合、轴公差带

<table>
<tr><td colspan="7">圆柱孔轴承</td></tr>
<tr><td colspan="2">运转状态</td><td>负荷状态</td><td>深沟球轴承、调心球轴承和角接触球轴承</td><td>圆柱滚子轴承和圆锥滚子轴承</td><td>调心滚子轴承</td><td>公差带</td></tr>
<tr><td>说明</td><td>举例</td><td colspan="5">轴承公称内径/mm</td></tr>
<tr><td rowspan="3">旋转的内圈负荷及摆动负荷</td><td rowspan="3">一般通用机械、电动机、机床主轴、泵、内燃机、直齿轮传动装置、铁路机车车辆轴箱、破碎机等</td><td>轻负荷</td><td>≤18
>18~100
>100~200
—</td><td>—
≤40
>40~140
>140~200</td><td>—
≤40
>40~100
>100~200</td><td>h5
j6①
k6①
m6①</td></tr>
<tr><td>正常负荷</td><td>≤18
>18~100
>100~140
>140~200
>200~280
—
—</td><td>≤40
>40~100
>100~140
>140~200
>200~1400
—</td><td>≤40
>40~65
>65~100
>100~140
>140~280
>280~500</td><td>j5 js5
k5②
m5②
m6
n6
p6
r6</td></tr>
<tr><td>重负荷</td><td></td><td>>50~140
>140~200
>200
—</td><td>>50~100
>100~140
>140~200
>200</td><td>n6
p6③
r6
r7</td></tr>
<tr><td>固定的内圈负荷</td><td>静止轴上的各种轮子，张紧轮绳轮、振动筛、惯性振动器</td><td>所有负荷</td><td colspan="3">所有尺寸</td><td>f6
g6①
h6
j6</td></tr>
<tr><td colspan="2">仅有轴向负荷</td><td colspan="4">所有尺寸</td><td>j6、js6</td></tr>
<tr><td colspan="7">圆锥孔轴承</td></tr>
<tr><td rowspan="2">所有负荷</td><td>铁路机车车辆轴箱</td><td colspan="3">装在退卸套上的所有尺寸</td><td colspan="2">h8(IT6)⑤④</td></tr>
<tr><td>一般机械传动</td><td colspan="3">装在紧定套上的所有尺寸</td><td colspan="2">h9(IT7)⑤④</td></tr>
<tr><td colspan="7">① 凡对精度有较高要求的场合，应用 j5、k5…代替 j6、k6…。
② 圆锥滚子轴承、角接触球轴承配合对游隙影响不大，可用 k6、m6 代替 k5、m5。
③ 应选用轴承径向游隙大于基本组游隙的滚子轴承。
④ 凡有较高精度或转速要求的场合，应选用 h7(IT5)代替 h8(IT6)等。
⑤ IT6、IT7 表示圆柱度公差数值</td></tr>
</table>

表6-2　向心轴承和外壳孔的配合、孔公差带代号

<table>
<tr><th colspan="2">运动状态</th><th rowspan="2">负荷状态</th><th rowspan="2">其他状况</th><th colspan="2">公差带①</th></tr>
<tr><th>说明</th><th>举例</th><th>球轴承</th><th>滚子轴承</th></tr>
<tr><td rowspan="2">固定的外圈负荷</td><td rowspan="5">一般机械、铁路机车车辆轴箱、电动机、泵、曲轴主轴承</td><td>轻、正常、重</td><td>轴向易移动，可采用剖分式外壳</td><td colspan="2">H7、G7②</td></tr>
<tr><td>冲击</td><td rowspan="2">轴向能移动，可采用整体或剖分式外壳</td><td colspan="2" rowspan="2">J7、JS7</td></tr>
<tr><td rowspan="3">摆动负荷</td><td>轻、正常</td></tr>
<tr><td>正常、重</td><td rowspan="5">轴向不移动，采用整体式外壳</td><td colspan="2">K7</td></tr>
<tr><td>冲击</td><td colspan="2">M7</td></tr>
<tr><td rowspan="3">旋转的外圈负荷</td><td rowspan="3">张紧滑轮、轮毂轴承</td><td>轻</td><td>J7</td><td>K7</td></tr>
<tr><td>正常</td><td>K7、M7</td><td>M7、N7</td></tr>
<tr><td>重</td><td>—</td><td>N7、P7</td></tr>
<tr><td colspan="6">① 并列公差带随尺寸的增大从左至右选择，对旋转精度有较高要求时，可相应提高一个公差等级。
② 不适用于剖分式外壳</td></tr>
</table>

3. 配合表面的几何公差及表面粗糙度

为了保证轴承工作时的安装精度和旋转精度，还必须对与轴承相配的轴和外壳孔的配合表面提出几何公差及表面粗糙度要求。

1）几何公差

轴承的内、外圈是薄壁件，易变形，尤其是超轻、特轻系列的轴承，但其形状误差在装配后靠轴颈和外壳孔的正确形状可以得到矫正。为了保证轴承安装正确、转动平稳，通常对轴颈和外壳孔的表面提出圆柱度要求。为保证轴承工作时有较高的旋转精度，应限制与套圈端面接触的轴肩及外壳孔肩的倾斜，特别是在高速旋转的场合，从而避免轴承装配后滚道位置不正，旋转不稳，因此标准又规定了轴肩和外壳孔肩的轴向圆跳动公差，见表6-3。

表6-3　轴和外壳孔的几何公差

基本尺寸/mm		圆柱度 t				端面圆跳动 t_1			
		轴颈		外壳孔		轴肩		外壳孔肩	
		轴承公差等级							
		0	6(6x)	0	6(6x)	0	6(6x)	0	6(6x)
大于	至	公差值/μm							
	6	2.5	1.5	4	2.5	5	3	8	5
6	10	2.5	1.5	4	2.5	6	3.2	10	6
10	18	3.0	2.0	5	3.0	8	5	12	8
18	30	4.0	2.5	6	4.0	10	6	15	10
30	50	4.0	2.5	7	4.0	12	8	20	12
50	80	5.0	3.0	8	5.0	15	10	25	15
80	120	6.0	4.0	10	6.0	15	10	25	15
120	180	8.0	5.0	12	8.0	20	12	30	20
180	250	10.0	7.0	14	10.0	20	12	30	20

（续）

基本尺寸/mm		圆柱度 t				端面圆跳动 t_1			
		轴颈		外壳孔		轴肩		外壳孔肩	
		轴承公差等级							
		0	6(6x)	0	6(6x)	0	6(6x)	0	6(6x)
250	315	12.0	8.0	16	12.0	25	15	40	25
315	400	13.0	9.0	18	13.0	25	15	40	258
400	500	15.0	10.0	20	15.0	25	15	40	25

2）表面粗糙度

轴颈和外壳孔的表面粗糙，会使有效过盈量减小，接触刚度下降而导致支承不良。为此，标准还规定了与轴承配合的轴颈和外壳孔的表面粗糙度要求，见表6-4。

表6-4　配合面的表面粗糙度

轴或轴承座直径/mm		轴或外壳配合表面直径公差等级								
		IT7			IT6			IT5		
		表面粗糙度/μm								
大于	至	*Rz*	*Ra*		*Rz*	*Ra*		*Rz*	*Ra*	
			磨	车		磨	车		磨	车
	80	12.5	1.6	3.2	6.3	0.8	1.6	3.2	0.4	0.8
80	500	12.5	1.6	3.2	12.5	1.6	3.2	6.3	0.8	1.6
端面		25	3.2	6.3	25	3.2	6.3	12.5	1.6	3.2

4. 滚动轴承配合选用举例

例6-1　图6-6所示为图1-3减速器输出轴轴颈部分装配图。已知：该减速器的功率为5kW，从动轴转速为83r/min，其两端ϕ55j6的轴承为211深沟球轴承（$d=55$，$D=100$）。试确定轴颈和外壳孔的公差带代号、几何公差和表面粗糙度参数值，并将它们分别标注在装配图和零件图上。

解：(1) 减速器属于一般机械，轴的转速不高，应选用0级轴承。

(2) 按它的工作条件，由有关计算公式求得该轴承的当量径向负荷P为833N。查得6211球轴承的额定动负荷C为33354N。所以$P=0.03G$，$<0.07C$，此轴承类型属于轻负荷。

(3) 轴承工作条件从表6-1和表6-2选取轴颈公差带为ϕ55j6（基孔制配合），外壳孔公差带为ϕ100H7（基轴制配合）。

(4) 按表6-3选取几何公差值：轴颈圆柱度公差0.005，轴肩轴向圆跳动公差0.015；外壳孔圆柱度公差0.01，外壳孔肩轴向圆跳动公差0.025（如图1-3右端所示）。

(5) 按表6-4选取轴颈和外壳孔的表面粗糙度参数值：轴颈$Ra \leqslant 0.8\mu m$，轴肩轴向$Ra \leqslant 3.2\mu m$；外壳孔$Ra \leqslant 1.6\mu m$，外壳孔肩$Ra \leqslant 3.2\mu m$。

(6) 将确定好的上述公差标注在图样上（图6-6）。注意：由于滚动轴承为标准部件，因而在装配图样上只需标注相配件（轴颈和外壳孔）的公差带代号。

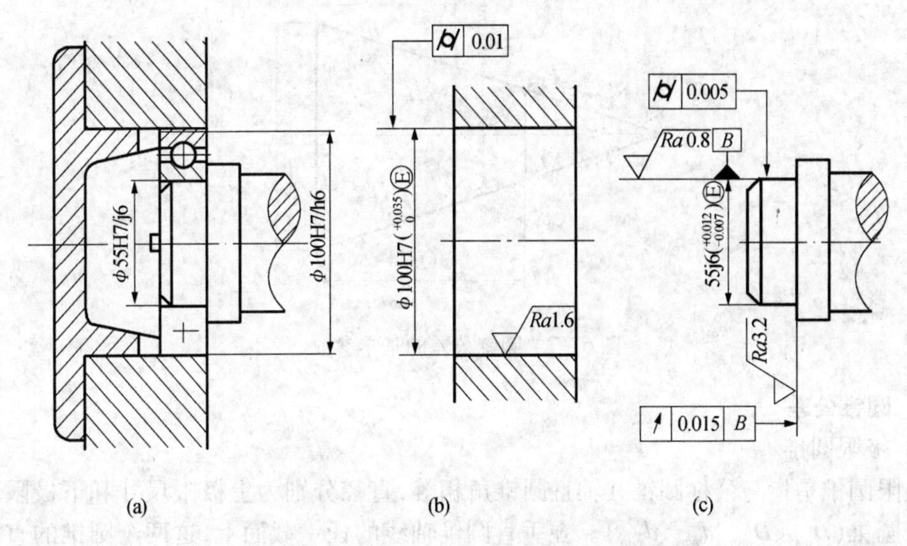

图 6－6　轴颈、外壳孔公差在图样上的标注示例

（a）装配图；（b）外壳零件图；（c）轴零件图。

6.2　圆锥结合的互换性

锥度与锥角的标准化，对保证圆锥配合的互换性具有重要意义。国家于 2001 年颁布了《圆锥的锥度与锥角系列（GB/T 157—2001）》、《圆锥公差（GB/T 11334—2005）》、《圆锥配合（GB/T 12360－2005）》等标准。

6.2.1　锥度、锥角系列与圆锥公差

圆锥公差适用于锥度 C 从 1∶3 至 1∶500、圆锥长度 L 从 6mm 至 630mm 的光滑圆锥，也适用于棱体的角度与斜度。

1. 锥度与锥角系列

一般用途圆锥的锥度与锥角系列见附表 6－5。为便于圆锥件的设计、生产和控制，表中给出了圆锥角或锥度的推算值，其有效位数可按需要确定。为保证产品的互换性，减少生产中所需的定值工、量具规格，在选用时应当优先选用第一系列。

特殊用途圆锥的锥度与锥角系列见附表 6－6。它仅适用于某些特殊行业，通常指附表 6－6 中最后一栏所推荐的适用范围。在机床、工具制造中，广泛使用莫氏锥度。常用的莫氏锥度共有 7 种，从 0 号至 6 号，使用时只有相同号的莫氏内、外锥才能配合。

2. 圆锥公差的基本参数

公称圆锥是指设计给定的理想形状圆锥。它可用两种形式确定：

（1）一个公称圆锥直径（最大圆锥直径 D、最小圆锥直径 d、给定截面圆锥直径 d_x）、公称圆锥长度 L、公称圆锥角 α 或公称锥度 C。

（2）两个公称圆锥直径和公称圆锥长度 L（图 6－7）。

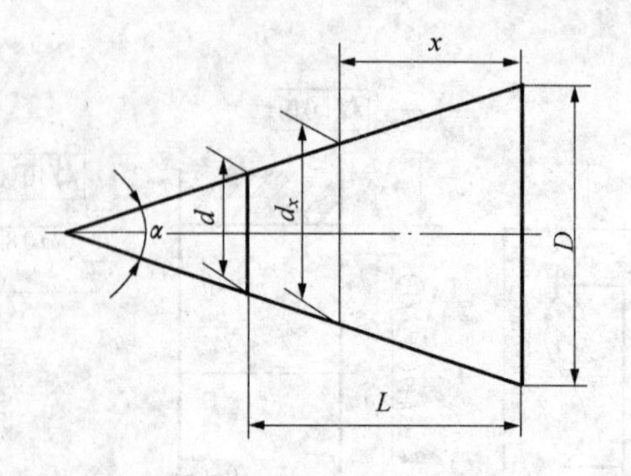

图 6-7　圆锥公差的基本参数

3. 圆锥公差

1）极限圆锥

极限圆锥是指与公称圆锥共轴且圆锥角相等，直径分别为上极限尺寸和下极限尺寸的两个圆锥（D_{max}、D_{min}、d_{max}、d_{min}）。在垂直圆锥轴线的任一截面上，这两个圆锥的直径差都相等（图 6-8）。

2）圆锥直径公差 T_D

圆锥直径公差是指圆锥直径的允许变动量，它适用于圆锥全长上。圆锥直径公差带是在圆锥的轴剖面内，两锥极限圆所限定的区域，如图 6-8 所示。一般以最大圆锥直径为基础。

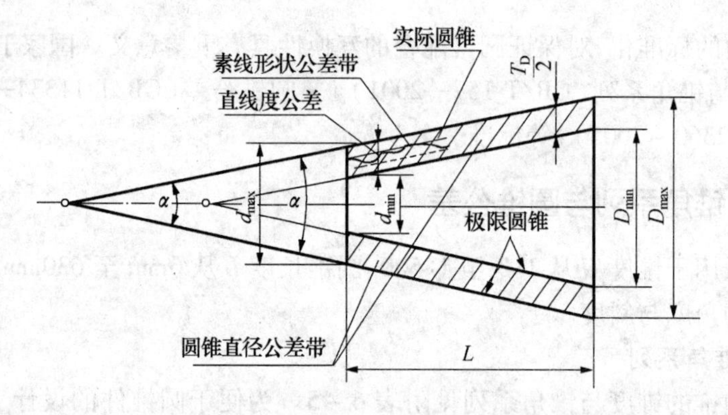

图 6-8　极限圆锥、圆锥直径公差带

3）圆锥角公差 AT（AT_D、AT_α）

圆锥角公差是指圆锥角的允许变动量。圆锥角公差带是两个极限圆锥角所限定的区域，如图 6-9 所示。锥角公差共分 12 个公差等级，用 AT1 ~ AT12 表示，其中 AT1 最高，AT12 最低，例如 AT6 表示 6 级圆锥角公差。各公差等级的圆锥角公差见附表 6-7。

圆锥角公差值按圆锥长度分尺寸段。表示方法有两种：

（1）AT_α 以角度单位（微弧度、度、分、秒）表示的锥角公差值（1μrad 等于半径为 1m，弧长 1μm 所产生的角度，5μrad ≈ 1″，300μrad ≈ 1′）。

（2）AT_D 以线值单位 μm 表示的圆锥角公差值。在同一圆锥长度分段内，AT_D 值有两个，分别对应于 L 的最大值和最小值。

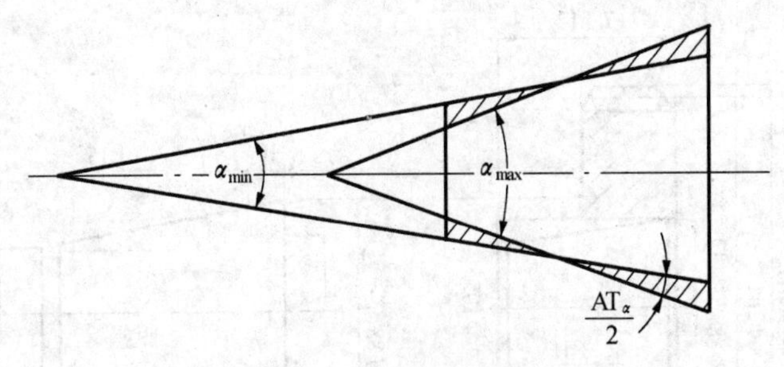

图 6-9　极限圆锥角

AT_α 和 AT_D 的关系如下：

$$AT_D = AT_\alpha \times L \times 10^{-2}$$

式中：AT_D 单位为 μm；AT_α 单位为 μrad；L 单位为 mm。

例如，当 $L = 100$，AT_α 为 9 级时，查附表 6-3 得 $AT_\alpha = 630$μrad 或 2′10″，$AT_D = 63$μm。若 $L = 80$，AT_α 仍为 9 级，则按上式计算得：$AT_D = (630 \times 80 \times 10^{-2})$μm $= 50.4$μm ≈ 50μm。

4）给定截面圆锥直径公差 T_{DS}

给定截面圆锥直径公差是指在垂直于圆锥轴线的给定截面内圆锥直径的允许变动量，它仅适用于该给定截面的圆锥直径。其公差带是给定的截面内两同心圆所限定的区域，如图 6-10 所示。

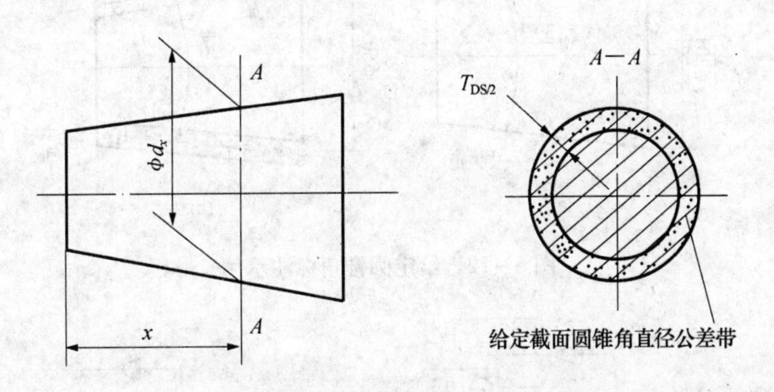

图 6-10　给定截面圆锥直径公差带

T_{DS} 公差带所限定的是平面区域，而 T_D 公差带限定的是空间区域，两者是不同的。

5）圆锥形状公差 T_F

圆锥形状公差包括素线直线度公差和横截面圆度公差。圆锥形状误差一般由圆锥直径公差 T_D 控制，当圆锥的形状公差有更高的要求时，可单独给出形状公差。

6.2.2　圆锥公差的标注

（1）按 GB/T 15754—1995《技术制图 圆锥的尺寸和公差标注》标准中规定，若锥角和圆锥的形状公差都控制在直径公差带内，标注时应在圆锥直径的极限偏差后面加注圆圈的符号 T，如图 6-11 所示。

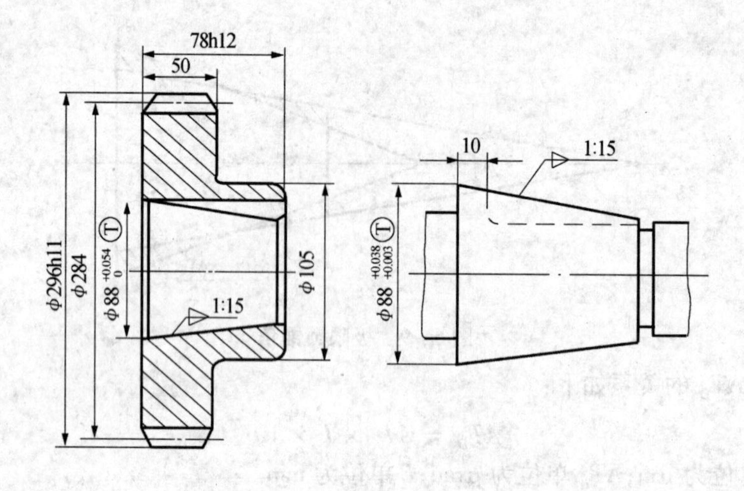

图 6-11　圆锥配合的标注示例

（2）通常圆锥公差应按面轮廓度法标注，如图 6-12（a）、图 6-13（a）所示，它们的公差带分别如图 6-12（b）、图 6-13（b）所示。必要时还可以给出附加的几何公差要求，但只占面轮廓度公差的一部分，几何误差在面轮廓度公差带内浮动。

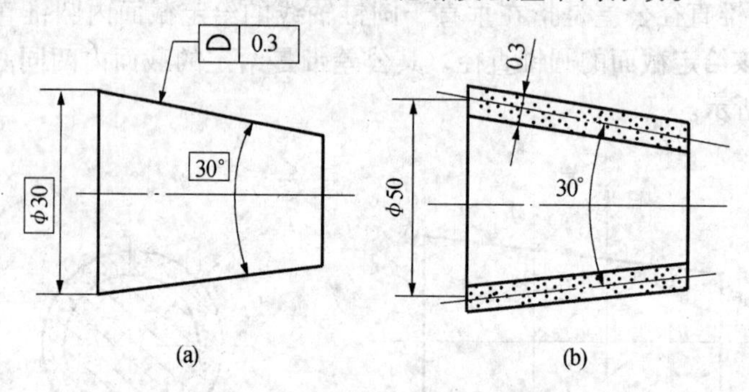

图 6-12　给定圆锥角标注示例

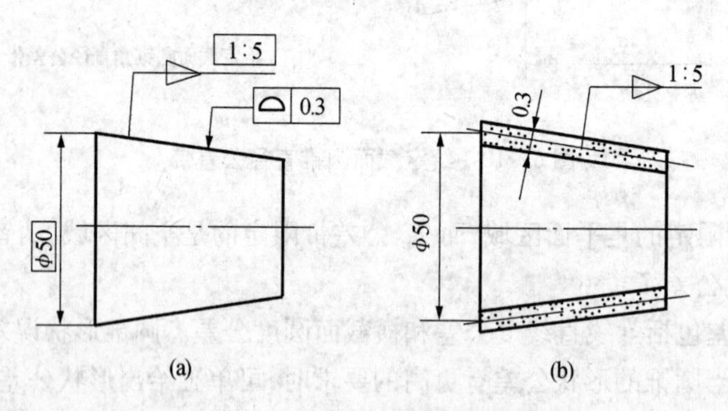

图 6-13　给定锥度标注示例

6.2.3　角度与锥度的测量

1. 相对测量法

相对测量法又称比较测量法。它是将角度量具与被测角度比较，用光隙法或涂色检验的方法估计被测锥度及角度的测量,常用的量具有角度量块、直角尺及圆锥量规等。

1）角度量块

在角度测量中,角度量块是基准量具,它用来检定或校正各种角度量仪,也可以用来测量精密零件的角度。

角度量块的形式有Ⅰ形和Ⅱ型两种,如图6－14所示。Ⅱ型为四边形量块,有四个工作角(α、β、γ、δ);Ⅰ型为三角形量块,有一个工作角α。角度量块可单独使用也可组合用。

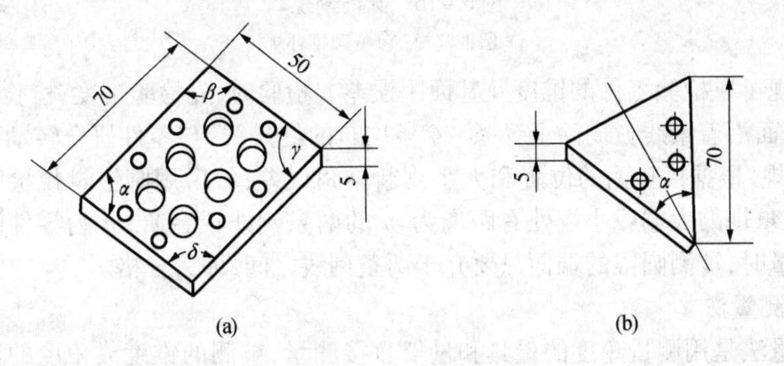

图6－14 角度量块

2）直角尺

直角尺的公称角度为90°,它用于检验直角偏差、划垂直线、目测光隙以及用塞尺来确定垂直度误差的大小。角尺的形式如图6－15所示。

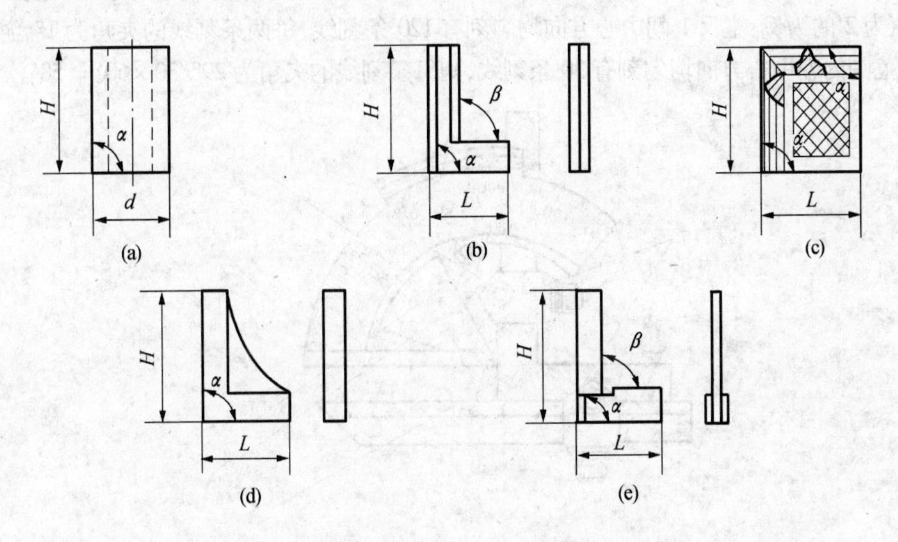

图6－15 直角尺的结构形式

(a) 圆柱角尺;(b) 刀口角尺;(c) 刀口矩形角尺;(d) 铸铁角尺;(e) 宽座角尺。

直角尺的精度按外工作角α和内工作角β在长度H上对90°的垂直误差大小划分为0、1、2、3四个等级,其中0级为最高级,3级是最低级,0级、1级用于检定精密量具或作精密测量,2级、3级用于检验一般零件。

3）圆锥量规

圆锥量规形式如图6－16所示。

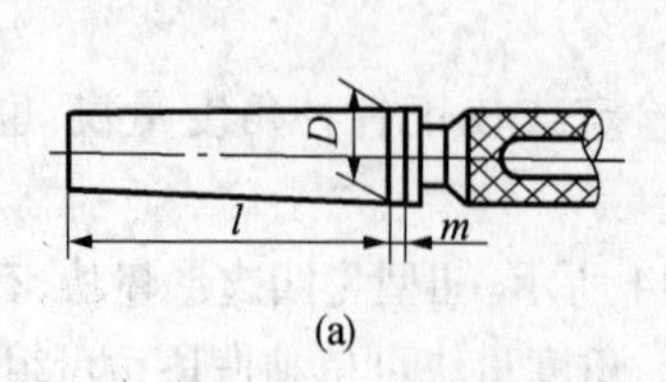

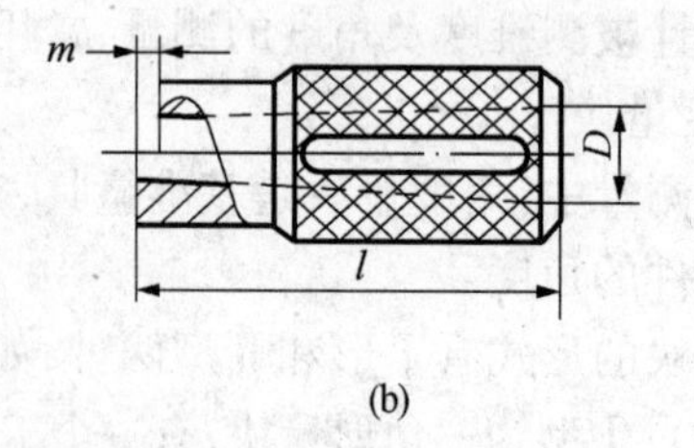

图 6－16　圆锥量规

（a）圆锥塞规；（b）圆锥环规。

圆锥量规可以检验零件的锥度及基面距误差。检验时，先检验锥度，检验锥度常用涂法，在量规表面沿着素线方向涂上 3 条～4 条均布的红丹线，与零件研合转动 1/3 转～1/2 转，取出量规，根据接触面的位置和大小判断锥角误差；然后用圆锥量规检验零件的基面距误差，在量规的大端或小端处有距离为 m 的两条刻线或台阶，m 为零件圆锥的基面距公差。测量时，被测圆锥的端面只要介于两条刻线之间，即为合格。

2. 绝对测量法

绝对测量法是用测量角度的量具和量仪直接测量，被测的锥度或角度的数值可在量具和量仪上直接读出。常用量具和量仪有万能游标角度尺和光学分度头等。

1）万能游标角度尺

万能游标角度尺是机械加工中常用的度量角度的量具，它的结构如图 6－17 所示。游标角度尺是根据游标读数原理制造的。读数值为 2′和 5′，其示值误差分别不大于 ±2′和 ±5′。以读数值为 2′的为例：主尺 1 朝中心方向均匀刻有 120 条刻线，每两条刻线的夹角为 1°，游标上，在 29°范围内朝中心方向均匀刻有 30 条刻线，则每条刻线的夹角为 $29°/30 \times 60' = 58'$。

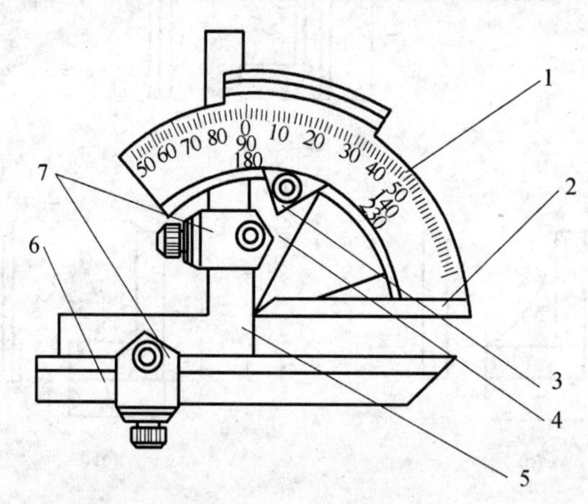

图 6－17　万能角度尺

1—主尺；2—基尺；3—制动器；4—扇形板；5—直角尺；6—直尺；7—卡块。

因此，尺座刻度与游标刻度的夹角之差为 $60' - 29°/30 \times 60' = 2'$，即游标角度尺的读数值为 2′。调整基尺、角尺、直尺的组合可测量 0°～320°范围内的任意角度。

2）光学分度头

光学分度头用于锥度及角度的精密测量，以及工件加工时的精密分度。如测量花键、凸轮、齿轮、铣刀、拉刀等的分度中心角，在测量时以零件的旋转中心为测量基准来测量工件的中心夹角。

3. 间接测量法

间接测量法是测量与被测角度有关的尺寸，再经过计算得到被测角度值。常用的有正弦尺、圆柱、圆球、平板等工具和量具。

1）正弦尺

正弦尺是锥度测量中常用的计量器具，结构形式如图 6－18 所示。

正弦尺的工作台面分宽型和窄型两种，见表 6－5。

表 6－5　正弦规的基本尺寸　（mm）

形式	L	B	H	d
宽型	100	80	40	20
	200	150	65	30
窄型	100	25	30	20
	200	40	55	30

用正弦尺测量外锥的锥度如图 6－19 所示。在正弦尺的一个圆柱下面垫上高度为 h 的一组量块，已知两圆柱的中心距为 L，正弦尺工作面和平板的夹角为 α，则 $h = L\sin\alpha$。用百分表测量圆锥面上相距为 l 的 a、b 两点，由 a、b 两点的读数差 n 和 a、b 两点的距离 l 之比，即可求出锥度误差 ΔC：

$$_{形}\Delta C = n/l(\text{rad}) \quad 或 \quad \Delta\alpha = \arctan n/l \tag{6-3}$$

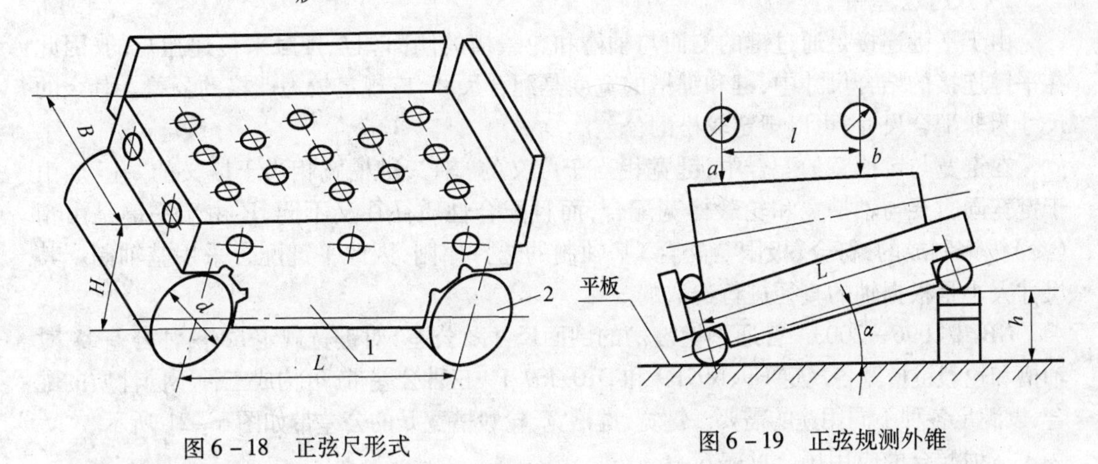

图 6－18　正弦尺形式　　图 6－19　正弦规测外锥

2）圆柱或圆球

采用精密钢球和圆柱量规测量锥角，适用于正弦尺无法测量的场合。

6.3　键与花键连接的互换性

键连接与花键连接用于轴与齿轮、链轮、皮带轮或联轴器之间，在机械传动中应用十分广泛。其主要用以传递扭矩，有时也用于轴上传动件的导向，如变速箱中的齿轮可以沿花键轴移动以达到变换速度的目的。

6.3.1 单键连接的互换性

单键(通常称键)分为平键、半圆键、切向键和楔键等几种,其中平键应用最为广泛。平键又可分为导向平键和普通平键,前者用于导向连接,后者用于固定连接。

平键连接由键、轴槽和轮毂槽三部分组成,其结合尺寸有键宽、键槽宽(轴槽宽和轮毂槽宽)、键高、槽深和键长等参数。平键连接结构如图6-20所示,其参数值见附表6-8。

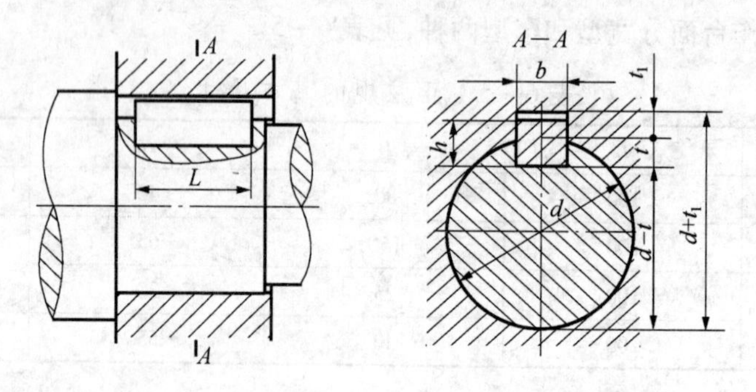

图6-20 平键连接的几何参数

平键连接的剖面尺寸均已标准化,在GB/T 1095—2003《普通平键键槽的剖面尺寸及公差》中作了规定(附表6-9)。

1. 平键连接的公差与配合

1)尺寸公差带

由于平键连接是通过键的侧面与轴槽和轮毂槽的侧面相互接触来传递扭矩的,因此在平键连接的结合尺寸中,键和键槽的宽度是配合尺寸,应规定较为严格的公差。其余的尺寸为非配合尺寸,可以规定较松的公差。

在键宽与键槽宽的配合中,键宽相当于广义的"轴",键槽宽相当于广义的"孔"。由于键宽同时要与轴槽宽和轮毂槽宽配合,而且配合性质往往又不同,还由于平键是由精(冷)拔钢制成的,符合《极限与配合》基轴制的选择原则,因此平键配合采用基轴制。其尺寸大小是根据轴的直径进行选取的。

GB/T 1096—2003《普通平键键槽的剖面尺寸及公差》对键宽规定h8一种公差带;对轴槽和轮毂键槽宽各规定H9、N9、P9和D10、JS9、P9三种公差带,可构成三种不同性质的配合,以满足各种不同用途的需要。键宽、键槽宽、轮毂槽宽b的公差带如图6-21所示。

三种配合的应用场合见表6-6。

表6-6 平键连接的三种配合及应用

配合种类	尺寸 b 的公差带			应用
	键	轴键槽	轮毂键槽	
较松连接		H9	D10	用于导向平键,轮毂可在轴上移动
一般连接	h8	N9	JS9	键在轴键槽中和轮毂键槽中均固定,用于载荷不大的场合
较紧连接		P9	P9	键在轴键槽中和轮毂键槽中均牢固地固定,用于载荷较大、有冲击和双向扭矩的场合

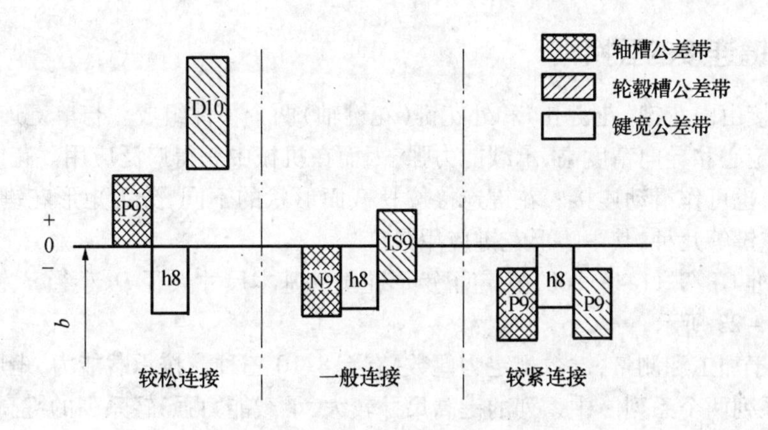

图 6－21　平键连接的配合形式

2）键连接的几何公差

为保证键侧与键槽侧面之间有足够的接触面积，避免装配困难，应分别对键槽对轴的轴线和轮毂键槽对孔的轴线规定对称度公差，对称度公差按 GB/T 1182—2008《几何公差》规定选取，一般取 7 级～9 级。

当键长 L 与键宽 b 之比大于或等于 8 时，应对键宽 b 的两工作侧面在长度方向上规定平行度公差，平行度公差应按《几何公差》的规定选取。当 $b \leqslant 6$ 时，平行度公差选 7 级；$b \geqslant 7 \sim 36$ 时，平行度公差选 6 级；当 $b \geqslant 37$ 时，平行度公差选 5 级。

3）键连接的表面粗糙度

轴槽和轮毂槽两侧面的粗糙度参数 Ra 值推荐为 1.6μm～3.2μm，底面的粗糙度参数 Ra 值为 6.3μm。

轴槽的剖面尺寸、几何公差及表面粗糙度在图样上的标注如图 1－3 所示。根据 GB/T 1096—2003 附表 6－9 查得 $12\text{N9}\left({}^{\ 0}_{-0.043}\right)$，$16\text{N9}\left({}^{\ 0}_{-0.043}\right)$；查《几何公差》附表 4－4 对称度 8 级为 0.02；轴槽两侧面的粗糙度参数 Ra 值为 3.2μm，底面的粗糙度参数 Ra 值为 6.3μm。

2. 单键的测量

在单件、小批生产中，键槽宽度和深度一般用游标卡尺、千分尺等通用测量工具来测量。

在成批大量生产中可用量块或极限量规来检测，如图 6－22 所示。

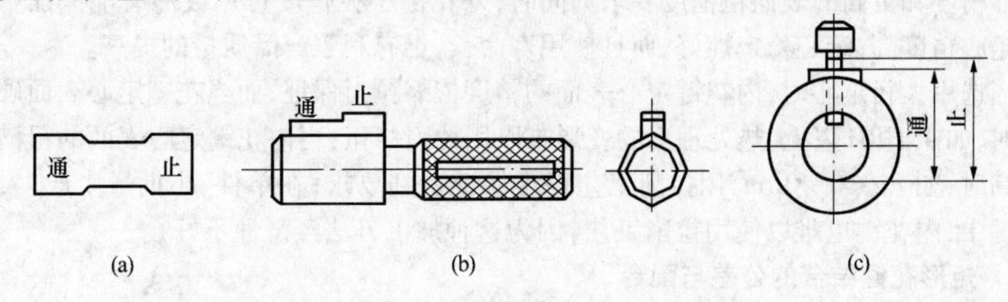

图 6－22　键槽尺寸检测的极限量规

（a）键槽宽量规；（b）轮毂槽深量规；（c）轴槽深量规。

6.3.2 花键连接的互换性

花键连接由内花键(花键孔)和外花键(花键轴)两个零件组成。与单键连接相比,其主要优点是定心和导向精度高,承载能力强,因而在机械中获得广泛应用。花键连接可用作固定连接,也可作滑动连接。花键连接按其截面形状的不同,分为矩形花键、渐开线花键、三角形花键等几种,其中矩形花键应用最广。

国家标准 GB/T 1144—2001 规定了矩形花键的基本尺寸大径 D、小径 d、键宽和键槽宽 B,如图 6-23 所示。

为了便于加工和测量,键数规定为偶数,有 6、8、10 三种。按承载能力,矩形花键分为轻系列、中系列两个系列。中系列的键高尺寸较大,承载能力强;轻系列的键高尺寸较小,承载能力较低。矩形花键的尺寸系列见附表 6-10。

矩形花键连接有三个结合面,即大径结合面、小径结合面和键侧结合面。要保证三个结合面同时达到高精度的配合是很困难的,也没必要。因此,为了保证使用性质,改善加工工艺,只要选择其中一个结合面作为主结合面,对其尺寸规定较高的精度,作为主要配合尺寸,以确定内、外花键的配合性质,并起定心作用,则该表面称为定心表面。理论上每个结合面都可以作为定心表面,GB/T 1144—2001 中规定矩形花键以小径的结合面为定心表面,即小径定心,如图 6-24 所示。

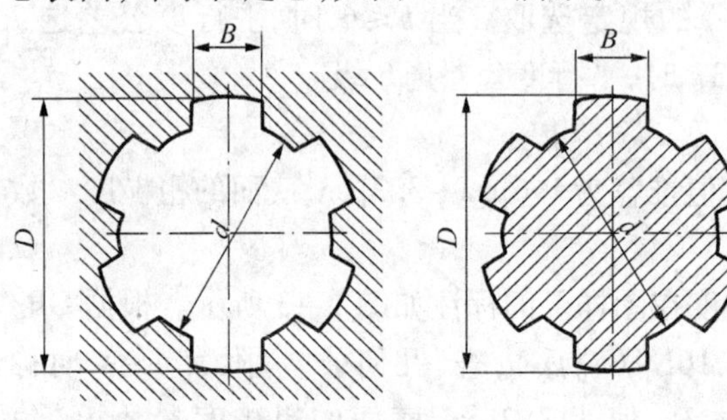

图 6-23 矩形花键的主要尺寸

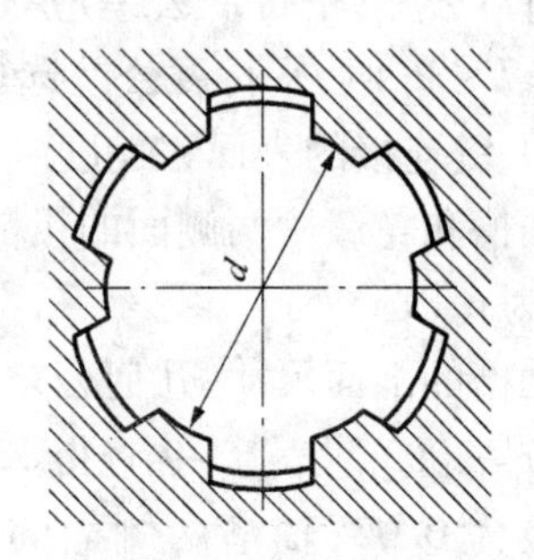

图 6-24 矩形花键的小径定心

小径定心的一系列优点,是国家标准规定矩形花键以小径结合面为定心表面的主要原因。因为,采用小径定心时,热处理后的变形可用内圆磨修复,而且内圆磨可达到更高的尺寸精度和更高的表面粗糙度要求。同时,外花键小径精度可用成形磨削保证。所以小径定心精度高,定心稳定性好,而且使用寿命长,更有利于产品质量的提高。

当选用大径定心时,内花键定心表面的精度依靠拉刀保证,而当花键定心表面硬度要求高时,如 40HRC 以上,热处理后的变形难以用拉刀修正;当内花键定心表面的粗糙度要求较高时,如 $Ra < 0.40\mu m$,用拉削工艺很难保证达到要求;在单件、小批量生产、大规格的花键中,内花键也难以使用拉削工艺(因为这种加工方法经济性不好)。

1. 矩形花键结合的公差与配合

1) 矩形花键的尺寸公差

内、外花键定心小径、非定心大径和键宽(键槽宽)的尺寸公差带分一般用和精密传动用两类。其内外花键的尺寸公差带见表 6-7。为减少专用刀具和量具的数量(如拉刀和量规)，花键连接采用基孔制配合。

表6－7 矩形花键的尺寸公差带（摘自 GB/T 1144—2001）

<table>
<tr><th rowspan="3">用途</th><th colspan="4">内 花 键</th><th colspan="3">外 花 键</th><th rowspan="3">装配形式</th></tr>
<tr><th rowspan="2">小径 d</th><th rowspan="2">大径 D</th><th colspan="2">键 宽 B</th><th rowspan="2">小径 d</th><th rowspan="2">大径 D</th><th rowspan="2">键宽 B</th></tr>
<tr><th>拉削后不热处理</th><th>拉削后热处理</th></tr>
<tr><td rowspan="3">一般用</td><td rowspan="3">H7</td><td rowspan="9">H10</td><td rowspan="3">H9</td><td rowspan="3">H11</td><td>f7</td><td rowspan="9">a11</td><td>d10</td><td>滑动</td></tr>
<tr><td>g7</td><td>f9</td><td>紧滑动</td></tr>
<tr><td>h7</td><td>h10</td><td>固定</td></tr>
<tr><td rowspan="6">精密传动用</td><td rowspan="3">H5</td><td colspan="2" rowspan="6">H7 H9</td><td>f5</td><td>d8</td><td>滑动</td></tr>
<tr><td>g5</td><td>f7</td><td>紧滑动</td></tr>
<tr><td>h5</td><td>h8</td><td>固定</td></tr>
<tr><td rowspan="3">H6</td><td>f6</td><td>d8</td><td>滑动</td></tr>
<tr><td>g6</td><td>f7</td><td>紧滑动</td></tr>
<tr><td>h6</td><td>h8</td><td>固定</td></tr>
<tr><td colspan="9">注:1. 精密传动用的内花键，当需要控制键侧配合间隙时，槽宽可选用 H7，一般情况可选用 H9。
2. 当内花键公差带为 H6 和 H7 时，允许与提高一级的外花键配合</td></tr>
</table>

对一般用的内花键槽宽规定了两种公差带。加工后不再热处理的，公差带为 H9。加工后再进行热处理，其键槽宽的变形不易修正，为补偿热处理变形，公差带为 H11。对于精密传动用内花键，当连接要求键侧配合间隙较高时，槽宽公差带选用 H7，一般情况选用 H9。

定心直径 d 的公差带，在一般情况下，内、外花键取相同的公差等级。这个规定不同于普通光滑孔、轴配合，主要是考虑到花键采用小径定心使加工难度由内花键转为外花键。但在有些情况下，内花键允许与提高一级的外花键配合。公差带为 H7 的内花键可以与公差带为 f6、g6、h6 的外花键配合；公差带为 H6 的内花键可以与公差带为 f5、g5、h5 的外花键配合；这主要是考虑矩形花键常用来作为齿轮的基准孔，在贯彻齿轮标准过程中，有可能出现外花键的定心直径公差等级高于内花键定心直径公差等级的情况。

2）矩形花键公差与配合的选择

花键尺寸公差带选用的一般原则是：定心精度要求高或传递扭矩大时，应选用精密传动用的尺寸公差带；反之，可选用一般用的尺寸公差带。

内、外花键的配合（装配形式）分为滑动、紧滑动和固定三种。其中，滑动连接的间隙较大；紧滑动连接的间隙次之；固定连接的间隙最小。

内、外花键在工作中只传递扭矩而无相对轴向移动时，一般选用配合间隙最小的固定连接。除传递扭矩外，内、外花键之间还要有相对轴向移动时，应选用滑动或紧滑动连接。移动频繁，移动距离长，则应选用配合间隙较大的滑动连接，以保证运动灵活及配合面间有足够的润滑油层。为保证定心精度要求，或为使工作表面载荷分布均匀及为减少反向所产生的空程和冲击，对定心精度要求高、传递的扭矩大、运转中需经常反转等的连接，则应用配合间隙较小的紧滑动连接。表6－8 列出了几种配合应用情况的推荐，可供设计时参考。

表 6-8　矩形花键配合应用的推荐

应用	固定连接		滑动连接	
	配合	特征及应用	配合	特征及应用
精密传动用	H5/h5	紧固程度较高,可传递大扭矩	H5/g5	滑动程度较低,定心精度高,传递扭矩大
	H6/h6	传递中等扭矩	H6/f6	滑动程度中等,定心精度较高,传递中等扭矩
一般用	H7/h7	紧固程度较低,传递扭矩较小,可经常拆卸	H7/f7	移动频率高,移动长度大,定心精度要求不高

2. 矩形花键几何公差和表面粗糙度

1）矩形花键几何公差

内、外花键加工时,不可避免地会产生几何误差。为在花键连接中避免装配困难,并使键侧和键槽侧受力均匀,国家标准对矩形花键规定了几何公差,包括小径 d 的形状公差和花键的位置度公差等。当花键较长时,还可根据产品性能自行规定键侧对轴线的平行度公差。

（1）小径结合面遵守包容要求。小径 d 是花键连接中的定心尺寸,要保证花键的配合性能,其定心表面的形状公差和尺寸公差的关系遵守包容要求,即当小径 d 的实际尺寸处于最大实体状态时,它必须具有理想形状,只有当小径 d 的实际尺寸偏离最大实体状态时,才允许有形状误差。

（2）花键的位置度公差遵守最大实体要求。花键的位置度公差综合控制花键各键之间的角位移、各键对轴线的对称度误差以及各键对轴线的平行度误差等。在大批量生产条件下,一般用花键综合量规检验。因此,位置度公差遵守最大实体要求,其图样标注如图 6-25 所示。

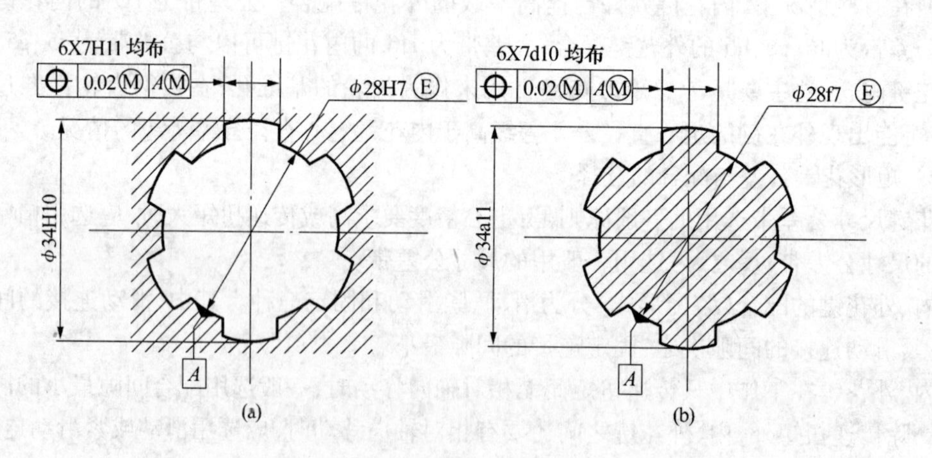

图 6-25　花键位置度公差标注

（a）内花键；（b）外花键。

键和键槽的位置度公差见表 6-9。

表 6-9　矩形花键位置度公差(摘自 GB/T 1144—2001)　(mm)

键槽宽或键宽 B			3	3.5~6	7~10	12~18
t_1	键槽宽		0.010	0.015	0.020	0.025
	键宽	滑动、固定	0.010	0.015	0.020	0.025
		紧滑动	0.006	0.010	0.013	0.016

(3) 键与键槽的对称度公差遵守独立原则。为了保证内、外花键装配,并能传递扭矩或运动,一般应使用综合花键量规检验,控制其几何误差。但当在单件、少量生产条件下,或当产品试制时,没有综合量规,这时,为了控制花键几何误差,一般在图样上分别规定花键的对称度和等分度公差。其对称度公差图样上标注如图 6-26 所示。

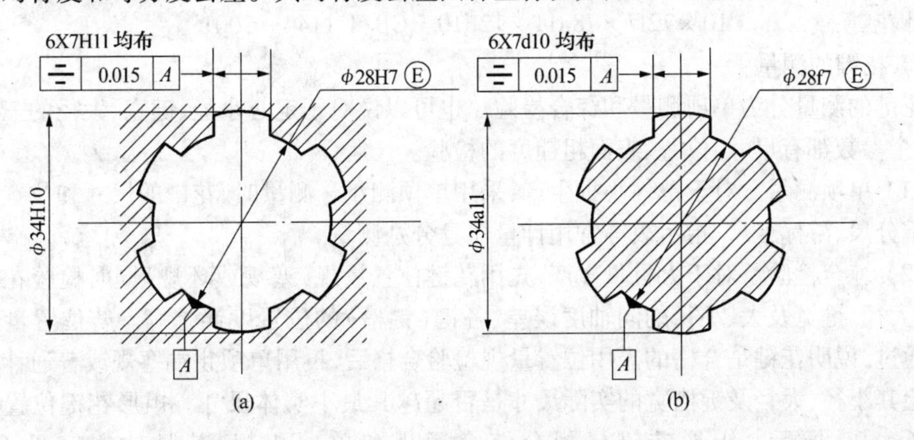

图 6-26　花键对称度公差标注

(a) 内花键;(b) 外花键。

花键的对称度公差遵守独立原则,表 6-10 为花键的对称度公差。

表 6-10　矩形花键的对称度公差(摘自 GB/T 1144—2001)　(mm)

键槽宽或键宽 B		3	3.5~6	7~10	12~18
T_2	一般用	0.010	0.015	0.020	0.025
	精密传动用	0.010	0.015	0.020	0.025

2) 矩形花键表面粗糙度

矩形花键结合面的表面粗糙度推荐值见表 6-11。

表 6-11　矩形花键表面粗糙度推荐值　(μm)

加工表面	内花键	外花键
	$Ra \leqslant$	
小径	1.6	0.8
大径	6.3	3.2
键侧	6.3	1.6

3. 花键的标注与测量

1）花键的标注

国家标准规定,图样上矩形花键的配合代号和尺寸公差带代号应按花键规格所规定的次序标注,依次包括下列项目:件数 N,小径 d,大径 D,键宽 B 以及基本尺寸的公差带代号。

例如:矩形花键数 N 为 10,小径 d 为 72H7/f7,大径 D 为 78H10/a11,键宽 B 为 12H11/d10 的标记为

花键规格: $N \times d \times D \times B$ $10 \times 72 \times 78 \times 12$

花键副: $10 \times 72\,\frac{H7}{f7} \times 78\,\frac{H10}{a11} \times 12\,\frac{H11}{d10}$ GB/T 1144—2001

内花键: $10 \times 72H7 \times 78H10 \times 12H11$ GB/T 1144—2001

外花键: $10 \times 72f7 \times 78a11 \times 12d10$ GB/T 1144—2001

2）花键的测量

花键的测量分为单项测量和综合检验。也可以说对于定心小径、键宽、大径的三个参数,每个参数都有尺寸、位置、表面粗糙度的检验。

(1) 单项测量。对于单件小批生产,采用单项测量。测量时,花键的尺寸和位置误差使用千分尺、游标卡尺、指示表等常用计量器具分别测量。

(2) 综合检验。对于大批量生产,先用花键位置量规(塞规或环规)同时检验花键的小径、大径、键宽及大、小径的同轴度误差、各键(键槽)的位置度误差等。若位置量规能自由通过,说明花键是合格的。用位置量规检验合格后,再用单项止端塞规或普通计量器具检验其小径、大径及键槽宽的实际尺寸是否超越其最小实体尺寸。矩形花键位置量规如图 6－27 所示。矩形花键量规分综合通规和单项止规,其具体规定见 GB/T 1144—2001。

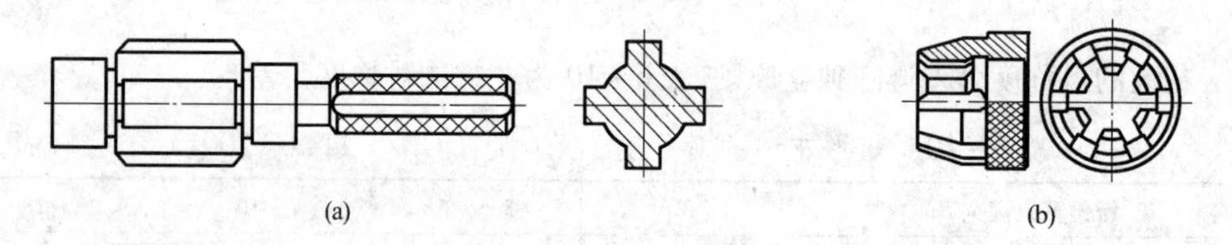

图 6－27 矩形花键位置量规

(a) 花键塞规; (b) 花键环规。

6.4 普通螺纹结合的互换性

6.4.1 普通螺纹的种类及其几何参数对互换性的影响

1. 螺纹的种类及使用要求

螺纹连接是利用螺纹零件构成的可拆连接,在机器制造和仪器制造中应用十分广泛。常用螺纹按用途分为:

(1) 普通螺纹。通常称为紧固螺纹,牙型为三角形,有粗牙和细牙之分,主要用于连接或紧固各种机械零件。普通螺纹类型很多,使用要求也有所不同,对于普通紧固螺纹,

如用螺栓连接减速器的箱座和箱盖,主要要求良好的旋合性及足够的连接强度。

(2) 传动螺纹。传动螺纹有梯形、锯齿形、矩形及三角形等几种牙型,主要用于传递动力、运动或精确位移,如车床传动丝杠和螺旋千分尺上的测微螺杆。这类螺纹主要要求传递动力和运动的可靠性、准确性,螺纹牙侧接触均匀性和耐磨性等。

(3) 紧密螺纹。又称密封螺纹,主要用于水、油、气的密封,如管道连接螺纹。这类螺纹结合应具有一定的过盈,以保证具有足够的连接强度和密封性。

2. 普通螺纹几何参数对互换性的影响

要实现普通螺纹的互换性,就必须保证具有良好的旋合性及足够的连接强度。影响螺纹互换性的几何参数有螺纹的大径、中径、小径、螺距和牙型半角。在实际加工中,通常使内螺纹的大、小径尺寸分别大于外螺纹的大、小径尺寸,螺纹的大径和小径处一般有间隙,不会影响螺纹的配合性质。因此,影响螺纹互换性的主要因素是螺距误差、牙型半角误差和中径偏差。但是,外螺纹的大径尺寸过小,内螺纹的小径尺寸过大,则会影响连接强度,因此必须规定顶径公差。

1) 普通螺纹连接的互换性要求

(1) 可旋入(合)性:是指不需要费很大的力就能够把内(或外)螺纹旋进外(或内)螺纹规定的旋合长度上。

(2) 连接可靠性 是指内(或外)螺纹旋入(或内)螺纹后,在旋合长度上接触应均匀紧密,且在长期使用中有足够的结合力。

2) 螺距误差的影响

螺距误差包括局部误差和累积误差。前者是指单个螺距的实际尺寸与基本尺寸的代数差,与旋合长度无关。后者是指旋合长度内任意个螺距的实际尺寸与基本尺寸的代数差,与旋合长度有关,是螺纹使用的主要影响因素。

为了便于分析问题,假设内螺纹具有理想牙型,外螺纹仅有螺距误差,且外螺纹的螺距 $P_{外}$ 大于理想内螺纹的螺距 P。这种情况下,由于螺距累积误差(ΔP_{Σ})的影响,螺纹产生干涉而无法旋合,如图 6-28 所示。为了使有螺距误差的外螺纹可以旋入具有理想牙型的内螺纹,就必须将外螺纹中径减小一个数值 f_{P},或者将内螺纹的中径增大一个数值 F_{P},这个 $f_{\mathrm{P}}(F_{\mathrm{P}})$ 称为螺距累积误差的中径当量。从图 6-28 中可以得出

$$f_{\mathrm{P}} = |\Delta P_{\Sigma}| \cot \frac{\alpha}{2} \qquad (6-4)$$

对于米制普通螺纹牙型半角 $\frac{\alpha}{2}=30°$,则 $f_{\mathrm{P}}=1.732|\Delta P_{\Sigma}|$。

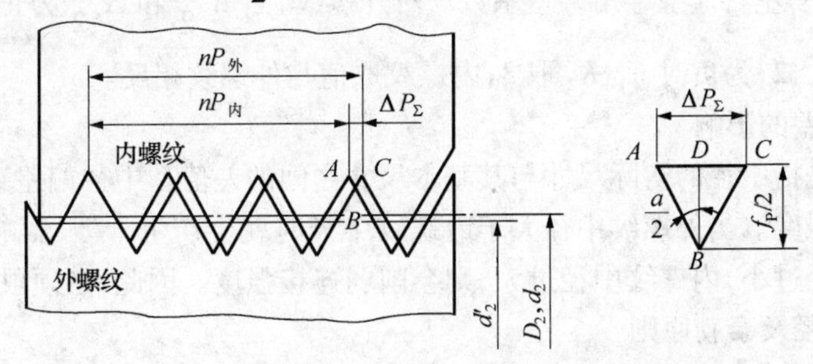

图 6-28 螺距累积误差对旋合性的影响

3）牙型半角误差的影响

牙型半角误差是指牙型半角的实际值与公称值之间的差值。牙型角本身不准确或者牙型角的平分线出现倾斜都会产生牙型半角误差，对普通螺纹的互换性均有影响。

仍假设内螺纹具有理想牙型，与其相配合的外螺纹仅有牙型半角误差，当左、右牙型半角不相等时，就会在大径或小径处的牙侧产生干涉。如图6－29所示的阴影部分，彼此不能自由旋合。为了防止干涉，保证互换性，就必须将外螺纹中径减小一个数值$f_{\alpha/2}$或将内螺纹的中径增大一个数值$F_{\alpha/2}$。这个补偿牙型半角误差而折算到中径上的数值$f_{\alpha/2}(F_{\alpha/2})$，称为牙型半角误差的中径当量。

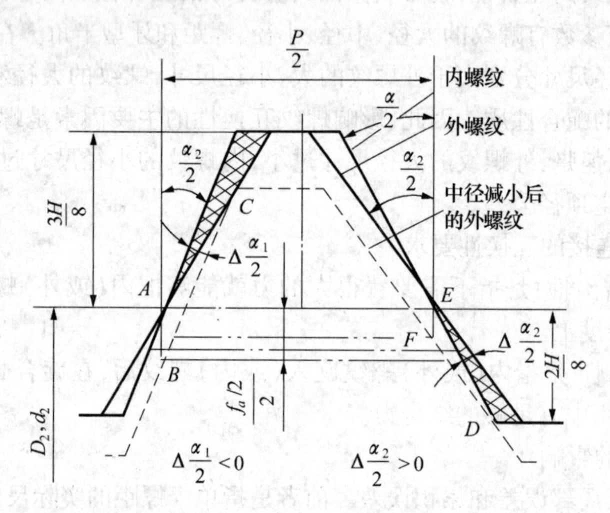

图6－29　牙型半角误差对互换性的影响

考虑到左、右牙型半角干涉区的径向干涉量不同，也可能同时出现的各种情况以及经过必要的单位换算，利用任意三角形的正弦定理，得出牙型半角误差的中径当量公式为

$$f_{\alpha/2}(F_{\alpha/2}) = 0.073P\left(K_1\left|\Delta\frac{\alpha_1}{2}\right| + K_2\left|\Delta\frac{\alpha_2}{2}\right|\right) \tag{6-5}$$

式中　$f_{\alpha/2}(F_{\alpha/2})$——牙型半角误差的中径当量(μm)；

P——螺距(mm)；

$\Delta\frac{\alpha_1}{2}$、$\Delta\frac{\alpha_2}{2}$——左右牙型半角误差(′)；

K_1、K_2——左右牙型半角误差系数。对外螺纹，当$\Delta\frac{\alpha_1}{2}$和$\Delta\frac{\alpha_2}{2}$为正值时，K_1、K_2取2，为负时K_1、K_2取3；内螺纹取值与外螺纹相反。

4）中径偏差的影响

中径偏差是指中径的实际尺寸与其基本尺寸之间的差值。中径偏差直接影响螺纹的旋合性和连接强度。当外螺纹中径大于内螺纹中径时就会产生干涉，影响旋合性。但是如果外螺纹中径过小，内螺纹中径过大，则会削弱连接强度。因此，必须限制中径偏差。

5）作用中径及泰勒原则

实际加工螺纹时，往往同时存在螺距误差、牙型半角误差和中径偏差，这三种误差的综合结果可以用作用中径来表示。

当实际外螺纹存在螺距误差和牙型半角误差时，它就不能与相同中径的理想内螺纹旋合，而只能与一个中径较大的理想内螺纹旋合，这就相当于外螺纹的中径增大了。这个增大的假想中径叫做外螺纹的作用中径 d_{2m}，它等于外螺纹的实际中径 d_{2a} 与螺距误差的中径当量 f_P 及牙型半角误差的中径当量 $f_{\alpha/2}$ 之和，即

$$d_{2m} = d_{2a} + f_P + f_{\alpha/2} \tag{6-6}$$

同理，当内螺纹存在螺距误差和牙型半角误差时，只能与一个中径较小的理想外螺纹旋合，相当于内螺纹的中径减小了。这个减小的假想中径叫做内螺纹的作用中径 D_{2m}，它等于内螺纹的实际中径 D_{2a} 与螺距误差的中径当量 F_P 及牙型半角误差的中径当量 $F_{\alpha/2}$ 之差，即

$$D_{2m} = D_{2a} - F_P - F_{\frac{\alpha}{2}} \tag{6-7}$$

由于螺距误差和牙型半角误差对螺纹使用性能的影响都可以折算为中径当量，因此，国家标准中没有单独规定螺距和牙型半角公差，仅用内、外螺纹的中径公差综合控制实际中径、螺距和牙型半角三项误差，因而中径公差是衡量螺纹互换性的重要指标。

判断螺纹中径合格性应遵循泰勒原则（图 6-30）。即实际螺纹的作用中径不允许超越其最大实体牙型的中径，以保证旋合性；任何部位的单一中径不允许超越其最小实体牙型的中径，以保证连接强度。因此，螺纹的合格条件为

外螺纹：$$d_{2m} \leqslant d_{2max}, d_{2a} \geqslant d_{2min} \tag{6-8}$$

内螺纹：$$D_{2m} \geqslant D_{2min}, D_{2a} \leqslant D_{2max} \tag{6-9}$$

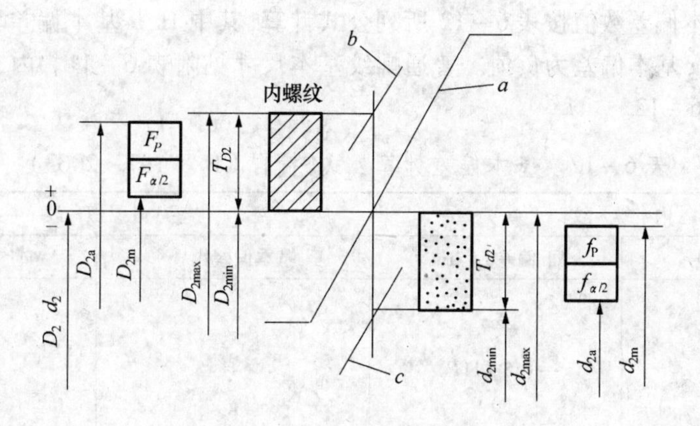

图 6-30 螺纹中径合格性判断示意图

6.4.2 普通螺纹的公差与配合

1. 普通螺纹的公差带

1）螺纹公差带的位置

普通螺纹公差带是以基本牙型为零线布置的，其位置是指公差带相对于基本牙型的距离，由基本偏差来决定。国家标准对内螺纹的中径和小径规定了 G、H 两种公差带位置，以下偏差 EI 为基本偏差，如图 6-31 所示。

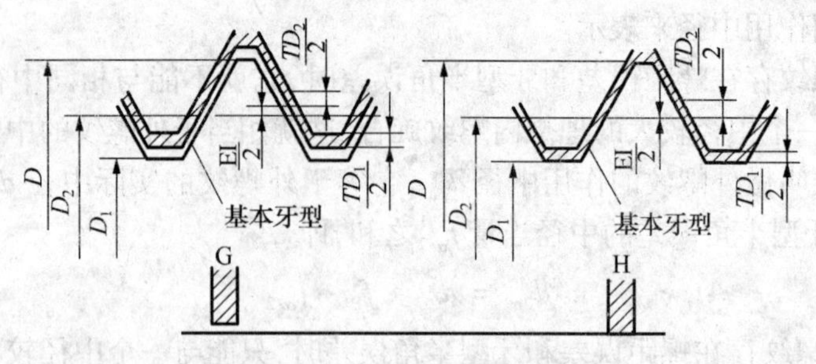

图 6-31　内螺纹的基本偏差

国家标准对外螺纹的中径和大径规定了 e、f、g、h 四种公差带位置，以上偏差 es 为基本偏差，如图 6-32 所示。

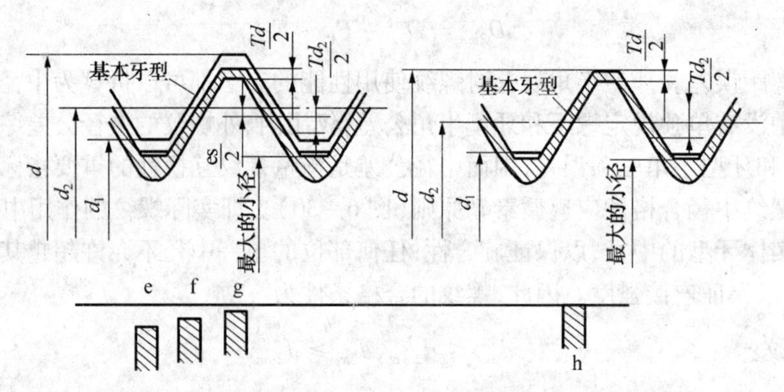

图 6-32　外螺纹的基本偏差

螺纹各基本偏差数值按表 6-12 所列公式计算，其中 H、h 基本偏差为零，G 基本偏差为正值，e、f、g 基本偏差为负值。普通螺纹基本尺寸见附表 6-11。内、外螺纹的基本偏差可查附表 6-12。

表 6-12　基本偏差计算公式（摘自 GB/T 197—2003）

内螺纹		外螺纹	
基本偏差代号	下偏差 EI/μm	基本偏差代号	上偏差 es/μm
		e	$-(50+11P)$
G	$+(15+11P)$	f	$-(30+11P)$
H	0	g	$-(15+11P)$
		h	0
注：P 的单位为 mm			

2）螺纹公差带的大小

普通螺纹公差带的大小由公差值确定，公差值又取决于螺距和公差等级。GB/T 197—2003 规定的普通螺纹公差等级见表 6-13。各公差等级中 3 级最高，9 级最低，6 级为基本级。由于内螺纹较难加工，同样公差等级的内螺纹中径公差比外螺纹中径公差大 32% 左右。

表 6－13　普通螺纹的公差等级

螺纹直径	公差等级
外螺纹中径 d_2	3,4,5,6,7,8,9
外螺纹大径 d	4,6,8
内螺纹中径 D_2	4,5,6,7,8
内螺纹小径 D_1	4,5,6,7,8

国家标准对内、外螺纹的顶径和中径规定了公差值，具体数值可查附表 6－13 和附表 6－14。

2. 螺纹公差带的选用

根据螺纹配合要求，把螺纹公差等级和基本偏差组合，得到各种螺纹公差带。但为了减少螺纹刀具和量具的规格和数量，国家标准规定了内、外螺纹的选用公差带，见表6－14。

表 6－14　普通螺纹选用公差带（摘自 GB/T 197—2003）

公差精度	公差带位置 G			公差带位置 H		
	S	N	L	S	N	L
精密	—	—	—	4H	5H	6H
中等	(5G)	6G*	(7G)	5H*	6H*	7H*
精糙	—	(7G)	(8G)	—	7H	8H

公差精度	公差带位置 e			公差带位置 f			公差带位置 g			公差带位置 h		
	S	N	L	S	N	L	S	N	L	S	N	L
精密	—	—	—	—	—	—	—	(4g)	(5g4g)	(3h4h)	4h*	(5h4h)
中等	—	6e*	(7e6e)	—	6f*	—	(5g6g)	6g*	(7g6g)	(5h6h)	6h	(7h6h)
粗糙	—	(8e)	(9e8e)	—	—	—	—	8g	(9g8g)	—	—	—

1）螺纹旋合长度和配合精度的选用

国家标准按螺纹公称直径和螺距基本尺寸，对螺纹连接规定了三组旋合长度，分别称为短旋合长度、中等旋合长度和长旋合长度，并分别用 S、N、L 表示，可从附表 6－15 中选取。一般情况应选用中等旋合长度，当结构和强度上有特殊要求时，可采用短旋合长度或长旋合长度。

螺纹公差带和旋合长度构成了螺纹的配合精度。GB/T 197—2003 将普通螺纹的配合精度分为精密级、中等级和粗糙级三个等级。精密级用于配合性质变动较小的精密螺纹；中等级用于一般螺纹连接；粗糙级用于精度要求不高或制造较困难的螺纹。

2）配合的选用

螺纹配合的选用主要根据使用要求来确定。为了保证螺母、螺栓旋合后的同轴度及连接强度，一般选用最小间隙为零的配合 H/h。为了装拆方便及改善螺纹的疲劳强度，可以选用 H/g 或 G/h 配合。对单件小批量生产的螺纹为适应手工旋紧和装配速度不高等使用性能，则选用最小间隙为零的 H/h 配合。对需要涂镀或在高温下工作的螺纹，通常选用 H/g、H/e 等较大间隙的配合。

3. 螺纹标注

普通螺纹的标记由螺纹代号、螺纹公差带代号和旋合长度代号组成。

标注中,左旋螺纹需在螺纹代号后加注“左”,细牙螺纹需要标注出螺距。中径和顶径公差带代号两者相同时,可只标一个代号;两者代号不同时前者为中径公差带代号,后者为顶径公差带代号。省略标注有:中等旋合长度 N;右旋螺纹;粗牙螺距。

外螺纹标记示例:

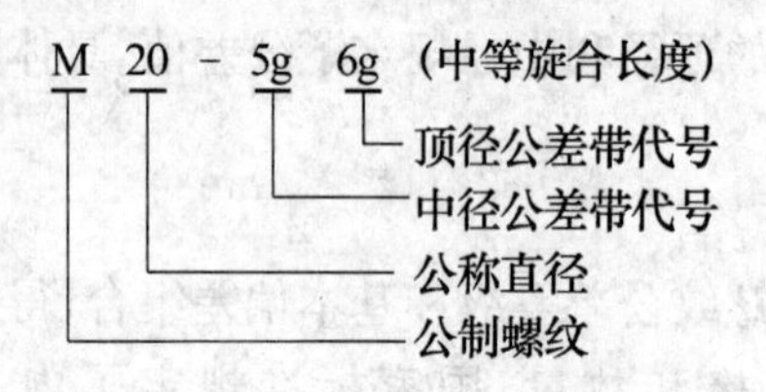

内螺纹标记示例:

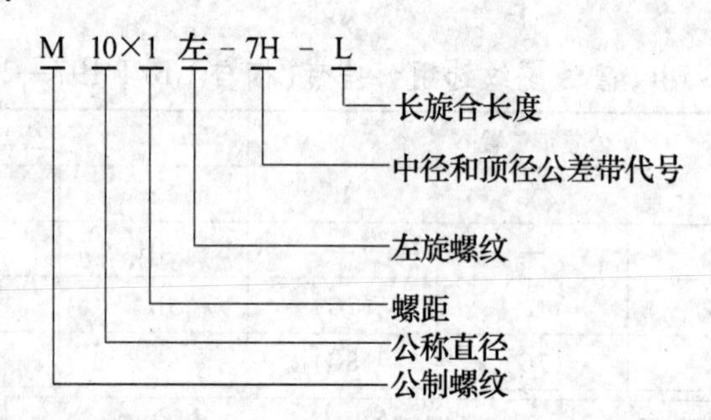

内、外螺纹装配在一起时,它们的公差带代号用斜线分开,左边为内螺纹公差带代号,右边为外螺纹公差带代号。如

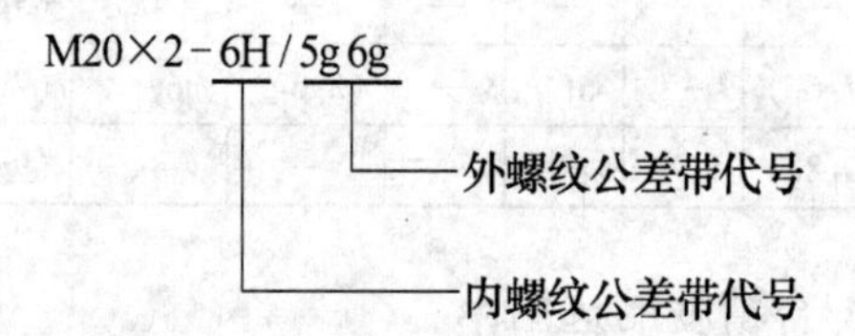

内、外螺纹标注如图 6-33 和图 6-34 所示。

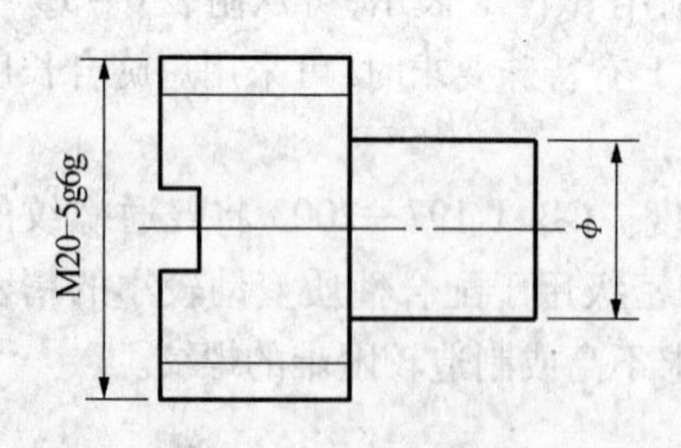

图 6-33　外螺纹标注

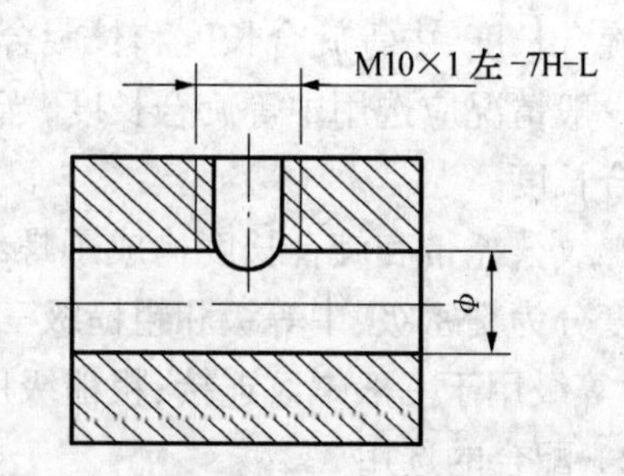

图 6-34　内螺纹标注

例 6-2　有一 M24×2-6g 的外螺纹,测得实际中径 $d_{2a}=21.95$,螺距累积误差 $\Delta P_{\Sigma}=+50\mu m$,牙型半角误差 $\Delta\frac{\alpha_1}{2}=-80'$,$\Delta\frac{\alpha_2}{2}=+60'$。试计算外螺纹的作用中径 d_{2m},并

判断中径的合格性。

解:(1) 确定螺纹中径极限尺寸。由附表 6-11、附表 6-12 和附表 6-13 分别查得中径 $d_2=22.701$,基本偏差 $es=-38\mu m$,中径公差 $Td_2=170\mu m$,计算得

$$ei = es - Td_2 = -38 - 170 = -208\mu m$$

$$d_{2max} = d_2 + es = 22.701 + (-0.038) = 22.663$$

$$d_{2min} = d_2 + ei = 22.701 + (-0.208) = 22.493$$

(2) 计算螺距误差和牙型半角误差的中径当量及作用中径

由式(6-4)得

$$f_P = 1.732\left|\Delta P_{\Sigma}\right| = 1.732 \times 50 = 86.6\mu m$$

由式(6-5)得

$$f_{\alpha/2} = 0.073P\left(K_1\left|\Delta\frac{\alpha_1}{2}\right| + K_2\left|\Delta\frac{\alpha_2}{2}\right|\right) = 0.073 \times 2(3 \times 80 + 2 \times 60) = 52.56\mu m$$

则

$$d_{2m} = d_{2a} + f_P + f_{a/2} = 21.95 + (86.6 + 52.56) \times 10^{-3} = 22.089$$

(3) 判断中径的合格性。由 $d_{2m}=22.089 < d_{2max}=22.663$ 可知,能够保证螺纹旋合性,但 $d_{2a}=21.95 < d_{2min}=22.493$,不能保证连接强度,所以此外螺纹为不合格件。

6.4.3 普通螺纹的测量

螺纹几何参数检测方法有单项测量和综合测量两种。

1. 单项测量

螺纹的单项测量是指分别测量螺纹的各项几何参数,用于检查高精度的螺纹、螺纹刀具、螺纹量规的质量或用于螺纹工件的误差分析。

常见的单项测量方法有以下几种。

1) 三针法测量外螺纹中径

三针法测量是一种较为常见的精密测量外螺纹中径的方法,如图 6-35 所示。测量时,将三根直径相同的精密量针分别放在外螺纹两侧牙槽中,用接触仪器或测微量具测出

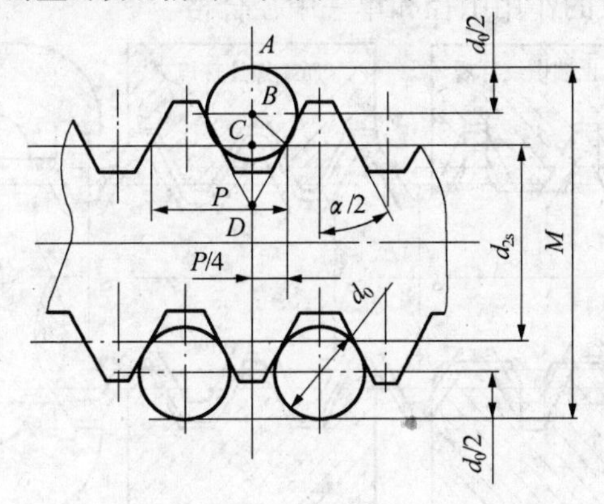

图 6-35　三针法测量中径

针距 M 值，然后根据已知的螺距、牙型半角和量针直径 d_0 计算出被测外螺纹的中径 d_{2s}。

$$d_{2s} = M - 2AC = M - 2(AD - CD) = M - 2AD - 2CD$$

$$AD = AB + BD = \frac{d_0}{2} + \frac{d_0}{2\sin\frac{\alpha}{2}} = \frac{d_0}{2}\left(1 + \frac{1}{\sin\frac{\alpha}{2}}\right)$$

$$CD = \frac{P}{4}\cot\frac{\alpha}{2}$$

则

$$d_{2s} = M - d_0\left(1 + \frac{1}{\sin\frac{\alpha}{2}}\right) + \frac{P}{2}\cot\frac{\alpha}{2}$$

对于牙型角 $\alpha = 60°$ 的普通螺纹，$d_{2s} = M - 3d_0 + 0.866P$。

为了减少螺纹牙型半角误差对测量结果的影响，应选择适当直径的量针，使其与螺纹牙侧面恰好在中径线上接触，满足此条件的钢针为最佳钢针 $d_{0最佳} = \frac{P}{2\cos\alpha/2}$。

2）影像法

影像法是指在计量室中用万能工具显微镜将被测螺纹的牙型轮廓放大成像，按被测螺纹的影像测量其螺距、牙型半角和中径，是一种广泛采用的测量方法。

2. 综合测量

综合测量是指用螺纹极限量规来检测螺纹几个参数误差的综合结果（图 6－36 和图 6－37）。螺纹量规按泰勒原则设计，通端螺纹用来控制被测螺纹的作用中径不得超过最大实体牙型的极限尺寸（d_{2max} 或 D_{2min}）以及同时控制被测螺纹底径的极限值（d_{1max} 和 D_{min}），应具有完整的牙型，且量规的长度应等于被测螺纹的旋合长度。止端螺纹用来控制被测螺纹的单一中径（实际中径）不得超过最小实体牙型的极限尺寸（d_{2min} 或 D_{2max}），止端牙型应做成截短牙型的不完整轮廓，以减小螺距误差和牙型半角误差对检测结果的影响。

综合测量时，若螺纹通规能通过或旋合被测螺纹，止规不能通过被测螺纹或不能完全旋合，这就表示被测螺纹的作用中径和单一中径合格。

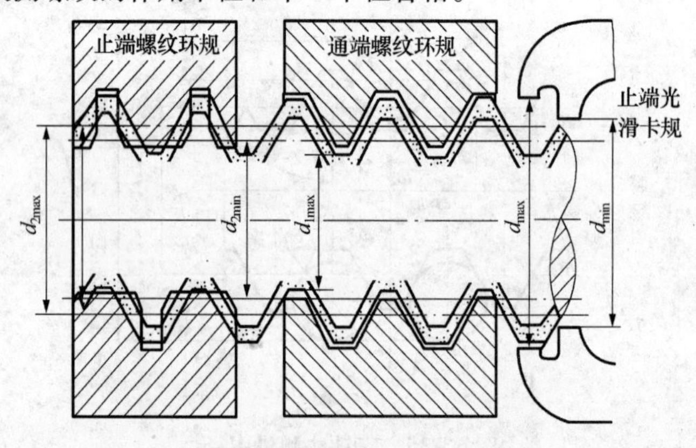

图 6－36　用环规检验外螺纹

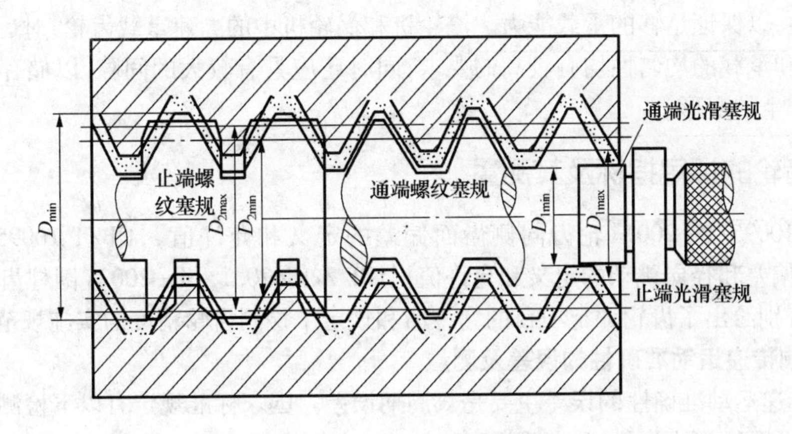

图 6-37　用塞规检验内螺纹

6.5　渐开线圆柱齿轮传动的互换性*

6.5.1　齿轮传动的使用要求

齿轮传动被广泛地应用在各种机器和仪表的传动装置中，是一种重要的传动方式。由于机器和仪表的工作性能、使用寿命与齿轮传动的质量密切相关，所以对齿轮传动提出了多项使用要求，归纳起来主要有以下四个方面。

1. 传递运动的准确性

由于齿轮副的加工误差和安装误差，使从动齿轮的实际转角偏离了理论转角，传动的实际传动比与理论传动比产生差异。传递运动的准确性就是要求从动齿轮在一转范围内的最大转角误差不超过规定的数值，以使齿轮在一转范围内传动比的变化尽量小，从而保证从动轮与主动轮运动协调一致，满足传递运动的准确性要求。

2. 传动平稳性

为了减小齿轮传动中的冲击、振动和噪声，应使齿轮在一齿范围内瞬时传动比（瞬时转角）变化尽量小，以保证传动平稳性要求。

3. 载荷分布的均匀性

齿轮传动中齿面的实际接触面积小，接触不均匀，就会使齿面载荷分布不均匀，引起应力集中，造成局部磨损，缩短齿轮的使用寿命。因此，必须保证啮合齿面沿齿宽和齿高方向的实际接触面积，以满足承载的均匀性要求。

4. 齿侧间隙

齿轮副啮合传动时，非工作齿面间应留有一定的间隙，用以储存润滑油，补偿齿轮的制造误差、安装误差以及热变形和受力变形，防止齿轮传动时出现卡死或烧伤。

不同工作条件和不同用途的齿轮对上述四项使用要求的侧重点会有所不同。精密机床、控制系统的分度齿轮和测量仪器的读数齿轮主要要求传递运动的准确性，以保证从动轮与主动轮运动的协调性。汽车、拖拉机和机床的变速齿轮主要要求传递运动的平稳性，以减小振动和噪声。起重机械、矿山机械等重型机械中的低速重载齿轮，主要要求载荷分布的均匀性，以保证足够的承载能力。汽轮机和涡轮机中的高速重载齿轮，对运动的准确性、平稳性和承载的均匀性均有较高的要求，同时还应具有较大的间隙，以储存润滑油和补偿受力产生的变形。

6.5.2　齿轮的评定指标及其测量

GB/T 10095.1—2001《轮齿同侧齿面偏差的定义和允许值》，GB/T 10095.2—2001《径向综合偏差和径向跳动的定义和允许值》，GB/Z 18620.1 ~4—2002《圆柱齿轮检验实施规范》，分别给出了齿轮评定项目的允许值和规定了检测齿轮精度的实施规范。

1. 影响传递运动准确性的误差及测量

影响传递运动准确性的误差主要是长周期误差。国家标准规定有以下检测项目：

1）齿距累积总偏差 F_p 和齿距累积偏差 F_{pk}

F_p 是指齿轮同侧齿面任意圆弧段（$k=1$ 至 $k=z$）内实际弧长与理论弧长的最大差值。它等于齿距累积偏差的最大偏差 $+\Delta p_{max}$ 与最小偏差 $-\Delta p_{max}$ 的代数差，如图 6 - 38 所示。F_{pk} 是指 k 个齿距间的实际弧长与理论弧长的最大差值，国家标准 GB/T 10095.1—2001 中规定 k 的取值范围一般为 $2 \sim z/8$，对特殊应用（高速齿轮）可取更小的 k 值。

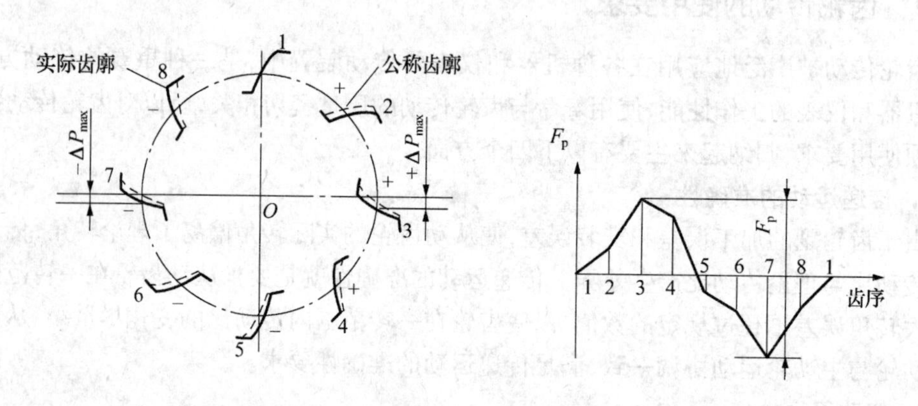

图 6 - 38　齿距累积总偏差和齿距累积偏差

齿距累积总公差 F_p 在测量中是以被测齿轮的轴线为基准，沿分度圆上每齿测量一点，所取点数有限且不连续，但因它可以反映几何偏心和运动偏心造成的综合误差，所以能较全面地评定齿轮传动的准确性。

齿距累积总公差 F_p 和齿距累积公差 F_{pk} 通常在万能测齿仪、齿距仪和光学分度头上测量，测量的方法有绝对法和相对法两种，但较为常用的是相对法。如图 6 - 39 所示，用相对法测量时，将固定量爪和活动量爪在齿高中部分度圆附近与齿面接触，以齿轮上的任意一个齿距为基准齿距，将仪器指示表上的指针调整为零，然后依次测量各轮齿对基准的相对齿距偏差，最后通过数据处理求出齿距累积总公差 F_p（数值见附表 6 - 17）和齿距累积公差 F_{pk}。

2）径向跳动 F_r

F_r 是指在齿轮一转范围内，将测头（球形、圆柱形、砧形）逐个放置在被测齿轮的齿槽内，在齿高中部双面接触，测头相对于齿轮轴线的最大和最小径向距离之差，如图 6 - 40 所示。

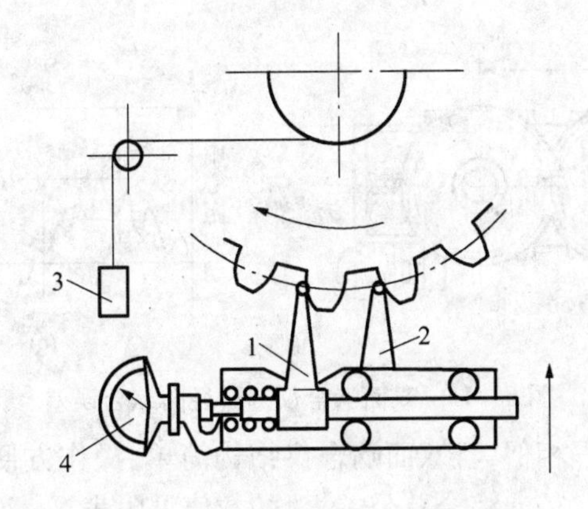

图 6-39　齿距的绝对测量法

1—活动量爪；2—固定量爪；3—重锤；4—指示表。

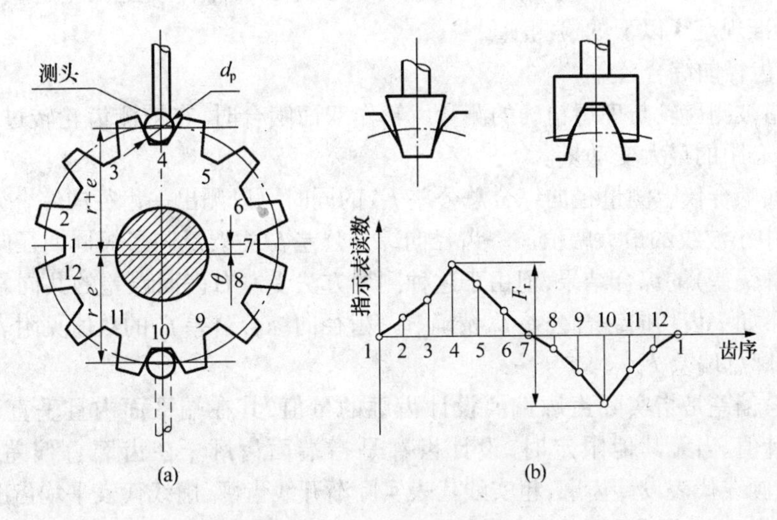

图 6-40　齿圈的径向跳动

齿圈的径向跳动主要反映几何偏心引起的齿轮径向长周期误差。对齿形角 $\alpha=20°$ 的标准齿轮和变位系数较小的齿轮，为保证测量时球形测头与齿廓在分度圆附近接触，球测头的直径可取 $d_p=1.68m$，m 为被测齿轮的模数。径向跳动公差 F_r 的数值见附表 6-22。

3）径向综合总偏差 F''_i

F''_i 是指被测齿轮与理想精确的测量齿轮双面啮合时，在被测齿轮一转范围内双啮中心距的最大变动量，如图 6-41(b)所示。径向综合总偏差可用双面啮合仪来测量，其工作原理如图 6-41(a)所示。测量时将被测齿轮安装在固定轴上，理想的精确齿轮装在可左右移动的滑座轴上，借助于弹簧的弹力，使两齿轮紧密地双面啮合，当齿轮啮合传动时，由指示表读出两齿轮中心距的变动量。

当被测齿轮存在几何偏心和齿、基节偏差时，被测齿轮与测量齿轮双面啮合传动时的中心距就会发生变化，因此，径向综合总公差 F''_i 主要反映几何偏心造成的径向长周期误差和齿廓偏差、基节偏差等短周期误差。用双面啮合仪测量双啮中心距的变动量，所反映齿廓的双面误差与齿轮实际工作状态不符，不能全面地反映运动的准确性，但由于其测量

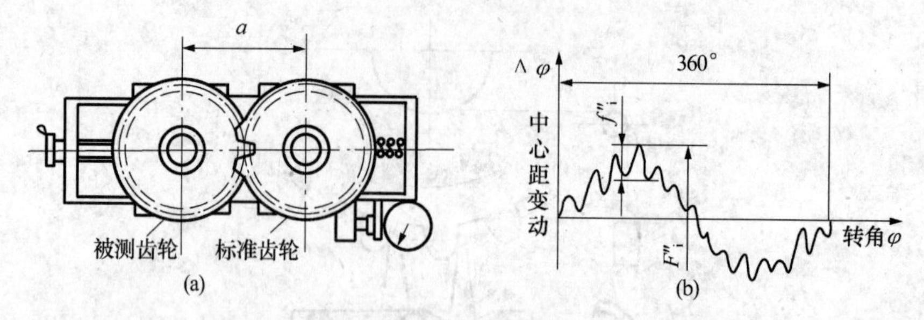

图6-41　双面啮合仪测量径向综合误差

过程与切齿时的啮合过程相似，且双面啮合仪结构简单、操作方便，故广泛用于批量生产中一般精度齿轮的测量。径向综合总公差 F''_i 的数值见附表6-20。

2. 影响传动平稳性的误差及测量

影响传递运动平稳性的误差主要是由刀具误差和机床传动链误差造成的短周期误差，国家标准规定了以下的检测项目。

1）一齿径向综合公差 f''_i

f''_i 是指被测齿轮与理想精确的测量齿轮作双面啮合时，在被测齿轮转过一个齿距角内，双啮中心距的最大变动量。

在双面啮合仪上测量径向综合总公差 F''_i 的同时可以测出一齿径向综合公差 f''_i，即图6-41(b)中小波纹的最大幅值。一齿径向综合公差 f''_i 主要反映了短周期径向误差（基节偏差和齿廓偏差）的综合结果，但由于这种测量方法受左右齿面误差的共同影响，评定传动平稳性不如一齿切向综合公差 f'_i 精确。一齿径向综合公差 f''_i 的数值见附表6-21。

2）齿廓总偏差 F_α

齿廓总偏差是指实际齿廓偏离设计齿廓的量值，其在端平面内且垂直于渐开线齿廓的方向计值。当无其他限定时，设计齿廓是指端面齿廓。在齿廓总偏差曲线中（图6-42），点画线代表设计齿廓，粗实线代表实际渐开线齿廓，虚线代表平均齿廓。

F_α 是指在计值范围内，包容实际齿廓迹线的两条设计齿廓迹线间的距离，如图6-42所示。

齿廓总公差主要是由刀具的齿形误差、安装误差以及机床分度链误差造成的。存在齿廓总公差的齿轮啮合时，齿廓的接触点会偏离啮合线，如图6-43所示。两啮合齿应在

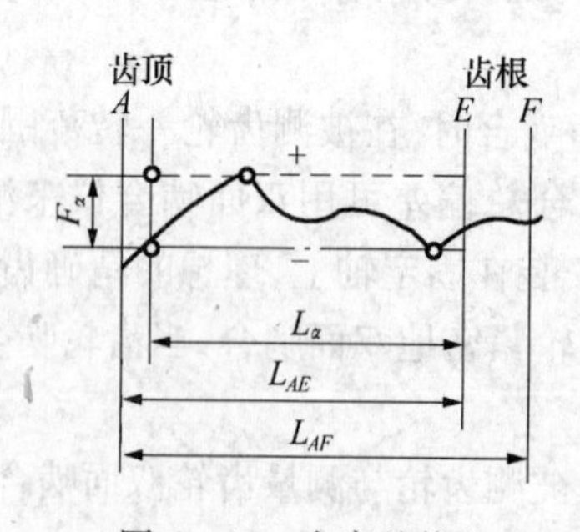

图6-42　齿廓总偏差

E—有效齿廓起始点；F—可用齿廓起始点；

L_α—齿廓计值范围；L_{AE}—有效长度；L_{AF}—可用长度。

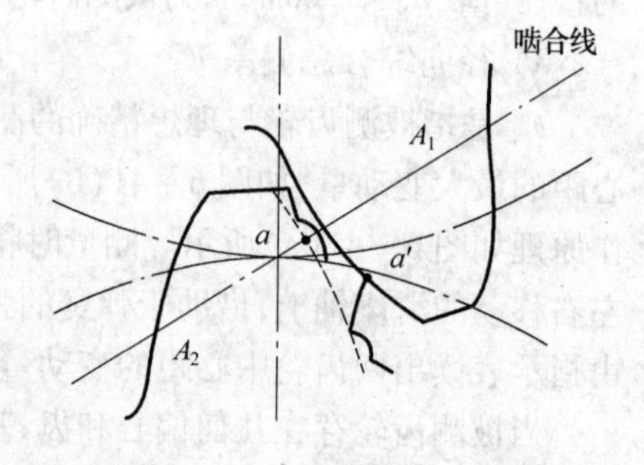

图6-43　齿廓偏差对传动平稳性的影响

啮合线上 a 点接触,由于齿轮有齿廓总公差,使接触点偏离了啮合线,在啮合线外 a' 点发生啮合,引起瞬时传动比的变化,从而破坏了传动平稳性。

F_α 通常用万能渐开线检查仪或单圆盘渐开线检查仪进行测量。图 6-44 所示为单圆盘检查仪,将被测齿轮与直径等于被测齿轮基圆直径的基圆盘装在同一心轴上,并使基圆盘与装在滑座上的直尺相切,当滑座移动时,直尺带动基圆盘和齿轮无滑动地转动,量头与被测齿轮的相对运动轨迹是理想渐开线。如果被测齿轮齿廓没有误差,则千分尺的测头不动,即表针的读数为零。如果实际齿廓存在误差,千分表读数的最大差值就是齿廓总偏差值(齿廓总公差 F_α 的数值见附表 6-18)。

3)单个齿距偏差 f_{pt}

f_{pt}是指在端平面上接近齿高中部的一个与齿轮轴线同心的圆上,实际齿距与理论齿距的代数差,如图 6-45 所示。单个齿距偏差的测量方法与齿距总公差的测量方法相同,只是数据处理方法不同。用相对法测量时,理论齿距是所有实际齿距的平均值。

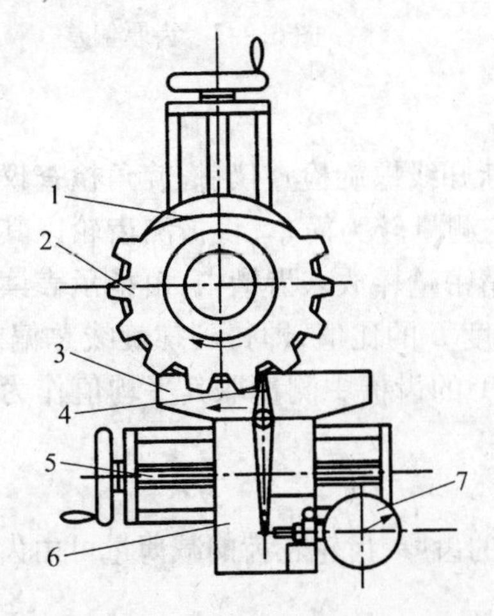

图 6-44　单圆盘渐开线检查仪

1—基圆盘;2—被测齿轮;3—直尺;
4—杠杆;5—丝杠;6—拖板;7—指示表。

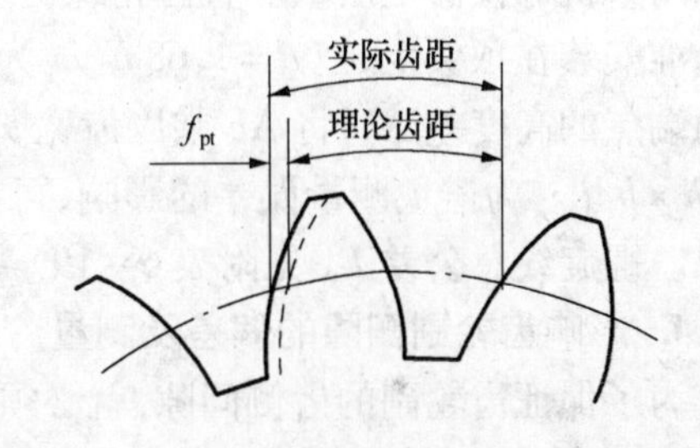

图 6-45　单个齿距偏差

机床传动链误差会造成单个齿距偏差。由齿轮基节与齿距的关系式 $P_b = P_t\cos\alpha$,经过微分得

$$\Delta P_b = \Delta P_t\cos\alpha - P_t \cdot \Delta\alpha\sin\alpha \quad (6-10)$$

上式说明了齿距偏差与基节偏差和齿形角误差有关,是基节偏差和齿廓偏差的综合反映,影响了传动的平稳性,因此必须限制单个螺距偏差。单个齿距偏差 f_{pt} 的数值见附表 6-16。

3. 影响载荷分布均匀性的误差及测量

由于齿轮的制造和安装误差,一对齿轮在啮合过程中沿齿长方向和齿高方向都不是全齿接触,实际接触线只是理论接触线的一部分,影响了载荷分布的均匀性。国家标准规定用螺旋线偏差来评定载荷分布均匀性。

螺旋线总偏差 F_β 是指在端面基圆切线方向上,实际螺旋线对设计螺旋线的偏离量。

在螺旋线总偏差曲线中(图 6-46),点画线代表设计螺旋线,粗实线代表实际螺旋线,虚线代表平均螺旋线。

F_β 是指在计值范围内,包容实际螺旋线迹线的两条设计螺旋线迹线的距离,如图6-47 所示。

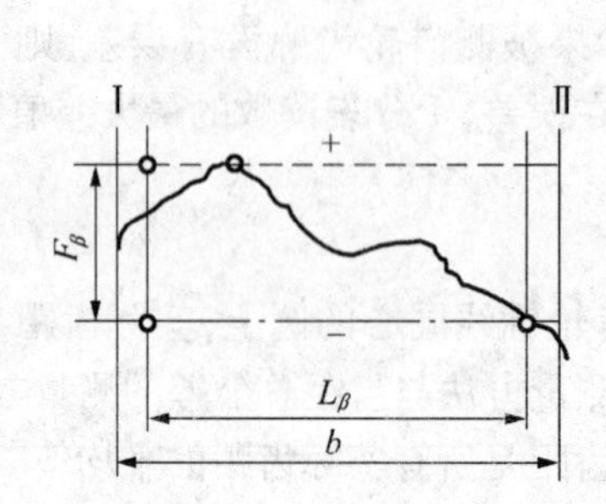

图 6-46　螺旋线总偏差

Ⅰ—基准面；Ⅱ—非基准面；

b—齿宽或两端倒角之间的距离；L_β—螺旋线计值范围。

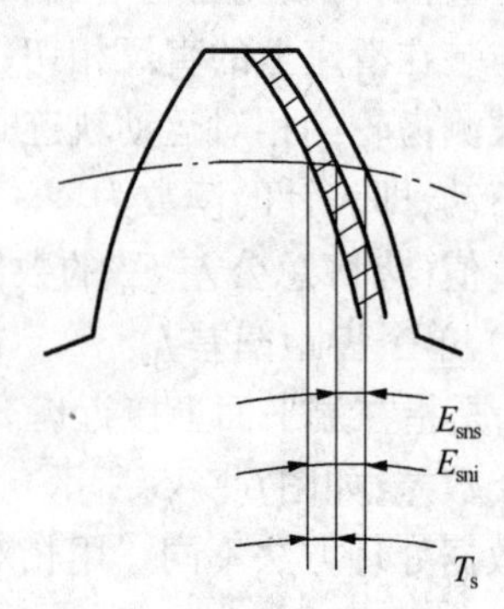

图 6-47　齿厚偏差

F_β 可以采用展成法或坐标法在齿向检查仪、渐开线螺旋检查仪、螺旋角检查仪和三坐标测量机等仪器上测量。直齿轮螺旋线总偏差的测量较为简单,将被测齿轮以其轴线为基准安装在顶尖上,把 $d=1.68m$(m 为模数)的精密量棒放入齿槽中,由指示表读出量棒两端点的高度差 Δh,将 Δh 乘以齿宽 b 与量棒长度 L 的比值,即得到螺旋线总偏差 $F_\beta=\Delta h\times b/L$。为避免测量误差的影响,可在相隔 180°的齿槽中测量取其平均值作为测量结果。螺旋线总公差 F_β 见附表 6-19。

4. 影响齿轮副侧隙的偏差及测量

为了保证齿轮副的齿侧间隙,就必须控制轮齿的齿厚,齿轮轮齿的减薄量可由齿厚偏差和公法线长度偏差来控制。

1) 齿厚偏差

齿厚偏差是指在分度圆柱上,齿厚的实际值与公称值之差(对于斜齿轮齿厚是指法向齿厚),如图 6-47 所示。齿厚上偏差代号为 E_{sns},下偏差代号为 E_{sni}。

齿厚偏差可以用齿厚游标卡尺来测量,如图 6-48 所示。由于分度圆柱面上的弧齿厚不便测量,所以通常都是测量分度圆弦齿厚。对于标准圆柱齿轮分度圆公称弦齿厚 $\bar{s}$ 为

$$\bar{s}=mz\sin\frac{90^\circ}{z} \tag{6-11}$$

分度圆公称弦齿高 $\bar{h}$ 为

$$\bar{h}=m\left[1+\frac{z}{2}\left(1-\cos\frac{90^\circ}{z}\right)\right] \tag{6-12}$$

式中　m——模数;

　　z——齿数。

齿厚测量是以齿顶圆为测量基准,测量结果受齿顶圆加工误差的影响,因此,必须保

证齿顶圆的精度,以降低测量误差。

2）公法线长度偏差

公法线长度偏差是指齿轮一圈内,实际公法线长度 W_{ka} 与公称公法线长度 W_k 之差。公法线长度上偏差代号为 E_{bns},下偏差代号为 E_{bni}。

如图 6-49 所示,标准直齿圆柱齿轮的公称公法线长度 W_k 等于 $(k-1)$ 个基节和一个基圆齿厚之和,即

$$W_k = (k-1)P_b + S_b = m\cos\alpha\left[(k-0.5)\pi + z\,\mathrm{inv}\alpha\right] \quad (6-13)$$

式中 $\mathrm{inv}\alpha$——渐开线函数,$\mathrm{inv}20° = 0.014$;

k——跨齿数。

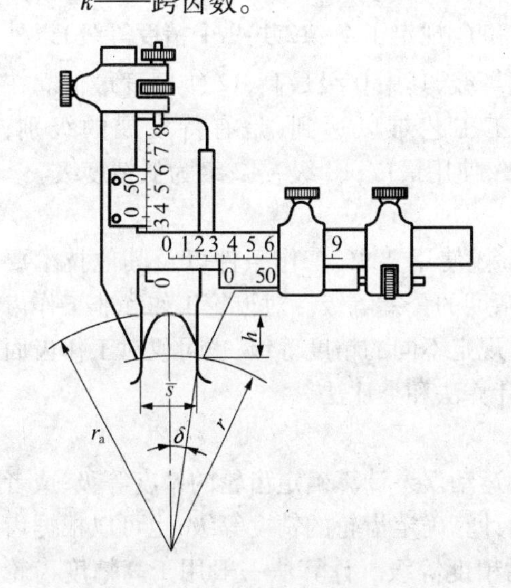

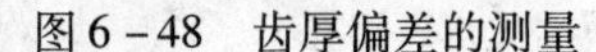
图 6-48 齿厚偏差的测量

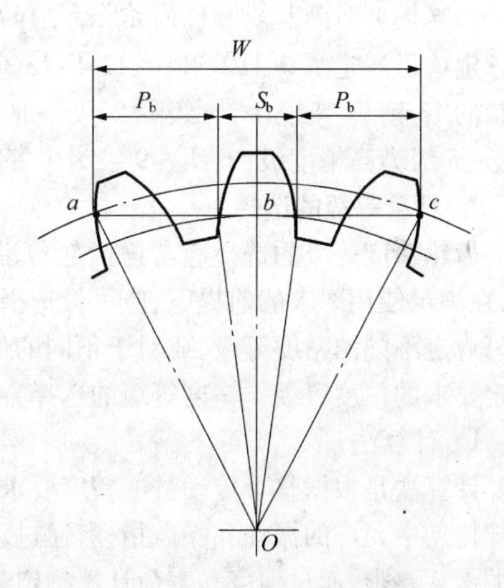

图 6-49 直齿圆柱齿轮公法线长度

对于齿形角 $\alpha = 20°$ 的标准齿轮 $k = \frac{z}{9} + 0.5$;通常 k 值不为整数,计算 W_k 时,应将 k 值化整为最接近计算值的整数。

由于侧隙的允许偏差没有包括到公法线长度的公称值内,所以,用公法线极限偏差来控制公法线长度偏差时,应从公法线长度公称值上减去或加上公法线长度的上偏差和下偏差。即

内齿轮:

$$W_k - E_{bni} \leqslant W_{ka} \leqslant W_k - E_{bns} \quad (6-14)$$

外齿轮:

$$W_k + E_{bni} \leqslant W_{ka} \leqslant W_k + E_{bns} \quad (6-15)$$

公法线长度偏差可以在测量公法线长度变动时同时测出,为避免机床运动偏心对评定结果的影响,公法线长度应取平均值。公法线平均长度偏差即为各公法线长度的平均值与公称值之间的差值。

6.5.3 齿轮精度标准及其应用

1. 使用范围

GB/T 10095—1998《渐开线圆柱齿轮精度》已由新标准 GB/T 10095.1—2001《轮齿同侧齿面偏差的定义和允许值》、GB/T 10095.2—2001《径向综合偏差和径向跳动的定义和允许值》和 GB/Z 18620.1～4—2002《圆柱齿轮检验实施规范》等代替，新标准适用于法向模数 $m_n \geqslant 0.2 \sim 10$，$d \geqslant 5 \sim 1000$ 的 F'' 和 f'' 以及 $m_n \geqslant 0.5 \sim 70$，分度圆直径 $d \geqslant 5 \sim 10000$，齿宽 $b \geqslant 4 \sim 1000$ 的渐开线圆柱齿轮，基本齿廓按照 GB/T 1356—2001《渐开线圆柱齿轮基本齿廓》的规定。

2. 精度等级

国家标准对渐开线圆柱齿轮除 F''_i 和 f''_i（F''_i 和 f''_i 规定了 4～12 共 9 个精度等级）以外的评定项目规定了 0、1、2、3、…、12 共 13 个精度等级，其中 0 级最高，12 级精度最低。在齿轮的 13 精度等级中，0 级～2 级一般的加工工艺难以达到，是有待发展的级别；3 级～5 级为高精度级；6 级～9 级为中等精度级，使用最广；10 级～12 级为低精度级。

3. 精度等级的选择

齿轮精度等级的选择应考虑齿轮传动的用途、使用要求、工作条件以及其他技术要求，在满足使用要求的前提下，应尽量选择较低精度的公差等级。对齿轮工作和非工作齿面可规定不同的精度等级，或对于不同的偏差可规定不同的精度等级，也可仅对工作齿面规定要求的精度等级。精度等级的选择方法有计算法和类比法。

1）计算法

计算法是根据整个传动链的精度要求，通过运动误差计算确定齿轮的精度等级；或者已知传动中允许的振动和噪声指标，通过动力学计算确定齿轮的精度等级；也可以根据齿轮的承载要求，通过强度和寿命计算确定齿轮的精度等级。计算法一般用于高精度齿轮精度等级的确定中。

2）类比法

类比法是根据生产实践中总结出来的同类产品的经验资料，经过对比选择精度等级。在生产实际中类比法较为常用。

表 6－15 列出了各类机械中齿轮精度等级的应用范围，表 6－16 列出了齿轮精度等级与圆周速度的应用范围，选用时可作参考。

表 6－15 各类机械中齿轮精度等级的应用范围

应用范围	精度等级	应用范围	精度等级
测量齿轮	2～5	重型汽车	6～9
汽轮机减速器	3～6	一般减速器	6～9
精密切削机床	3～7	拖拉机	6～9
一般切削机床	5～8	轧钢机	6～10
内燃或电气机车	6～7	起重机	7～10
航空发动机	4～8	矿用绞车	8～10
轻型汽车	5～8	农业机械	8～11

表 6-16 齿轮精度等级与圆周速度的应用范围

精度等级	应用范围	圆周速度/(m/s)	
		直齿	斜齿
4	高精度和精密分度机构的末端齿轮	>30	>50
	极高速的透平齿轮		>70
	要求极高的平稳性和无噪声的齿轮	>35	>70
	检验7级精度齿轮的测量齿轮		
5	高精度和精密分度机构的中间齿轮	>15~30	>30~50
	很高速的透平齿轮,高速重载,重型机械进给齿轮		>30
	要求高的平稳性和无噪声的齿轮	>20	>35
	检验8级~9级精度齿轮的测量齿轮		
6	一般分度机构的中间齿轮,Ⅲ级和Ⅲ级以上精度机床中的进给齿轮	>10~15	15~30
	高速、高效率、重型机械传动中的动力齿轮		<30
	高速传动中的平稳性和无噪声齿轮	≤20	≤35
	读数机构中精密传动齿轮		
7	Ⅳ级和Ⅳ级以上精度机床中的进给齿轮	>6~10	>8~15
	高速与适度功率下或适度速度与大功率下的动力齿轮	<15	<25
	有一定速度的减速器齿轮,有平稳性要求的航空齿轮、船舶和轿车的齿轮	≤15	≤25
	读数机构齿轮,具有非直齿的速度齿轮		
8	一般精度机床齿轮	<6	<8
	中等速度较平稳工作的动力齿轮,一般机器中的普通齿轮	<10	<15
	中等速度较平稳工作的汽车、拖拉机和航空齿轮	≤10	≤15
	普通印刷机中齿轮		
9	用于不提出精度要求的工作齿轮	≤4	≤6
	没有传动要求的手动齿轮		

4. 评定参数的公差值与极限偏差的确定

GB/T 10095.1—2001 和 GB/T 10095.2—2001 规定,各评定参数允许值是以5级精度规定的公式乘以级间公比计算出来的。两相邻精度等级的级间公比等于$\sqrt{2}$,5级精度未圆整的计算值乘以$2^{0.5(Q-5)}$,即可得到任一精度等级的待求值,式中Q是待求值的精度等级数。计算时,公式中的法向模数m_n、分度圆直径d、齿宽b应取各分段界限值的几何平均值。

由有关公式计算并圆整得到的各评定参数公差或极限偏差数值见附表6-16~附表6-22,设计时可以根据齿轮的精度等级、模数、分度圆直径或齿宽选取。

5. 齿轮副侧隙和齿厚极限偏差的确定

1）齿轮副侧隙

齿轮副侧隙是一对齿轮装配后自然形成的。侧隙需要量值的大小与齿轮的精度、大小及工作条件有关。为了获得必要的侧隙,通常采用调节中心距或减薄齿厚的方法。设计时选取的齿轮副的最小侧隙，必须满足正常储存润滑油和补偿齿轮和箱体温升引起的变形的需要。

箱体、轴和轴承的偏斜；箱体的偏差和轴承的间隙导致的齿轮轴线的不对准和歪斜；安装误差；轴承的径向跳动；温度的影响；旋转零件的离心胀大等因素都会影响到齿轮副最小侧隙 j_{bnmin}。对于齿轮和箱体都为黑色金属，工作时节圆线速度小于 15m/s，轴和轴承都采用常用的商用制造公差的齿轮传动，齿轮副最小侧隙可用下式计算：

$$j_{bnmin} = \frac{2}{3}(0.06 + 0.0005a_i + 0.03m_n) \tag{6-16}$$

式中 a_i——传动的中心距，取绝对值（mm）。

2）齿厚的极限偏差

（1）齿厚上偏差。齿厚上偏差，必须保证齿轮副工作时所需的最小侧隙，当齿轮副为公称中心距且无其他误差影响时，两齿轮的齿厚偏差与最小侧隙存在如下关系：

$$j_{bnmin} = |E_{sns1} + E_{sns2}|\cos\alpha_n \tag{6-17}$$

若主动轮与从动轮取相同的齿厚上偏差，则

$$E_{sns1} = E_{sns2} = -j_{bnmin}/2\cos\alpha_n \tag{6-18}$$

（2）齿厚下偏差。齿厚下偏差可以根据齿厚上偏差和齿厚公差求得。齿厚公差的计算式为

$$T_{sn} = \sqrt{F_r^2 + b_r^2} \times 2\tan\alpha_n \tag{6-19}$$

式中 F_r——径向跳动公差；

b_r——切齿径向进刀公差，由表 6-17 选取。

齿厚的下偏差为

$$E_{sni} = E_{sns} - T_{sn} \tag{6-20}$$

表 6-17 切齿径向进刀公差 b_r

齿轮精度等级	4	5	6	7	8	9
b_r	1.26IT7	IT8	1.26IT8	IT9	1.26 IT9	IT10

3）公法线长度极限偏差

在实际生产中，常用控制公法线长度极限偏差的方法来保证侧隙。公法线长度极限偏差和齿厚偏差存在如下关系：

公法线长度上偏差：

$$E_{bns} = E_{sns}\cos\alpha_n \tag{6-21}$$

公法线长度下偏差：

$$E_{bni} = E_{sni}\cos\alpha_n \tag{6-22}$$

6. 检验项目

GB/T 10095.1—2001 规定齿距累积总公差 F_p、齿距累积公差 F_{pk}、单个齿距偏差 f_{pt}、齿廓总公差 F_α、螺旋线总公差 F_β、齿厚偏差 E_{sn} 或公法线长度极限偏差 E_{bn} 是齿轮的必检项目，其余的非必检项目由采购方和供货方协商确定。

7. 齿坯精度

齿轮的传动质量与齿坯的精度有关。齿坯的尺寸偏差、形状误差和表面质量对齿轮的加工、检验及齿轮副的接触条件和运转状况有很大的影响。为了保证齿轮的传动质量，就必须控制齿坯精度，以使加工的轮齿精度更易保证。

1）确定齿轮基准轴线的方法

有关齿轮轮齿精度（齿廓偏差、相邻齿距偏差等）的参数的数值，只有明确其特定的旋转轴线时才有意义。当测量时齿轮围绕其旋转的轴线如有改变，则这些参数测量值也将改变。因此，在齿轮的图纸上必须把规定轮齿公差的基准轴线明确表示出来。

齿轮的基准轴线是制造者（和检测者）用来确定轮齿几何形状的轴线，是由基准面中心确定的。设计时应使基准轴线和工作轴线重合。确定齿轮基准轴线的方法有以下三种。

（1）用两个“短的”圆柱或圆锥形基准面上设定的两个圆的圆心来确定轴线上的两个点，如图 6－50 所示。

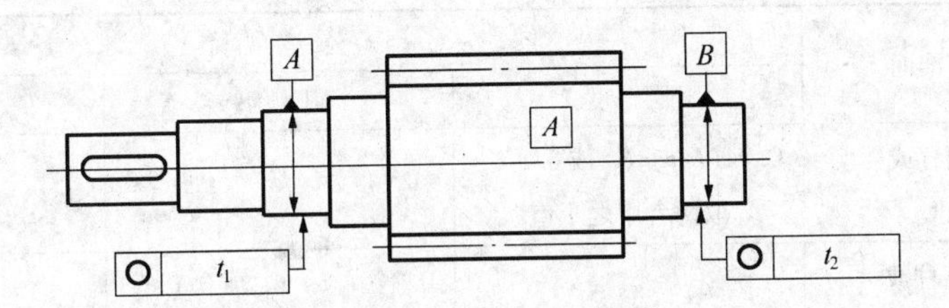

图 6－50　确定齿轮基准轴线的方法 1

（2）用一个“长的”圆柱或圆锥形基准面来同时确定轴线的位置和方向。孔的轴线可以用与之相匹配的、正确装配的工作心轴的轴线来代表，如图 6－51 所示。

（3）轴线位置用一个“短的”圆柱形基准面上一个圆的圆心来确定，其方向则用垂直于此轴线的一个基准端面来确定，如图 6－52 所示。

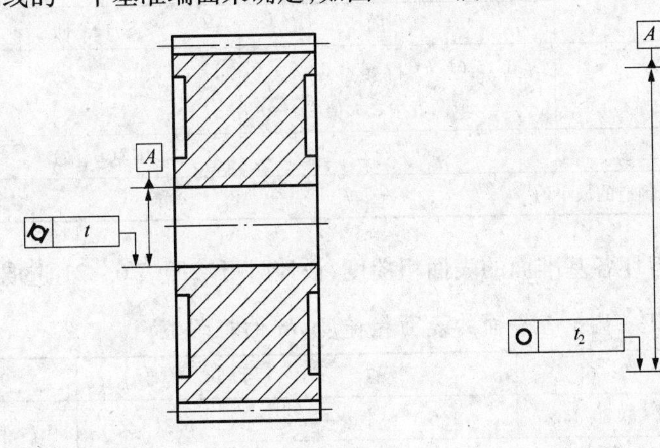

图 6－51　确定齿轮基准轴线的方法 2

图 6－52　确定齿轮基准轴线的方法 3

2）齿坯公差规定

新国家标准没有规定齿轮的尺寸公差，设计时可参照旧国家标准 GB 100095—88，见表 6－18。

表 6-18　齿坯公差(摘自 GB 100095—88)

齿轮精度等级		5	6	7	8	9
孔	尺寸公差	IT5	IT6	IT7		IT8
	几何公差					
轴	尺寸公差	IT5		IT6		IT7
	几何公差					
顶圆直径公差		IT7		IT8		IT9
注:当顶圆不作为测量基准时,其尺寸公差按 IT11 给定,但不大于 $0.1m_n$						

齿轮的形状公差及基准面的跳动公差在国家标准中作了规定,可按表 6-19 及表6-20 选取。

表 6-19　基准面和安装面的形状公差(摘自 GB/Z 18620.3—2002)

确定轴线的基准面	公差项目		
	圆度	圆柱度	平面度
两个“短的”圆柱或圆锥形基准面	$0.04(L/b)F_\beta$ 或 $0.1F_p$ 取两者中之小值		
一个“长的”圆柱或圆锥形基准面		$0.04(L/b)F_\beta$ 或 $0.1F_p$ 取两者中之小值	
一个短的圆柱面和一个端面	$0.06F_p$		$0.06(D_d/b)F_\beta$
注:齿轮坯的公差应减至能经济地制造的最小值。L—较大的轴承跨距;D_d—基准面直径;b—齿宽			

表 6-20　安装面的跳动公差(摘自 GB/Z 18620.3—2002)

确定轴线的基准面	跳动量(总的指示幅度)	
	径向	轴向
仅指圆柱或圆锥形基准面	$0.15(L/b)F_\beta$ 或 $0.32F_p$ 取两者中之大值	
一个圆柱基准面和一个端面基准	$0.3F_p$	$0.2(D_d/b)F_\beta$
注:齿轮坯的公差应减至能经济地制造的最小值		

新国家标准没有规定齿坯各基准面的表面粗糙度,设计时可参照表 6-21 选取。

表 6-21　齿轮各表面的表面粗糙度 Ra 的推荐值　(μm)

齿轮精度等级	5	6	7		8	9	
轮齿齿面	0.4~0.8	0.8~1.6	1.6	3.2	6.3(3.2)	6.3	12.5
齿面加工方法	磨齿	磨或珩	剃或珩	精滚精插	插或滚齿	滚齿	铁齿
齿轮基准孔	0.4~0.8	1.6	1.6~3.2		6.3		
齿轮轴基准轴颈	0.4	0.8	1.6		3.2		
齿轮基准端面	3.2~6.3	3.2~6.3	3.2~6.3			6.3	
齿轮顶圆	1.6~3.2	6.3(12.5)	6.3(12.5)				

齿轮表面粗糙度允许值可按 GB/Z 18620.4—2002 中的规定，见表 6-22。

表 6-22　齿面表面粗糙度（摘自 GB/Z 18620.4—2002）　　(μm)

齿轮精度等级	*Ra*		*Rz*	
	$m_n<6$	$6\leqslant m_n\leqslant 2.5$	$m_n<6$	$6\leqslant m_n\leqslant 25$
5	0.5	0.63	3.2	4.0
6	0.8	1.00	5.0	6.3
7	1.25	1.60	8.0	10
8	2.0	2.5	12.5	16
9	3.2	4.0	20	25
10	5.0	6.3	32	40
11	10.0	12.5	63	80
12	20	25	125	160

8. 图样标注

国家标准规定，齿轮的检验项目具有相同精度等级时，只需标注精度等级和标准号。例如 8GB/T 10095.1—2001 或 8GB/T 10095.2—2001 表示检验项目精度等级同为 8 级的齿轮。

若齿轮各检验项目的精度等级不同时，则须在精度等级后面用括弧加注检验项目。例如 6(F_α)7(F_p、F_β)GB/T 10095.1—2001 表示齿廓总公差 F_α 为 6 级精度、齿距累积总公差 F_p 和螺旋线总公差 F_β 均为 7 级精度的齿轮。

9. 应用举例

图 6-53 是一个装在图 1-3 所示的减速器输出轴上的齿轮工作图的标注示例。减速器输出轴 *B*—*B* 剖面的 *C* 基准是 ϕ56r6 的轴线，也是渐开线齿轮 ϕ56H7 的轴线，同样也是齿轮毛坯加工和滚齿机加工齿廓的基准 *A*。两个基准面的粗糙度允许值均为 *Ra* 1.6μm，它们的配合性质属于基孔制的过盈配合，其配合标注代号为 ϕ56H7/r6。

图 6-53 上的必检参数是根据检验项目选择的组合。采用这种标注示例，仅供学习参考。

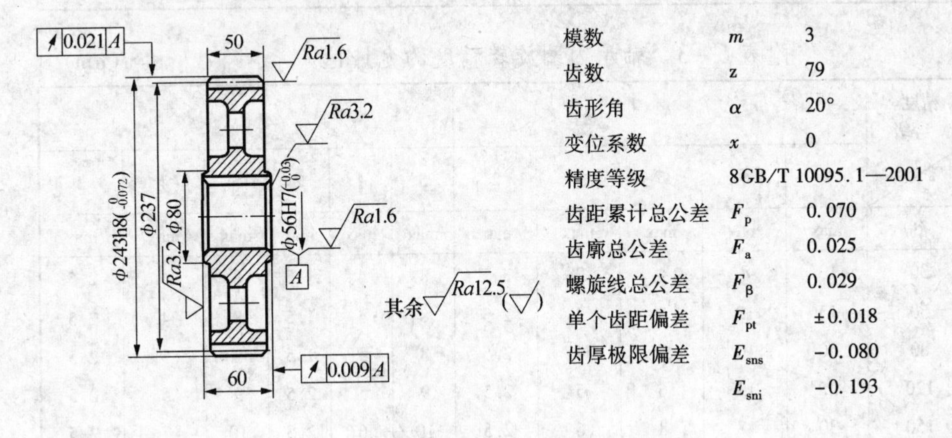

图 6-53　齿轮工作图

附表6-1　轴承内圈外型尺寸的极限偏差　(μm)

基本尺寸 d/mm \ 精度等级		内径														宽度	
		Δd_{mp}										Δd_s				ΔB_s	
		0		6		5		4		2		4		2		0、6、5、4、2	
大于	到	上偏差	下偏差	上偏差	下偏差	上偏差	下偏差	上偏差	下偏差	上偏差	下偏差	上偏差	下偏差	上偏差	下偏差	上偏差	下偏差
18	30	0	-10	0	-8	0	-6	0	-5	0	-2.5	0	-5	0	-2.5	0	-120
30	50	0	-12	0	-10	0	-8	0	-6	0	-2.5	0	-6	0	-2.5	0	-120
50	80	0	-15	0	-12	0	-9	0	-7	0	-4	0	-7	0	-4	0	-150
80	120	0	-20	0	-15	0	-10	0	-8	0	-5	0	-8	0	-5	0	-200
120	150	0	-25	0	-18	0	-13	0	-10	0	-7	0	-10	0	-7	0	-250
150	180	0	-25	0	-18	0	-13	0	-10	0	-7	0	-10	0	-7	0	-250
180	250	0	-30	0	-22	0	-5	0	-12	0	-8	0	-12	0	-8	0	-300

附表6-2　轴承外圈外型尺寸的极限偏差　(μm)

基本尺寸 D/mm \ 精度等级		外径														宽度	
		ΔD_{mp}										ΔD_s				ΔC_s，ΔC_{1s}	
		0		6		5		4		2		4		2		0、6、5、4、2	
大于	到	上偏差	下偏差	上偏差	下偏差	上偏差	下偏差	上偏差	下偏差	上偏差	下偏差	上偏差	下偏差	上偏差	下偏差	上偏差	下偏差
30	50	0	-11	0	-9	0	-7	0	-6	0	-4	0	-6	0	-4	与同一轴承内圈的ΔB_s相同	
50	80	0	-13	0	-11	0	-9	0	-7	0	-4	0	-7	0	-4		
80	120	0	-15	0	-13	0	-10	0	-8	0	-5	0	-8	0	-5		
120	150	0	-18	0	-15	0	-11	0	-9	0	-5	0	-9	0	-5		
150	180	0	-25	0	-18	0	-13	0	-10	0	-7	0	-10	0	-7		
180	250	0	-30	0	-20	0	-15	0	-11	0	-8	0	-11	0	-8		
250	315	0	-35	0	-25	0	-18	0	-13	0	-8	0	-13	0	-8		

附表6-3　轴承内圈旋转精度的允许值　(μm)

基本尺寸 d/mm \ 精度等级		K_{ia}					S_d			S_{ia}		
		0	6	5	4	2	5	4	2	5	4	2
大于	到	max	max	max	max	max	max	max	max	max	max	max
18	30	13	8	4	3	2.5	8	4	1.5	8	4	2.5
30	50	15	10	5	4	2.5	8	4	1.5	8	4	2.5
50	80	20	10	5	4	2.5	8	5	1.5	8	5	2.5
80	120	25	13	6	5	2.5	9	5	2.5	9	5	2.5
120	150	30	18	8	6	2.5	10	6	2.5	10	7	2.5
150	180	30	18	8	6	5	10	6	4	10	7	5
180	250	40	20	10	8	5	10	7	5	13	8	5

附表 6－4　轴承外圈旋转精度的允许值　（μm）

基本尺寸 D/mm		精度等级 K_{ea}					S_D、S_{D1}			S_{ea}			S_{eal}		
		0	6	5	4	2	5	4	2	5	4	2	5	4	2
大于	到	max	max	max	max	max	max	max	max	max	max	max	max	max	max
30	50	20	10	7	5	2.5	8	4	1.5	8	5	2.5	11	7	4
50	80	25	13	8	5	4	8	4	1.5	10	5	4	14	7	6
80	120	35	18	10	6	5	9	5	2.5	11	6	5	16	8	7
120	150	40	20	11	7	5	10	5	2.5	13	7	5	18	10	7
150	180	45	23	13	8	5	10	5	2.5	14	8	5	20	11	7
180	250	50	25	15	10	7	11	7	4	15	10	7	21	14	10
250	315	60	30	18	11	7	13	8	5	18	10	7	25	14	10

附表 6－5　一般用途圆锥的锥度与锥角系列（摘自 GB/T 157—2001）

基本值		推算值			应用举例
系列 1	系列 2	锥角 α		锥角 C	
120°		—	—	1:0.288675	节气阀、汽车、拖拉机阀门
90°		—	—	1:0.500000	重型顶尖，重型中心孔、阀的阀销锥体
	75°	—	—	1:0.651613	埋头螺钉，小于 10 的螺锥
60°		—	—	1:0.866025	顶尖，中心孔，弹簧夹头，埋头钻
45°		—	—	1:1.207107	埋头、半埋头铆钉
30°		—	—	1:1.866025	摩擦轴节，弹簧卡头，平衡块
1:3		18°55′28.7″	18.924644°	—	受力方向垂直于轴线易拆开的连接
	1:4	14°15′0.1″	14.250033°	—	
1:5		11°25′16.3″	11.421186°	—	受力方向垂直于轴线的连接，锥形摩擦离合器、磨床主轴
	1:6	9°31′38.2″	9.527283°	—	
	1:7	8°10′16.4″	8.171234°	—	
	1:8	7°9′9.6″	7.152669°	—	重型机床主轴
1:10		5°43′29.3″	5.724810°	—	受轴向力和扭转力的连接处，主轴承受轴向力
	1:12	4°46′18.8″	4.771888°	—	
	1:15	3°49′15.9″	3.818305°	—	承受轴向力的机件，如机车十字头轴
1:20		2°51′51.1″	2.864192°	—	机床主轴，刀具刀杆尾部，锥形绞刀，心轴
1:30		1°54′34.9″	1.909683°	—	锥形绞刀，套式绞刀，扩孔钻的刀杆，主轴颈受
1:50		1°8′45.2″	1.145877°	—	锥销，手柄端部，锥形绞刀，量具尾部

（续）

基本值		推算值			应用举例
系列1	系列2	锥角 α		锥角 C	
1:100		34′22.6″	0.572953°	—	受及静变负载不拆开的连接件，如心轴等
1:200		17′11.3″	0.286478°	—	导轨镶条，受震及冲击负载不拆开的连接件
1:500		6′52.5″	0.114592°	—	

附表 6-6　特殊用途圆锥的锥度与锥角系列（摘自 GB/T 157—2001）

基本值	推算值			说明
	圆锥角 α		锥度 C	
7:24	16°35′39.4″	16.594290°	1:3.428571	机床主轴，工具配合
1:19.002	3°0′52.4″	3.014554°	—	莫氏锥度　No.5
1:19.180	2°59′11.7″	2.986590°	—	莫氏锥度　No.6
1:19.212	2°58′53.8″	2.981618°	—	莫氏锥度　No.0
1:19.254	2°58′30.4″	2.975117°	—	莫氏锥度　No.4
1:19.922	2°52′31.5″	2.875401°	—	莫氏锥度　No.3
1:20.020	2°51′40.8″	2.861332°	—	莫氏锥度　No.2
1:20.047	2°51′26.9″	2.857480°	—	莫氏锥度　No.1

附表 6-7　圆锥角公差数值（摘自 GB/T 11334—2005）

基本圆锥长度 L/mm		圆锥角公差等级								
		AT4			AT5			AT6		
		AT_α		AT_D	AT_α		AT_D	AT_α		AT_D
大于	至	(μrad)	(″)	(μm)	(μrad)	(′)(″)	(μm)	(μard)	(′)(″)	(μm)
16	25	125	26	>2.0~3.2	200	41″	>3.2~5.0	315	1′05″	>5.0~8.0
25	40	100	21	>2.5~4.0	160	33″	>4.0~6.3	250	52″	>6.3~10.0
40	63	80	16	>3.2~5.0	125	26″	>5.0~8.0	200	41″	>8.0~12.5
63	100	63	13	>4.0~6.3	100	21″	>6.3~10.0	160	33″	10.0>~16.0
100	160	50	10	>5.0~8.0	80	16″	>8.0~12.5	125	26″	>12.5~20.0

基本圆锥长度 L/mm		圆锥角公差等级								
		AT7			AT8			AT9		
		AT_α		AT_D	AT_α		AT_D	AT_α		AT_D
大于	至	(μrad)	(′)(″)	(μm)	(μrad)	(′)(″)	(μm)	(μard)	(′)(″)	(μm)
16	25	500	1′43″	>8.0~12.5	800	2′45″	>12.5~20.0	1250	4′18″	>20~32
25	40	400	1′22″	>10.0~16.0	630	2′10″	>16.0~20.5	1000	3′26″	>25~40
40	63	315	1′05″	>12.5~20.0	500	1′43″	>20.0~32.0	800	2′45″	>32~50
63	100	250	52″	>16.0~25.0	400	1′22″	>25.0~40.0	630	2′10″	>40~63
100	160	200	41″	>20.0~32.0	315	1′05″	>32.0~50.0	500	1′43″	>50~80

附表 6-8 平键的公称尺寸和槽深的尺寸及极限偏差(摘自 GB/T 1096—2003) (mm)

轴 颈	键	轴槽深 t			毂槽深 t_1		
		t		$d-t$	t_1		$d+t_1$
基本尺寸 d	公称尺寸 $b\times h$	公称	偏差		公称	偏差	
6~8	2×2	1.2			1		
>8~10	3×3	1.8			1.4		
>10~12	4×4	2.5	> +0.10	> -0.10	1.8	> +0.10	> +0.10
>12~17	5×5	3.0			2.3		
>17~22	6×6	3.5			2.8		
>22~30	8×7	4.0			3.3		
>30~38	10×8	5.0			3.3		
>38~44	12×8	5.0	> +0.20	> -0.20	3.3	> +0.20	> +0.20
>44~50	14×9	5.5			3.8		
>50~58	16×10	6.0			4.3		

附表 6-9 平键、键和键槽的剖面尺寸及公差(摘自 GB/T 1096—2003) (mm)

轴	键	键 槽											
		宽度 b						深 度				半径 r	
			轴槽宽与毂槽宽的极限偏差					轴槽深 t		毂槽深 t_1			
公称直径 d	公称尺寸 $b\times h$	键宽 b	较松连接		一般连接		较紧键接						
			轴 H9	毂 D10	轴 N9	毂 JS9	轴和毂 P9	公称	偏差	公称	偏差	最大	最小
6~8	2×2	2	+0.025	+0.060	-0.004	±0.0125	-0.006	1.2		1			
>8~10	3×3	3	0	+0.020	-0.029		-0.031	1.8		1.4			
>10~12	4×4	4	+0.030	+0.078	0		-0.012	2.5	+0.1 0	1.8	+0.10		
>12~17	5×5	5	0	+0.030	-0.030	±0.015	-0.042	3.0		2.3			
>17~22	6×6	6						3.5		2.8			
>22~30	8×7	8	+0.036	+0.098	0	±0.018	-0.015	4.0		3.3		0.16	0.25
>30~38	10×8	10	0	+0.040	-0.036		-0.051	5.0		3.3			
>38~44	12×8	12						5.0		3.3			
>44~50	14×9	14	+0.043	+0.120	0		-0.018	5.5	+0.2 0	3.8		0.25	0.40
>50~58	16×10	16	0	+0.050	-0.043	±0.0215	-0.061	6.0		4.3	+0.20		
>58~65	18×11	18						7.0		4.4			
>65~75	20×12	20	+0.052	+0.149	0	±0.026	-0.022	7.5		4.9		0.40	0.60
>75~85	22×14	22	0	+0.065	-0.052		-0.074	9.0		5.4			

注:$(d-t)$和$(d+t_1)$两组合尺寸的极限偏差按相应的 t 和 t_1 的极限偏差选取,但$(d-t)$的极限偏差应取负号

附表 6－10　矩形花键基本尺寸系列(摘自 GB/T 1144－2001)　(mm)

d	轻系列				中系列			
	标记	N	D	B	标记	N	D	B
23	6×23×26	6	26	6	6×23×28	6	28	6
26	6×26×30	6	30	6	6×26×32	6	32	6
28	6×28×32	6	32	7	6×28×34	6	34	7
32	8×32×36	8	36	6	8×32×38	8	38	6
36	8×36×40	8	40	7	8×36×42	8	42	7
42	8×42×46	8	46	8	8×42×48	8	48	8
46	8×46×50	8	50	9	8×46×54	8	54	9
52	6×52×58	8	58	10	8×52×60	8	60	10
56	8×56×62	8	62	10	8×56×65	8	65	10
62	8×62×68	8	68	12	8×62×72	8	72	12
72	10×72×78	10	78	12	10×72×82	10	82	12

附表 6－11　普通螺纹基本尺寸(摘自 GB/T 196、197—2003)　(mm)

公称直径(大径)D、d			螺距 P	中径 D_2、d_2	小径 D_1、d_1	公称直径(大径)D、d			螺距 P	中径 D_2、d_2	小径 D_1、d_1
第一系列	第二系列	第三系列				第一系列	第二系列	第三系列			
10			1.5 1.25 1 0.75 (0.5)	9.026 9.188 9.350 9.513 9.675	8.376 8.647 8.917 9.188 9.459	20			2.5 2 1.5 1 (0.75) (0.5)	18.376 18.701 19.026 19.350 19.513 19.675	17.294 17.835 18.376 18.917 19.188 19.459
12			1.75 1.5 1.25 1 (0.75) (0.5)	10.863 11.026 11.188 11.350 11.513 11.675	10.106 10.376 10.647 10.917 11.188 11.459	24			3 2 1.5 1 (0.75)	22.051 22.701 23.026 23.350 23.513	20.752 21.835 22.376 22.917 22.188
16			2 1.5 1 (0.75) (0.5)	14.701 15.026 15.350 15.513 15.675	13.835 14.376 14.917 15.188 15.459	30			3.5 (3) 2 1.5 1 (0.75)	27.727 28.051 28.701 29.026 29.350 29.513	26.211 26.752 27.835 28.376 28.917 29.188

附表6－12　普通螺纹基本偏差（摘自GB/T 197—2003）

螺纹 / 基本偏差 / 螺距P / mm	内螺纹D_1, D_2		外螺纹d_1, d_2			
	G	H	e	f	g	h
	EL/μm		el/μm			
0.75	+22	0	−56	−38	−22	0
0.8	+24		−60	−38	−24	
1	+26		−60	−40	−26	
1.25	+28		−63	−42	−28	
1.5	+32		−67	−45	−32	
1.75	+34		−71	−48	−34	
2	+38		−71	−52	−38	
2.5	+42		−80	−58	−42	
3	+48		−85	−63	−48	

附表6－13　普通螺纹顶径公差（摘自GB/T 197—2003）

公差项目	内螺纹小径公差T_N/μm					外螺纹大径公差T_n/μm		
公差等级 / 螺距ρ/mm	4	5	6	7	8	4	6	8
0.75	118	150	190	236	—	90	140	—
0.8	125	160	200	200	315	95	150	236
1	150	190	236	300	375	112	180	280
1.25	170	212	265	335	425	132	212	335
1.5	190	236	300	375	475	150	236	375
1.75	212	265	335	425	530	170	265	425
2	236	300	375	475	600	180	280	450
2.5	280	355	450	560	710	212	335	530
3	315	400	500	630	800	236	375	600

附表6－14　普通螺纹中径公差（摘自GB/T 197—2003）　（μm）

公差直径D/mm		螺距	内螺纹中径公差T_M					外螺纹中径公差T_m						
			公差等级					公差等级						
>	≤	P/mm	4	5	6	7	8	3	4	5	6	7	8	9
5.6	11.2	0.75	85	106	132	170	—	50	63	80	100	125	—	—
		1	95	118	150	190	236	56	71	95	112	140	180	224
		1.25	100	125	160	200	250	60	75	95	118	150	190	236
		1.5	112	140	180	224	280	67	85	106	132	170	212	295

（续）

公差直径 D/mm	螺距		内螺纹中径公差 T_M					外螺纹中径公差 T_m						
			公差等级					公差等级						
>	≤	P/mm	4	5	6	7	8	3	4	5	6	7	8	9
11.2	22.4	1	100	125	160	200	250	60	75	95	118	150	190	236
		1.25	112	140	180	224	280	67	85	106	132	170	212	265
		1.5	118	150	190	236	300	71	90	112	140	180	224	280
		1.75	125	160	200	250	315	75	95	118	150	190	236	300
		2	132	170	212	265	335	80	100	125	160	200	250	315
		2.5	140	180	224	280	355	85	106	132	170	212	265	335
22.4	45	1	106	132	170	212	—	63	80	100	125	160	200	250
		1.5	125	160	200	250	315	75	95	118	150	190	236	300
		2	140	180	224	280	355	85	106	132	170	212	265	335
		3	170	212	265	335	425	100	125	160	200	250	315	400
		3.5	180	224	280	355	450	106	132	170	212	265	335	425
		4	190	236	300	375	415	112	140	180	224	280	355	450
		4.5	200	250	315	400	500	118	150	190	236	300	375	475

附表 6-15　螺纹的旋合长度（摘自 GB/T 197—2003）　（mm）

公称直径 D、d		螺距 P	旋合长度			
			S	N		L
>	≤		≤	>	≤	>
5.6	11.2	0.5	1.6	1.6	4.7	4.7
		0.75	2.4	2.4	7.1	7.1
		1	2	2	9	9
		1.25	4	4	12	12
		1.5	5	5	15	15
11.2	22.4	0.5	1.8	1.8	5.4	5.4
		0.75	2.7	2.7	8.1	8.1
		1	3.8	3.8	11	11
		1.25	4.5	4.5	13	13
		1.5	5.6	5.6	16	16
		1.75	6	6	18	18
		2	8	8	24	24
		2.5	10	10	30	30

附表 6-16　单个齿距极限偏差 $\pm f_{pt}$（摘自 GB/T 10095.1—2001）　(μm)

分度圆直径 d/mm	法向模数 m_n/mm	精度等级												
		0	1	2	3	4	5	6	7	8	9	10	11	12
$5 \leqslant d \leqslant 20$	$0.5 \leqslant m_n \leqslant 2$	0.8	1.2	1.7	2.3	3.3	4.7	6.5	9.5	13.0	19.0	26.0	37.0	53.0
	$2 < m_n \leqslant 3.5$	0.9	1.3	1.8	2.6	3.7	5.0	7.5	10.0	15.0	21.0	29.0	41.0	59.0
$20 < d \leqslant 50$	$0.5 \leqslant m_n \leqslant 2$	0.9	1.2	1.8	2.5	3.5	5.0	7.0	10.0	14.0	20.0	28.0	40.0	56.0
	$2 < m_n \leqslant 3.5$	1.0	1.4	1.9	2.7	3.9	5.5	7.5	11.0	15.0	22.0	31.0	44.0	62.0
	$3.5 < m_n \leqslant 6$	1.1	1.5	2.1	3.0	4.3	6.0	8.5	12.0	17.0	24.0	34.0	48.0	68.0
	$6 < m_n \leqslant 10$	1.2	1.7	2.5	3.5	4.9	7.0	10.0	14.0	20.0	28.0	40.0	56.0	79.0
$50 < d \leqslant 125$	$0.5 \leqslant m_n \leqslant 2$	0.9	1.3	1.9	2.7	3.8	5.5	7.5	11.0	15.0	21.0	30.0	43.0	61.0
	$2 < m_n \leqslant 3.5$	1.0	1.5	2.1	2.9	4.1	6.0	8.5	12.0	17.0	23.0	33.0	47.0	66.0
	$3.5 < m_n \leqslant 6$	1.1	1.6	2.3	3.2	4.6	6.5	9.0	13.0	18.0	26.0	36.0	52.0	73.0
	$6 < m_n \leqslant 10$	1.3	1.8	2.6	3.7	5.0	7.5	10.0	15.0	21.0	30.0	42.0	59.0	84.0
	$10 < m_n \leqslant 16$	1.6	2.2	3.1	4.4	6.5	9.0	13.0	18.0	25.0	35.0	50.0	71.0	100.0
	$16 < m_n \leqslant 25$	2.0	2.8	3.9	5.5	8.0	11.0	16.0	22.0	31.0	44.0	63.0	89.0	125.0
$125 < d \leqslant 280$	$0.5 \leqslant m_n \leqslant 2$	1.1	1.5	2.1	3.0	4.2	6.0	8.5	12.0	17.0	24.0	34.0	48.0	67.0
	$2 < m_n \leqslant 3.5$	1.1	1.6	2.3	3.2	4.6	6.5	9.0	13.0	18.0	26.0	36.0	51.0	73.0
	$3.5 < m_n \leqslant 6$	1.2	1.8	2.5	3.5	5.0	7.0	10.0	14.0	20.0	28.0	40.0	56.0	79.0
	$6 < m_n \leqslant 10$	1.4	2.0	2.8	4.0	5.5	8.0	11.0	16.0	23.0	32.0	45.0	64.0	90.0
	$10 < m_n \leqslant 16$	1.7	2.4	3.3	4.7	6.5	9.5	13.0	19.0	27.0	38.0	53.0	75.0	107.0
	$16 < m_n \leqslant 25$	2.1	2.9	4.1	6.0	8.0	12.0	16.0	23.0	33.0	47.0	66.0	93.0	132.0
	$25 < m_n \leqslant 40$	2.7	3.8	5.5	7.5	11.0	15.0	21.0	30.0	43.0	61.0	86.0	121.0	171.0
$280 < d \leqslant 560$	$0.5 \leqslant m_n \leqslant 2$	1.2	1.7	2.4	3.3	4.7	6.5	9.5	13.0	19.0	27.0	38.0	54.0	76.0
	$2 < m_n \leqslant 3.5$	1.3	1.8	2.5	3.6	5.0	7.0	10.0	14.0	20.0	29.0	41.0	57.0	81.0
	$3.5 < m_n \leqslant 6$	1.4	1.9	2.7	3.9	5.5	8.0	11.0	16.0	22.0	31.0	44.0	62.0	88.0
	$6 < m_n \leqslant 10$	1.5	2.2	3.1	4.4	6.0	8.5	12.0	17.0	25.0	35.0	49.0	70.0	99.0
	$10 < m_n \leqslant 16$	1.8	2.5	3.6	5.0	7.0	10.0	14.0	20.0	29.0	41.0	58.0	81.0	115.0
	$16 < m_n \leqslant 25$	2.2	3.1	4.4	6.0	9.0	12.0	18.0	25.0	35.0	50.0	70.0	99.0	140.0
	$25 < m_n \leqslant 40$	2.8	4.0	5.5	8.0	11.0	16.0	22.0	32.0	45.0	63.0	90.0	127.0	180.0
	$40 < m_n \leqslant 70$	3.9	5.5	8.0	11.0	16.0	22.0	31.0	45.0	63.0	89.0	126.0	178.0	252.0
$560 < d \leqslant 1000$	$0.5 \leqslant m_n \leqslant 2$	1.3	1.9	2.7	3.8	5.5	7.5	11.0	15.0	21.0	30.0	43.0	61.0	86.0
	$2 < m_n \leqslant 3.5$	1.4	2.0	2.9	4.0	5.5	8.0	11.0	16.0	23.0	32.0	46.0	65.0	91.0
	$3.5 < m_n \leqslant 6$	1.5	2.2	3.1	4.3	6.0	8.5	12.0	17.0	24.0	35.0	49.0	69.0	98.0
	$6 < m_n \leqslant 10$	1.7	2.4	3.4	4.8	7.0	9.5	14.0	19.0	27.0	38.0	54.0	77.0	109.0
	$10 < m_n \leqslant 16$	2.0	2.8	3.9	5.5	8.0	11.0	16.0	22.0	31.0	44.0	63.0	89.0	125.0
	$16 < m_n \leqslant 25$	2.3	3.3	4.7	6.5	9.5	13.0	19.0	27.0	38.0	53.0	75.0	106.0	150.0
	$25 < m_n \leqslant 40$	3.0	4.2	6.0	8.5	12.0	17.0	24.0	34.0	47.0	67.0	95.0	134.0	190.0
	$40 < m_n \leqslant 70$	4.1	6.0	8.0	12.0	16.0	23.0	33.0	46.0	65.0	93.0	131.0	185.0	262.0

附表 6－17　齿距累积总公差 F_p（摘自 GB/T 10095.1—2001）　（μm）

分度圆直径 d/mm	法向模数 m_n/mm	精度等级												
		0	1	2	3	4	5	6	7	8	9	10	11	12
$5 \leqslant d \leqslant 20$	$0.5 \leqslant m_n \leqslant 2$	2.0	2.8	4.0	5.5	8.0	11.0	16.0	23.0	32.0	45.0	64.0	90.0	127.0
	$2 < m_n \leqslant 3.5$	2.1	2.9	4.2	6.0	8.5	12.0	17.0	23.0	33.0	47.0	66.0	94.0	133.0
$20 < d \leqslant 50$	$0.5 \leqslant m_n \leqslant 2$	2.5	3.6	5.0	7.0	10.0	14.0	20.0	29.0	41.0	57.0	81.0	115.0	162.0
	$2 < m_n \leqslant 3.5$	2.6	3.7	5.0	7.5	10.0	15.0	21.0	30.0	42.0	59.0	84.0	119.0	168.0
	$3.5 < m_n \leqslant 6$	2.7	3.9	5.5	7.5	11.0	15.0	22.0	31.0	44.0	62.0	87.0	123.0	174.0
	$6 < m_n \leqslant 10$	2.9	4.1	6.0	8.0	12.0	16.0	23.0	33.0	46.0	65.0	93.0	131.0	185.0
$50 < d \leqslant 125$	$0.5 \leqslant m_n \leqslant 2$	3.3	4.6	6.5	9.0	13.0	18.0	26.0	37.0	52.0	74.0	104.0	147.0	208.0
	$2 < m_n \leqslant 3.5$	3.3	4.7	6.5	9.5	13.0	19.0	27.0	38.0	53.0	76.0	107.0	151.0	214.0
	$3.5 < m_n \leqslant 6$	3.4	4.9	7.0	9.5	14.0	19.0	28.0	39.0	55.0	78.0	110.0	156.0	220.0
	$6 < m_n \leqslant 10$	3.6	5.0	7.0	10.0	14.0	20.0	29.0	41.0	58.0	82.0	116.0	164.0	231.0
	$10 < m_n \leqslant 16$	3.9	5.5	7.5	11.0	15.0	22.0	31.0	44.0	62.0	88.0	124.0	175.0	248.0
	$16 < m_n \leqslant 25$	4.3	6.0	8.5	12.0	17.0	24.0	34.0	48.0	68.0	96.0	136.0	193.0	273.0
$125 < d \leqslant 280$	$0.5 \leqslant m_n \leqslant 2$	4.3	6.0	8.5	12.0	17.0	24.0	35.0	49.0	69.0	98.0	138.0	195.0	276.0
	$2 < m_n \leqslant 3.5$	4.4	6.0	9.0	12.0	18.0	25.0	35.0	50.0	70.0	100.0	141.0	199.0	282.0
	$3.5 < m_n \leqslant 6$	4.5	6.5	9.0	13.0	18.0	25.0	36.0	51.0	72.0	102.0	144.0	204.0	288.0
	$6 < m_n \leqslant 10$	4.7	6.5	9.5	13.0	19.0	26.0	37.0	53.0	75.0	106.0	149.0	211.0	299.0
	$10 < m_n \leqslant 16$	4.9	7.0	10.0	14.0	20.0	28.0	39.0	56.0	79.0	112.0	158.0	223.0	316.0
	$16 < m_n \leqslant 25$	5.5	7.5	11.0	15.0	21.0	30.0	43.0	60.0	85.0	120.0	170.0	241.0	341.0
	$25 < m_n \leqslant 40$	6.0	8.5	12.0	17.0	24.0	34.0	47.0	67.0	95.0	134.0	190.0	269.0	380.0
$280 < d \leqslant 560$	$0.5 \leqslant m_n \leqslant 2$	5.5	8.0	11.0	16.0	23.0	32.0	46.0	64.0	91.0	129.0	182.0	257.0	364.0
	$2 < m_n \leqslant 3.5$	6.0	8.0	12.0	16.0	23.0	33.0	46.0	65.0	92.0	131.0	185.0	261.0	370.0
	$3.5 < m_n \leqslant 6$	6.0	8.5	12.0	17.0	24.0	33.0	47.0	66.0	94.0	133.0	188.0	266.0	376.0
	$6 < m_n \leqslant 10$	6.0	8.5	12.0	17.0	24.0	34.0	48.0	68.0	97.0	137.0	193.0	274.0	387.0
	$10 < m_n \leqslant 16$	6.5	9.0	13.0	18.0	25.0	36.0	50.0	71.0	101.0	143.0	202.0	285.0	404.0
	$16 < m_n \leqslant 25$	6.5	9.5	13.0	19.0	27.0	38.0	54.0	76.0	107.0	151.0	214.0	303.0	428.0
	$25 < m_n \leqslant 40$	7.5	10.0	15.0	21.0	29.0	41.0	58.0	83.0	117.0	165.0	234.0	331.0	468.0
	$40 < m_n \leqslant 70$	8.5	12.0	17.0	24.0	34.0	48.0	68.0	95.0	135.0	191.0	270.0	382.0	540.0
$560 < d \leqslant 1000$	$0.5 \leqslant m_n \leqslant 2$	7.5	10.0	15.0	21.0	29.0	41.0	59.0	83.0	117.0	166.0	235.0	332.0	469.0
	$2 < m_n \leqslant 3.5$	7.5	10.0	15.0	21.0	30.0	42.0	59.0	84.0	119.0	168.0	238.0	336.0	475.0
	$3.5 < m_n \leqslant 6$	7.5	11.0	15.0	21.0	30.0	43.0	60.0	85.0	120.0	170.0	241.0	341.0	482.0
	$6 < m_n \leqslant 10$	7.5	11.0	15.0	22.0	31.0	44.0	62.0	87.0	123.0	174.0	246.0	348.0	492.0
	$10 < m_n \leqslant 16$	8.0	11.0	16.0	22.0	32.0	45.0	64.0	90.0	127.0	180.0	254.0	360.0	509.0
	$16 < m_n \leqslant 25$	8.5	12.0	17.0	24.0	33.0	47.0	67.0	94.0	133.0	189.0	267.0	378.0	534.0
	$25 < m_n \leqslant 40$	9.0	13.0	18.0	25.0	36.0	51.0	72.0	101.0	143.0	203.0	287.0	405.0	573.0
	$40 < m_n \leqslant 70$	10.0	14.0	20.0	29.0	40.0	57.0	81.0	114.0	161.0	228.0	323.0	457.0	646.0

附表 6-18 齿廓总公差 F_{α}（摘自 GB/T 10099.1—2001） （μm）

分度圆直径 d/mm	法向模数 m_n/mm	精度等级												
		0	1	2	3	4	5	6	7	8	9	10	11	12
$5 \leqslant d \leqslant 20$	$0.5 \leqslant m_n \leqslant 2$	0.8	1.1	1.6	2.3	3.2	4.6	6.5	9.0	13.0	18.0	26.0	37.0	52.0
	$2 < m_n \leqslant 3.5$	1.2	1.7	2.3	3.3	4.7	6.5	9.5	13.0	19.0	26.0	37.0	53.0	75.0
$20 < d \leqslant 50$	$0.5 \leqslant m_n \leqslant 2$	0.9	1.3	1.8	2.6	3.6	5.0	7.5	10.0	15.0	21.0	29.0	41.0	58.0
	$2 < m_n \leqslant 3.5$	1.3	1.8	2.5	3.6	5.0	7.0	10.0	14.0	20.0	29.0	40.0	57.0	81.0
	$3.5 < m_n \leqslant 6$	1.6	2.2	3.1	4.4	6.0	9.0	12.0	18.0	25.0	35.0	50.0	70.0	99.0
	$6 < m_n \leqslant 10$	1.9	2.7	3.8	5.5	7.5	11.0	15.0	22.0	31.0	43.0	61.0	87.0	123.0
$50 < d \leqslant 125$	$0.5 \leqslant m_n \leqslant 2$	1.0	1.5	2.1	2.9	4.1	6.0	8.5	12.0	17.0	23.0	33.0	47.0	66.0
	$2 < m_n \leqslant 3.5$	1.4	2.0	2.8	3.9	5.5	8.0	11.0	16.0	22.0	31.0	44.0	63.0	89.0
	$3.5 < m_n \leqslant 6$	1.7	2.4	3.4	4.8	6.5	9.5	13.0	19.0	27.0	38.0	54.0	76.0	108.0
	$6 < m_n \leqslant 10$	2.0	2.9	4.1	6.0	8.0	12.0	16.0	23.0	33.0	46.0	65.0	92.0	131.0
	$10 < m_n \leqslant 16$	2.5	3.5	5.0	7.0	10.0	14.0	20.0	28.0	40.0	56.0	79.0	112.0	159.0
	$16 < m_n \leqslant 25$	3.0	4.2	6.0	8.5	12.0	17.0	24.0	34.0	48.0	68.0	96.0	136.0	192.0
$125 < d \leqslant 280$	$0.5 \leqslant m_n \leqslant 2$	1.2	1.7	2.4	3.5	4.9	7.0	10.0	14.0	20.0	28.0	39.0	55.0	78.0
	$2 < m_n \leqslant 3.5$	1.6	2.2	3.2	4.5	6.5	9.0	13.0	18.0	25.0	36.0	50.0	71.0	101.0
	$3.5 < m_n \leqslant 6$	1.9	2.6	3.7	5.5	7.5	11.0	15.0	21.0	30.0	42.0	60.0	84.0	119.0
	$6 < m_n \leqslant 10$	2.2	3.2	4.5	6.5	9.0	13.0	18.0	25.0	36.0	50.0	71.0	101.0	143.0
	$10 < m_n \leqslant 16$	2.7	3.8	5.5	7.5	11.0	15.0	21.0	30.0	43.0	60.0	85.0	121.0	171.0
	$16 < m_n \leqslant 25$	3.2	4.5	6.5	9.0	13.0	18.0	25.0	36.0	51.0	72.0	102.0	144.0	204.0
	$25 < m_n \leqslant 40$	3.8	5.5	7.5	11.0	15.0	22.0	31.0	43.0	61.0	87.0	123.0	174.0	246.0
$280 < d \leqslant 560$	$0.5 \leqslant m_n \leqslant 2$	1.5	2.1	2.9	4.1	6.0	8.5	12.0	17.0	23.0	33.0	47.0	66.0	94.0
	$2 < m_n \leqslant 3.5$	1.8	2.6	3.6	5.0	7.5	10.0	15.0	21.0	29.0	41.0	58.0	82.0	116.0
	$3.5 < m_n \leqslant 6$	2.1	3.0	4.2	6.0	8.5	12.0	17.0	24.0	34.0	48.0	67.0	95.0	135.0
	$6 < m_n \leqslant 10$	2.5	3.5	4.9	7.0	10.0	14.0	20.0	28.0	40.0	56.0	79.0	112.0	158.0
	$10 < m_n \leqslant 16$	2.9	4.1	6.0	8.0	12.0	16.0	23.0	33.0	47.0	66.0	93.0	132.0	186.0
	$16 < m_n \leqslant 25$	3.4	4.8	7.0	9.5	14.0	19.0	27.0	39.0	55.0	78.0	110.0	155.0	219.0
	$25 < m_n \leqslant 40$	4.1	6.0	8.0	12.0	16.0	23.0	33.0	46.0	65.0	92.0	131.0	185.0	261.0
	$40 < m_n \leqslant 70$	5.0	7.0	10.0	14.0	20.0	28.0	40.0	57.0	80.0	113.0	160.0	227.0	321.0
$560 < d \leqslant 1000$	$0.5 \leqslant m_n \leqslant 2$	1.8	2.5	3.5	5.0	7.0	10.0	14.0	20.0	28.0	40.0	56.0	79.0	112.0
	$2 < m_n \leqslant 3.5$	2.1	3.0	4.2	6.0	8.5	12.0	17.0	24.0	34.0	48.0	67.0	95.0	135.0
	$3.5 < m_n \leqslant 6$	2.4	3.4	4.8	7.0	9.5	14.0	19.0	27.0	38.0	54.0	77.0	109.0	154.0
	$6 < m_n \leqslant 10$	2.8	3.9	5.5	8.0	11.0	16.0	22.0	31.0	44.0	62.0	88.0	125.0	177.0
	$10 < m_n \leqslant 16$	3.2	4.5	6.5	9.0	13.0	18.0	26.0	36.0	51.0	72.0	102.0	145.0	205.0
	$16 < m_n \leqslant 25$	3.7	5.5	7.5	11.0	15.0	21.0	30.0	42.0	59.0	84.0	119.0	168.0	238.0
	$25 < m_n \leqslant 40$	4.4	6.0	8.5	12.0	17.0	25.0	35.0	49.0	70.0	99.0	140.0	198.0	280.0
	$40 < m_n \leqslant 70$	5.5	7.5	11.0	15.0	21.0	30.0	42.0	60.0	85.0	120.0	170.0	240.0	339.0

附表 6 - 19　螺旋线总公差 F_β（摘自 GB/T 10095.1—2001）　(μm)

分度圆直径 d/mm	齿宽 b/mm	精度等级												
		0	1	2	3	4	5	6	7	8	9	10	11	12
$5 \leqslant d \leqslant 20$	$4 \leqslant b \leqslant 10$	1.1	1.5	2.2	3.1	4.3	6.0	8.5	12.0	17.0	24.0	35.0	49.0	69.0
	$10 < b \leqslant 20$	1.2	1.7	2.4	3.4	4.9	7.0	9.5	14.0	19.0	28.0	39.0	55.0	78.0
	$20 < b \leqslant 40$	1.4	2.0	2.8	3.9	5.5	8.0	11.0	16.0	22.0	31.0	45.0	63.0	89.0
	$40 < b \leqslant 80$	1.6	2.3	3.3	4.6	6.5	9.5	13.0	19.0	26.0	37.0	52.0	74.0	105.0
$20 < d \leqslant 50$	$4 \leqslant b \leqslant 10$	1.1	1.6	2.2	3.2	4.5	6.5	9.0	13.0	18.0	25.0	36.0	51.0	72.0
	$10 < b \leqslant 20$	1.3	1.8	2.5	3.6	5.0	7.0	10.0	14.0	20.0	29.0	40.0	57.0	81.0
	$20 < b \leqslant 40$	1.4	2.0	2.9	4.1	5.5	8.0	11.0	16.0	23.0	32.0	46.0	65.0	92.0
	$40 < b \leqslant 80$	1.7	2.4	3.4	4.8	6.5	9.5	13.0	19.0	27.0	38.0	54.0	76.0	107.0
	$80 < b \leqslant 160$	2.0	2.9	4.1	5.5	8.0	11.0	16.0	23.0	32.0	46.0	65.0	92.0	130.0
$50 < d \leqslant 125$	$4 \leqslant b \leqslant 10$	1.2	1.7	2.4	3.3	4.7	6.5	9.5	13.0	19.0	27.0	38.0	53.0	76.0
	$10 < b \leqslant 20$	1.3	1.9	2.6	3.7	5.5	7.5	11.0	15.0	21.0	30.0	42.0	60.0	84.0
	$20 < 6 \leqslant 40$	1.5	2.1	3.0	4.2	6.0	8.5	12.0	17.0	24.0	34.0	48.0	68.0	95.0
	$40 < b \leqslant 80$	1.7	2.5	3.5	4.9	7.0	10.0	14.0	20.0	28.0	39.0	56.0	79.0	111.0
	$80 < b \leqslant 160$	2.1	2.9	4.2	6.0	8.5	12.0	17.0	24.0	33.0	47.0	67.0	94.0	133.0
	$160 < b \leqslant 250$	2.5	3.5	4.9	7.0	10.0	14.0	20.0	28.0	40.0	56.0	79.0	112.0	158.0
	$250 < b \leqslant 400$	2.9	4.1	6.0	8.0	12.0	16.0	23.0	33.0	46.0	65.0	92.0	130.0	184.0
$125 < d \leqslant 280$	$4 \leqslant b \leqslant 10$	1.3	1.8	2.5	3.6	5.0	7.0	10.0	14.0	20.0	29.0	40.0	57.0	81.0
	$10 < b \leqslant 20$	1.4	2.0	2.8	4.0	5.5	8.0	11.0	16.0	22.0	32.0	45.0	63.0	90.0
	$20 < b \leqslant 40$	1.6	2.2	3.2	4.5	6.5	9.0	13.0	18.0	25.0	36.0	50.0	71.0	101.0
	$40 < b \leqslant 80$	1.8	2.6	3.6	5.0	7.5	10.0	15.0	21.0	29.0	41.0	58.0	82.0	117.0
	$80 < b \leqslant 160$	2.2	3.1	4.3	6.0	8.5	12.0	17.0	25.0	35.0	49.0	69.0	98.0	139.0
	$160 < b \leqslant 250$	2.6	3.6	5.0	7.0	10.0	14.0	20.0	29.0	41.0	58.0	82.0	116.0	164.0
	$250 < b \leqslant 400$	3.0	4.2	6.0	8.5	12.0	17.0	24.0	34.0	47.0	67.0	95.0	134.0	190.0
	$400 < b \leqslant 650$	3.5	4.9	7.0	10.0	14.0	20.0	28.0	40.0	56.0	79.0	112.0	158.0	224.0
$280 < d \leqslant 560$	$10 \leqslant b \leqslant 20$	1.5	2.1	3.0	4.3	6.0	8.5	12.0	17.0	24.0	34.0	48.0	68.0	97.0
	$20 < b \leqslant 40$	1.7	2.4	3.4	4.8	6.5	9.5	13.0	19.0	27.0	38.0	54.0	76.0	108.0
	$40 < b \leqslant 80$	1.9	2.7	3.9	5.5	7.5	11.0	15.0	22.0	31.0	44.0	62.0	87.0	124.0
	$80 < b \leqslant 160$	2.3	3.2	4.6	6.5	9.0	13.0	18.0	26.0	36.0	52.0	73.0	103.0	146.0
	$160 < b \leqslant 250$	2.7	3.8	5.5	7.5	11.0	15.0	21.0	30.0	43.0	60.0	85.0	121.0	171.0
	$250 < b \leqslant 400$	3.1	4.3	6.0	8.5	12.0	17.0	25.0	35.0	49.0	70.0	98.0	139.0	197.0
	$400 < b \leqslant 650$	3.6	5.0	7.0	10.0	14.0	20.0	29.0	41.0	58.0	82.0	115.0	163.0	231.0
	$650 < b \leqslant 1000$	4.3	6.0	8.5	12.0	17.0	24.0	34.0	48.0	68.0	96.0	136.0	193.0	272.0
$560 < d \leqslant 1000$	$10 \leqslant b \leqslant 20$	1.6	2.3	3.3	4.7	6.5	9.5	13.0	19.0	26.0	37.0	53.0	74.0	105.0
	$20 < b \leqslant 40$	1.8	2.6	3.6	5.0	7.5	10.0	15.0	21.0	29.0	41.0	58.0	82.0	116.0
	$40 < b \leqslant 80$	2.1	2.9	4.1	6.0	8.5	12.0	17.0	23.0	33.0	47.0	66.0	93.0	132.0
	$80 < b \leqslant 160$	2.4	3.4	4.8	7.0	9.5	14.0	19.0	27.0	39.0	55.0	77.0	109.0	154.0
	$160 < b \leqslant 250$	2.8	4.0	5.5	8.0	11.0	16.0	22.0	32.0	45.0	63.0	90.0	127.0	179.0
	$250 < b \leqslant 400$	3.2	4.5	6.5	9.0	13.0	18.0	26.0	36.0	51.0	73.0	103.0	145.0	205.0
	$400 < b \leqslant 650$	3.7	5.5	7.5	11.0	15.0	21.0	30.0	42.0	60.0	85.0	120.0	169.0	239.0
	$650 < b \leqslant 1000$	4.4	6.0	9.0	12.0	18.0	25.0	35.0	50.0	70.0	99.0	140.0	199.0	281.0

附表6-20 径向综合总公差 F''_i（摘自GB/T 10095.2—2001） (μm)

分度圆直径 d/mm	法向模数 m_n/mm	精度等级								
		4	5	6	7	8	9	10	11	12
$5 \leqslant d \leqslant 20$	$0.2 \leqslant m_n \leqslant 0.5$	7.5	11	15	21	30	42	60	85	120
	$0.5 < m_n \leqslant 0.8$	8.0	12	16	23	33	46	66	93	131
	$0.8 < m_n \leqslant 1.0$	9.0	12	18	25	35	50	70	100	141
	$1.0 < m_n \leqslant 1.5$	10	14	19	27	38	54	76	108	153
	$1.5 < m_n \leqslant 2.5$	11	16	22	32	45	63	89	126	179
	$2.5 < m_n \leqslant 4.0$	14	20	28	39	56	79	112	158	223
$20 < d \leqslant 50$	$0.2 \leqslant m_n \leqslant 0.5$	9.0	13	19	26	37	52	74	105	148
	$0.5 < m_n \leqslant 0.8$	10	14	20	28	40	56	80	113	160
	$0.8 < m_n \leqslant 1.0$	11	15	21	30	42	60	85	120	169
	$1.0 < m_n \leqslant 1.5$	11	16	23	32	45	64	91	128	181
	$1.5 < m_n \leqslant 2.5$	13	18	26	37	52	73	103	146	207
	$2.5 < m_n \leqslant 4.0$	16	22	31	44	63	89	126	178	251
	$4.0 < m_n \leqslant 6.0$	20	28	39	56	79	111	157	222	314
	$6.0 < m_n \leqslant 10$	26	37	52	74	104	147	209	295	417
$50 < d \leqslant 125$	$0.2 \leqslant m_n \leqslant 0.5$	12	16	23	33	46	66	93	131	185
	$0.5 < m_n \leqslant 0.8$	12	17	25	35	49	70	98	139	197
	$0.8 < m_n \leqslant 1.0$	13	18	26	36	52	73	103	146	206
	$1.0 < m_n \leqslant 1.5$	14	19	27	39	55	77	109	154	218
	$1.5 < m_n \leqslant 2.5$	15	22	31	43	61	86	122	173	244
	$2.5 < m_n \leqslant 4.0$	18	25	36	51	72	102	144	204	288
	$4.0 < m_n \leqslant 6.0$	22	31	44	62	88	124	176	248	351
	$6.0 < m_n \leqslant 10$	28	40	57	80	114	161	227	321	454
$125 < d \leqslant 280$	$0.2 \leqslant m_n \leqslant 0.5$	15	21	30	42	60	85	120	170	240
	$0.5 < m_n \leqslant 0.8$	16	22	31	44	63	89	126	178	252
	$0.8 < m_n \leqslant 1.0$	16	23	33	46	65	92	131	185	261
	$1.0 < m_n \leqslant 1.5$	17	24	34	48	68	97	137	193	273
	$1.5 < m_n \leqslant 2.5$	19	26	37	53	75	106	149	211	299
	$2.5 < m_n \leqslant 4.0$	21	30	43	61	86	121	172	243	343
	$4.0 < m_n \leqslant 6.0$	25	36	51	72	102	144	203	287	406
	$6.0 < m_n \leqslant 10$	32	45	64	90	127	180	255	360	509
$280 < d \leqslant 560$	$0.2 \leqslant m_n \leqslant 0.5$	19	28	39	55	78	110	156	220	311
	$0.5 < m_n \leqslant 0.8$	20	29	40	57	81	114	161	228	323
	$0.8 < m_n \leqslant 1.0$	21	29	42	59	83	117	166	235	332
	$1.0 < m_n \leqslant 1.5$	22	30	43	61	86	122	172	243	344
	$1.5 < m_n \leqslant 2.5$	23	33	46	65	92	131	185	262	370
	$2.5 < m_n \leqslant 4.0$	26	37	52	73	104	146	207	293	414
	$4.0 < m_n \leqslant 6.0$	30	42	60	84	119	169	239	337	477
	$6.0 < m_n \leqslant 10$	36	51	73	103	145	205	290	410	580
$560 < d \leqslant 1000$	$0.2 \leqslant m_n \leqslant 0.5$	25	35	50	70	99	140	198	280	396
	$0.5 < m_n \leqslant 0.8$	25	36	51	72	102	144	204	288	408
	$0.8 < m_n \leqslant 1.0$	26	37	52	74	104	148	209	295	417
	$1.0 < m_n \leqslant 1.5$	27	38	54	76	107	152	215	304	429
	$1.5 < m_n \leqslant 2.5$	28	40	57	80	114	161	228	322	455
	$2.5 < m_n \leqslant 4.0$	31	44	62	88	125	177	250	353	499
	$4.0 < m_n \leqslant 6.0$	35	50	70	99	141	199	281	398	562
	$6.0 < m_n \leqslant 10$	42	59	83	118	166	235	333	471	665

附表6-21　一齿径向综合公差 f''_i（摘自 GB/T 10095.2—2001）　(μm)

分度圆直径 d/mm	法向模数 m_n/mm	精度等级								
		4	5	6	7	8	9	10	11	12
$5\le d\le20$	$0.2\le m_n\le0.5$	1.0	2.0	2.5	3.5	5.0	7.0	10	14	20
	$0.5<m_n\le0.8$	2.0	2.5	4.0	5.5	7.5	11	15	22	31
	$0.8<m_n\le1.0$	2.5	3.5	5.0	7.0	10	14	20	28	39
	$1.0<m_n\le1.5$	3.0	4.5	6.5	9.0	13	18	25	36	50
	$1.5<m_n\le2.5$	4.5	6.5	9.5	13	19	26	37	53	74
	$2.5<m_n\le4.0$	7.0	10	14	20	29	41	58	82	11
$20<d\le50$	$0.2\le m_n\le0.5$	1.5	2.0	2.5	3.5	5.0	7.0	10	14	20
	$0.5<m_n\le0.8$	2.0	2.5	4.0	5.5	7.5	11	15	22	31
	$0.8<m_n\le1.0$	2.5	3.5	5.0	7.0	10	14	20	28	40
	$1.0<m_n\le1.5$	3.0	4.5	6.5	9.0	13	18	25	36	51
	$1.5<m_n\le2.5$	4.5	6.5	9.5	13	19	26	37	53	75
	$2.5<m_n\le4.0$	7.0	10	14	20	29	41	58	82	116
	$4.0<m_n\le6.0$	11	15	22	31	43	61	87	123	174
	$6.0<m_n\le10$	17	24	34	48	67	95	135	190	269
$50<d\le125$	$0.2\le m_n\le0.5$	1.5	2.0	2.5	3.5	5.0	7.5	10	15	21
	$0.5<m_n\le0.8$	2.0	3.0	4.0	5.5	8.0	11	16	22	31
	$0.8<m_n\le1.0$	2.5	3.5	5.0	7.0	10	14	20	28	40
	$1.0<m_n\le1.5$	3.0	4.5	6.5	9.0	13	18	26	36	51
	$1.5<m_n\le2.5$	4.5	6.5	9.5	13	19	26	37	53	75
	$2.5<m_n\le4.0$	7.0	10	14	20	29	41	58	82	116
	$4.0<m_n\le6.0$	11	15	22	31	44	62	87	123	174
	$6.0<m_n\le10$	17	24	34	48	67	95	135	191	269
$125<d\le280$	$0.2\le m_n\le0.5$	1.5	2.0	2.5	3.5	5.5	7.5	11	15	21
	$0.5<m_n\le0.8$	2.0	3.0	4.0	5.5	8.0	11	16	22	32
	$0.8<m_n\le1.0$	2.5	3.5	5.0	7.0	10	14	20	29	41
	$1.0<m_n\le1.5$	3.0	4.5	6.5	9.0	13	18	26	36	52
	$1.5<m_n\le2.5$	4.5	6.5	9.5	13	19	27	38	53	75
	$2.5<m_n\le4.0$	7.5	10	15	21	29	41	58	82	116
	$4.0<m_n\le6.0$	11	15	22	31	44	62	87	124	175
	$6.0<m_n\le10$	17	24	34	48	67	95	135	191	270
$280<d\le560$	$0.2\le m_n\le0.5$	1.5	2.0	2.5	4.0	5.5	7.5	11	15	22
	$0.5<m_n\le0.8$	2.0	3.0	4.0	5.5	8.0	11	16	23	32
	$0.8<m_n\le1.0$	2.5	3.5	5.0	7.5	10	15	21	29	41
	$1.0<m_n\le1.5$	3.5	4.5	6.5	9.0	13	18	26	37	52
	$1.5<m_n\le2.5$	5.0	6.5	9.5	13	19	27	38	54	76
	$2.5<m_n\le4.0$	7.5	10	15	21	29	41	59	83	117
	$4.0<m_n\le6.0$	11	15	22	31	44	62	88	124	175
	$6.0<m_n\le10$	17	24	34	48	68	96	135	191	271
$560<d\le1000$	$0.2\le m_n\le0.5$	1.5	2.0	3.0	4.0	5.5	8.0	11	16	23
	$0.5<m_n\le0.8$	2.0	3.0	4.0	6.0	8.5	12	17	24	33
	$0.8<m_n\le1.0$	2.5	3.5	5.5	7.5	11	15	21	30	42
	$1.0<m_n\le1.5$	3.5	4.5	6.5	9.5	13	19	27	38	53
	$1.5<m_n\le2.5$	5.0	7.0	9.5	14	19	27	38	54	77
	$2.5<m_n\le4.0$	7.5	10	15	21	30	42	59	83	118
	$4.0<m_n\le6.0$	11	16	22	31	44	62	88	125	176
	$6.0<m_n\le10$	17	24	34	48	68	96	136	192	272

附表6-22　径向跳动公差 F_r（摘自GB/T 10095.2—2001）　(μm)

分度圆直径 d/mm	法向模数 m_n/mm	精度等级												
		0	1	2	3	4	5	6	7	8	9	10	11	12
$5 \leqslant d \leqslant 20$	$0.5 \leqslant m_n \leqslant 2.0$	1.5	2.5	3.0	4.5	6.5	9.0	13	18	25	36	51	72	102
	$2.0 \leqslant m_n \leqslant 3.5$	1.5	2.5	3.5	4.5	6.5	9.5	13	19	27	38	53	75	106
$20 < d \leqslant 50$	$0.5 \leqslant m_n \leqslant 2.0$	2.0	3.0	4.0	5.5	8.0	11	16	23	32	46	65	92	130
	$2.0 < m_n \leqslant 3.5$	2.0	3.0	4.0	6.0	8.5	12	17	24	34	47	67	95	134
	$3.5 < m_n \leqslant 6.0$	2.0	3.0	4.5	6.0	8.5	12	17	25	35	49	70	99	139
	$6.0 < m_n \leqslant 10$	2.5	3.5	4.5	6.5	9.5	13	19	26	37	52	74	105	148
$50 < d \leqslant 125$	$0.5 \leqslant m_n \leqslant 2.0$	2.5	3.5	5.0	7.5	10	15	21	29	42	59	83	118	167
	$2.0 < m_n \leqslant 3.5$	2.5	4.0	5.5	7.5	11	15	21	30	43	61	86	121	171
	$3.5 < m_n \leqslant 6.0$	3.0	4.0	5.5	8.0	11	16	22	31	44	62	88	125	176
	$6.0 < m_n \leqslant 10$	3.0	4.0	6.0	8.0	12	16	23	33	46	65	92	131	185
	$10 < m_n \leqslant 16$	3.0	4.5	6.0	9.0	12	18	25	35	50	70	99	140	198
	$16 < m_n \leqslant 25$	3.5	5.0	7.0	9.5	14	19	27	39	55	77	109	154	218
$125 < d \leqslant 280$	$0.5 \leqslant m_n \leqslant 2.0$	3.5	5.0	7.0	10	14	20	28	39	55	78	110	156	221
	$2.0 < m_n \leqslant 3.5$	3.5	5.0	7.0	10	14	20	28	40	56	80	113	159	225
	$3.5 < m_n \leqslant 6.0$	3.5	5.0	7.0	10	14	20	29	41	58	82	115	163	231
	$6.0 < m_n \leqslant 10$	3.5	5.5	7.5	11	15	21	30	42	60	85	120	169	239
	$10 < m_n \leqslant 16$	4.0	5.5	8.0	11	16	22	32	45	63	89	126	179	252
	$16 < m_n \leqslant 25$	4.5	6.0	8.5	12	17	24	34	48	68	96	136	193	272
	$25 < m_n \leqslant 40$	4.5	6.5	9.5	13	19	27	36	54	76	107	152	215	304
$280 < d \leqslant 560$	$0.5 \leqslant m_n \leqslant 2.0$	4.5	6.5	9.0	13	18	26	36	51	73	103	146	206	291
	$2.0 < m_n \leqslant 3.5$	4.5	6.5	9.0	13	18	26	37	52	74	105	148	209	296
	$3.5 < m_n \leqslant 6.0$	4.5	6.5	9.5	13	19	27	38	53	75	106	150	213	301
	$6.0 < m_n \leqslant 10$	5.0	7.0	9.5	14	19	27	39	55	77	109	155	219	310
	$10 < m_n \leqslant 16$	5.0	7.0	10	14	20	29	40	57	81	114	161	228	323
	$16 < m_n \leqslant 25$	5.5	7.5	11	15	21	30	43	61	86	121	171	242	343
	$25 < m_n \leqslant 40$	6.0	8.5	12	17	23	33	47	66	94	132	187	265	374
	$40 < m_n \leqslant 70$	7.0	9.5	14	19	27	38	54	76	108	153	216	306	432
$560 < d \leqslant 1000$	$0.5 \leqslant m_n \leqslant 2.0$	6.0	8.5	12	17	23	33	47	66	94	133	188	266	376
	$2.0 < m_n \leqslant 3.5$	6.0	8.5	12	17	24	34	48	67	95	134	190	269	380
	$3.5 < m_n \leqslant 6.0$	6.0	8.5	12	17	24	34	48	68	96	136	193	272	385
	$6.0 < m_n \leqslant 10$	6.0	8.5	12	17	25	35	49	70	98	139	197	279	394
	$10 < m_n \leqslant 16$	6.5	9.0	13	18	25	36	51	72	102	144	204	288	407
	$16 < m_n \leqslant 25$	6.5	9.5	13	19	27	38	53	76	107	151	214	302	427
	$25 < m_n \leqslant 40$	7.0	10	14	20	29	41	57	81	115	162	229	324	459
	$40 < m_n \leqslant 70$	8.0	11	16	23	32	46	65	91	129	183	258	365	517

本章知识梳理与总结

(1) 掌握滚动轴承尺寸公差项目及公差等级,滚动轴承尺寸公差带特点,与滚动轴承配合的轴颈和外壳孔的尺寸公差、形位公差、表面粗糙度。

(2) 熟悉圆锥结合的基本参数及其定义、锥度与锥角系列,圆锥公差项目、公差给定方法及标注、圆锥公差的选用、表面粗糙度。

(3) 掌握平键的几何参数、主要配合尺寸和标注,平键联接的公差配合及选用,键槽的形位公差、表面粗糙度的选用及标注,矩形花键的几何参数、主要配合尺寸及标注,矩形花键联接的定心方式、配合特点、公差配合的选用,矩形花键的形位公差、表面粗糙度的选用及标注。

(4) 掌握螺纹误差分析及合格性判断条件、普通螺纹公差带、公差等级与基本偏差、螺纹旋合长度、螺纹的配合与选用。

(5) 了解齿轮传动基本要求,齿轮误差分析,齿轮精度评定指标、齿轮精度等级及选用、齿轮副精度、齿轮检验项目的确定、齿轮坯的精度和齿面粗糙度、齿轮精度设计。

思考题与习题

6-1 滚动轴承内、外径公差带有何特点?

6-2 滚动轴承的配合选择要考虑哪些主要因素?

6-3 一向心球轴承/ P0310,中系列,内径 $d=50$,外径 $D=110$,与轴承内径配合的轴用 j6,与外径配合的孔用 JS7。试绘出它们的公差与配合图解,并计算它们配合的极限间隙和极限过盈及平均间隙(或平均过盈)。

6-4 有一 G209 滚动轴承,内径为 45,外径为 85,额定载荷为 18100N,应用于闭式传动的减速器中。其工作情况为:轴上承受一个 2000N 的固定径向载荷,工作转速为 980r/min,而轴承座固定。试确定轴承内圈与轴、外圈与外壳孔的配合。

6-5 圆锥结合有哪些优点?

6-6 圆锥配合分为几类? 各适用于什么场合?

6-7 圆锥的直径公差与给定截面的圆锥直径公差有什么不同?

6-8 用圆锥量规检验工件锥角时,根据接触斑点的分布情况,如何判断锥角误差是正还是负?

6-9 设一圆锥结合,其配合长度 $L_P = 70$,锥度 $C = 0.05$,内锥大端直径偏差 $\Delta D_i = +0.10$,外锥大端直径偏差 $\Delta D_e = +0.05$,内锥锥角偏差为 $\Delta\alpha_i = +2'$,外锥锥角偏差为 $\Delta\alpha_e = 1'$,设基面距的位置在大端,试求基面距偏差。

6-10 一外圆锥的锥度 $C=1:20$,大端直径 $D=20$,圆锥长度 $L=60$,试求小端直径 d、圆锥角 α 和素线角 $\alpha/2$。

6-11 平键连接的种类有哪些? 它们各用于什么场合?

6-12 平键连接中,键与键槽宽的配合采用的是什么基准制? 为什么?

6-13 矩形花键连接的主要尺寸是什么？矩形花键的键数规定为哪三种？

6-14 什么是矩形花键的定心方式？国家标准为什么规定只采用小径定心？

6-15 花键连接检测分为哪两种？各用于什么场合？

6-16 试说明标注为花键 $6\times23\frac{H6}{g6}\times30\frac{H10}{a11}\times6\frac{H11}{f9}$GB 1144—2001 的全部含义；试确定其内、外花键的极限尺寸。

6-17 普通螺纹互换性的要求是什么？

6-18 影响普通螺纹互换性的主要因素有哪些？

6-19 如何判断普通螺纹中径的合格性？

6-20 查表确定 M20×2-6H/5g 6g 普通内、外螺纹的中径、大径和小径的基本尺寸、极限偏差和极限尺寸。

6-21 有一 M24×2-7H 的内螺纹，加工后实测得单一中径 $D_{2a}=22.65$，螺距累积误差 $\Delta P_{\Sigma}=+45\mu m$，牙型半角误差 $\Delta\frac{\alpha_1}{2}=-30'$，$\Delta\frac{\alpha_2}{2}=+40'$。试判断该零件的合格性。

6-22 齿轮传动的使用要求有哪些？

6-23 评定齿轮传递运动准确性的指标有什么？哪些是必检项目？

6-24 评定齿轮传动平稳性指标有什么？哪些是必检项目？

6-25 有一7级精度的渐开线直齿圆柱齿轮，模数 $m=2$，齿数 $z=60$，齿形角 $\alpha=20°$。现测得 $F_p=43\mu m$，$F_r=45\mu m$，问该齿轮的两项评定指标是否满足设计要求？

6-26 已知渐开线直齿圆柱齿轮副，模数 $m=4$，齿形角 $\alpha=20°$，齿数 $z_1=20$，$z_2=80$，内孔 $d_1=25$，$d_2=50$，图样标注为6GB/T 10095.1—2001和6GB/T 10095.2—2001。

(1) 计算两齿轮 f_{pt}、F_p、F_α、F_β、F''_i、f''_i 及 F_r 的允许值；

(2) 确定两齿轮内孔和齿顶圆的尺寸公差、齿顶圆的径向跳动公差以及基准端面的端面跳动公差。

第7章 典型零件的公差与测量

本章教学导航

知识目标: 轴类工件和箱体类工件的公差知识。
技能目标: 能正确测量轴类工件和箱体类工件公差。
教学重点: 轴类工件公差知识与正确测量。
教学难点: 箱体类工件公差知识与正确测量。
课堂随笔: ____

____

____

在一般机械零件的加工过程中,首先要求操作者读懂图,完全理解设计者在零件图纸上所表达的意义。对于本课程来说,就是搞清楚所有几何量的互换性要求(即各个部位上的尺寸公差、几何公差、表面粗糙度以及其他公差的合格条件)。其次,就是选择合适的测量器具最经济地将这些几何量进行检验,以期达到本课程的最终目的。

学习的目的在于应用,而应用一定是对于国家标准的深入理解。例如,一个零件的合格与否,是加工者对零件图上所有几何量的国家标准规定综合正确的理解,了解每一个尺寸的合格条件,研究国家标准在工件上的应用场合,研究结合件的标准在零件图上局部应用等。在生产一线轴类零件、箱体类零件应用最为广泛,以下举例进行阐述。

7.1 轴类工件

图1-3中减速器输出轴为典型的轴类工件。

(1) 在公差要求方面。其基础标准(尺寸公差、几何公差、表面粗糙度公差)都有要求,还存在普通平键公差的要求。既有注出公差的国家标准(尺寸公差、几何公差),又有未注公差的国家标准(尺寸公差、几何公差)。在几何公差中有独立原则,还有包容要求;在几何公差的基准中有单一基准,还有公共(组合)基准等。

(2) 在技术测量方面。根据各个几何要素公差值大小的不同和测量的经济性,可以采用相对测量,还可以采用绝对测量;有的尺寸适合使用卡尺测量,有的尺寸使用千分尺测量更加合理;可以采用通用量具测量,还可以采用专用量具测量;有的表面必须使用样板法测量;还有的要素必须使用量块与百分表结合才能进行测量等。

7.1.1 轴类工件的互换性要求

1. 尺寸公差方面的要求

1）轴向尺寸

（1）255。实际尺寸的合格范围:254.5 ~ 255.5（未注公差按中等级 m）。

（2）60。实际尺寸的合格范围:59.7 ~ 60.3（未注公差按中等级 m）。

（3）36。实际尺寸的合格范围:35.7 ~ 36.3（未注公差按中等级 m）。

（4）57。实际尺寸的合格范围:56.7 ~ 57.3（未注公差按中等级 m）。

（5）12。实际尺寸的合格范围:11.8 ~ 12.2（未注公差按中等级 m）。

（6）21。实际尺寸的合格范围:20.8 ~ 21.2（未注公差按中等级 *m*）。

2）径向尺寸

（1）ϕ45m6。实际尺寸的合格范围:45.009 ~ 45.025(还必须遵守包容要求)。

（2）ϕ52。实际尺寸的合格范围:51.7 ~ 52.3（未注公差按中等级 m）。

（3）ϕ55j6。实际尺寸的合格范围:54.993 ~ 55.012（还必须遵守包容要求）。

（4）ϕ56r6。实际尺寸的合格范围:56.041 ~ 56.060（还必须遵守包容要求）。

（5）ϕ62。实际尺寸的合格范围:61.7 ~ 62.3（未注公差按中等级 m）。

3）*A* — *A* 剖面尺寸

（1）39.5。实际尺寸的合格范围:39.3 ~ 39.5。

（2）12N9。实际尺寸的合格范围:11.957 ~ 12。

4）*B* — *B* 剖面尺寸

（1）50。实际尺寸的合格范围:49.8 ~ 50。

（2）16。实际尺寸的合格范围:15.957 ~ 16。

5）倒角尺寸

2 ×45°。实际尺寸的合格范围:1.9 ~ 2.1（未注公差按中等级 m）。

2. 几何公差方面的要求

1）直径方面

（1）2 × ϕ55j6 表面对 *A*—*B*(公共轴线基准)的径向圆跳动公差为 0.025;同时还必须满足圆柱度误差不大于 0.005。

（2）ϕ56r6 表面对 *A*—*B*(公共轴线基准)的径向圆跳动公差为 0.025。

（3）ϕ62 的两端面对 *A*—*B*(公共轴线基准)的轴向圆跳动误差不大于 0.015。

2）剖视方面

（1）*A*—*A* 中 12N9 的键槽中心平面对 ϕ45m6 的轴线 *D* 的对称度误差不大于 0.02。

（2）*B*—*B* 中 16N9 的键槽中心平面对 ϕ56r6 的轴线 C 的对称度公差为 0.02。

（3）其他表面的几何公差按未注几何公差的中等级 K 进行控制。

3. 表面粗糙度方面的要求

1）主视图方面

（1）ϕ45m6、ϕ56r6 两个圆柱面 *Ra* 的公差为 0.0016。

（2）2 × ϕ55j6 表面 *Ra* 的误差不大于 0.0008。

（3）ϕ62 的两端面 *Ra* 的公差为 0.0032。

2）剖视图方面

A—*A* 中 12N9 的键槽和 *B*—*B* 中 16N9 的键槽的两个键槽侧面 *Ra* 的公差为 0.0032。

3）其他表面和键槽底面 *Ra* 的误差（不大于 0.0063）

7.1.2 轴类工件的测量

1. 长度误差的测量

1）用游标卡尺可以测量的尺寸

（1）255（测量范围为 0 ~ 300 的游标卡尺）。

（2）60、36、57、12、21、ϕ52、ϕ62、39.5、50（常用的游标卡尺）。

2）用外径千分尺可以测量的尺寸

（1）ϕ45m6（测量范围为 25 ~ 50 的外径千分尺）。

（2）ϕ56r6、2×ϕ55j6（测量范围为 50 ~ 75 的外径千分尺）。

3）用专用量具可以测量的尺寸

用矩形塞规的通规和止规可控制 12N9、16N9 的尺寸误差。

2. 几何误差的测量

1）用百分表（千分表）可以测量的表面

（1）两个 V 形铁同时架起 A、B 基准，用百分表控制 2×ϕ55j6、ϕ56r6 表面的径向圆跳动。

（2）用千分表去控制圆柱度的误差。

（3）两个 V 形铁同时架起 *A*、*B* 基准，用百分表控制 ϕ62 两端面的轴向圆跳动。

2）借助于量块测量对称度误差

（1）*A*—*A* 剖视：V 形铁架起 *D* 基准，选择合适的量块塞进 12N9 的键槽，然后用百分表对量块进行上下两个表面的测量（将零件在水平方向 0°检测一次，在旋转 180°再检测一次）。

（2）*B*—*B* 剖视：V 形铁架起 *C* 基准，选择合适的量块塞进 16N9 的键槽，然后用百分表对量块进行上下两个表面的测量（将零件在水平方向 0°检测一次，在旋转 180°再检测一次）。

3）包容要求的控制

（1）ϕ45m6：该要素遵守 MMB（45.025），当实际要素处处为 45.009（LMS）时，ϕ45m6 的轴线直线度公差为 0.016；当实际要素处处为 45.025（MMS）时，ϕ45m6 的轴线直线度公差为 0；采用光滑极限量规来控制（通规为环规，止规为卡规）。

（2）2×ϕ55j6：该要素遵守 MMB（55.012），当实际要素处处为 54.993（LMS）时，ϕ55j6 的轴线直线度公差为 0.019；当实际要素处处为 55.012（MMS）时，ϕ55j6 的轴线直线度公差为 0；采用光滑极限量规来控制（通规为环规，止规为卡规）。

（3）ϕ56r6：该要素遵守 MMB（56.060），当实际要素处处为 56.041（LMS）时，ϕ56r6 的轴线直线度公差为 0.019；当实际要素处处为 56.060（MMS）时，ϕ56r6 的轴线直线度公差为 0；采用光滑极限量规来控制（通规为环规，止规为卡规）。

3. 表面粗糙度的检测

（1）2×ϕ55j6 的表面可以用光学仪器检测，也可用表面粗糙度样板（要注意加工方法相同,如:外圆磨的加工要与外圆磨的样板进行比较)对照。

(2) ϕ45m6、ϕ56r6 一般用表面粗糙度样板(同样要注意加工方法相同,如:车外圆的加工要与车外圆的样板进行比较)进行对照检查。

(3) 12N9、16N9 的两个侧面在生产一线通常也用表面粗糙度样板(要注意加工方法相同,如:铣键槽的加工要与铣平面的样板进行比较)进行检验。

(4) 其他表面在实践中多用于经验法(样板法)来检测。

7.2 箱体类工件

图 7-1 所示减速器壳体为典型的箱体类工件。

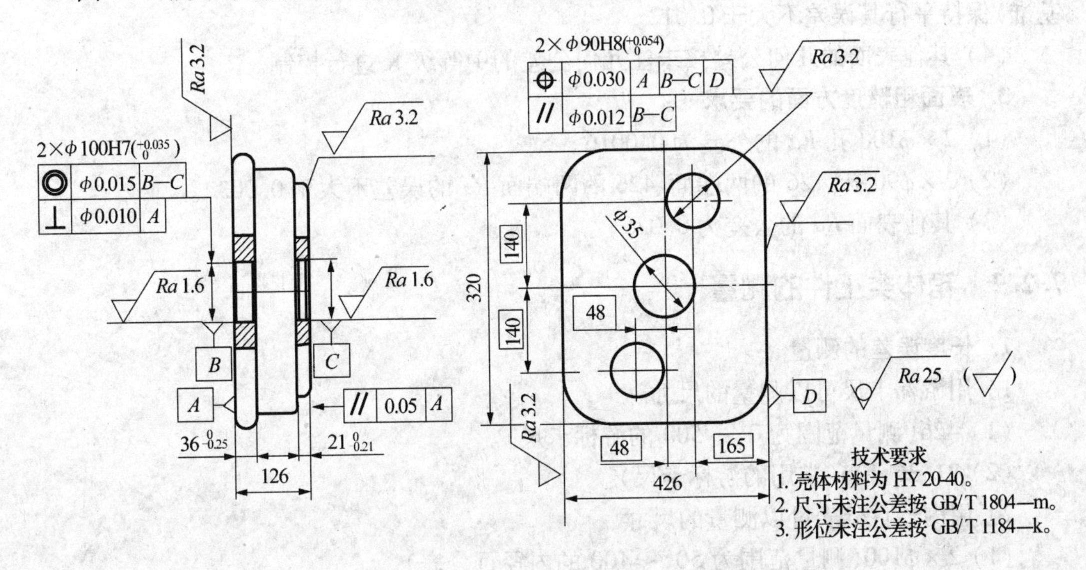

图 7-1 减速器壳体

(1) 在公差要求方面。其基础标准(尺寸公差、几何公差、表面粗糙度公差)都有要求。既有注出公差的国家标准(尺寸公差、几何公差),又有未注公差的国家标准(尺寸公差、几何公差)。有注出尺寸公差,又有理论正确尺寸。在几何公差的基准中有单一基准,有公共(组合)基准,还有三基面体系等。

(2) 在技术测量方面。根据各个几何要素公差值大小的不同和测量的经济性,可以采用相对测量,还可以采用绝对测量。有的尺寸使用卡尺测量合理,还有的尺寸使用内径百分表测量更加合理。多数尺寸可以采用通用量具测量,有的尺寸必须采用专用量具(如同轴规、位置规)测量。

7.2.1 箱体类工件的互换性要求

1. 尺寸公差方面的要求

(1) 126。实际尺寸的合格范围:125.5 ~ 126.5(未注公差按中等级 m)。

(2) 426。实际尺寸的合格范围:425.2 ~ 426.8(未注公差按中等级 m)。

(3) 36。实际尺寸的合格范围:35.75 ~ 36.00。

(4) 21。实际尺寸的合格范围:20.79 ~ 21.00。

(5) 2 × ϕ100。实际尺寸的合格范围:100.00 ~ 100.035。

(6) 2 × ϕ90。实际尺寸的合格范围:90.00 ~ 90.054。

(7) 2 ×48、2 ×140、165 的理论正确尺寸由综合位置度规控制。

2. 几何公差方面的要求

(1) 2 × ϕ100 孔的轴线对 *B*—*C*(公共轴线基准)同轴度的公差为 0.015;同时还必须满足垂直度误差不大于 0.010。

(2) 126 的右端面对 *A* 基准的平行度公差为 0.05。

(3) 2 × ϕ90 孔的轴线对 *A* 保持垂直;与 *B*—*C*(公共轴线基准)保持平行;与第三基准 *D* 保持平行的位置度误差不大于 0.030,同时还必须满足该孔的轴线与 *B*—*C*(公共轴线基准)保持平行其误差不大于 0.012。

(4) 其他表面的几何公差按未注几何公差的中等级 K 进行控制。

3. 表面粗糙度方面的要求

(1) 2 × ϕ100 孔 *Ra* 的公差为 0.0016。

(2) 2 × ϕ90 孔、126 的两端面、426 的两端面 *Ra* 的误差不大于 0.0032。

(3) 其他表面 *Ra* 的公差为 0.025。

7.2.2 箱体类工件的测量

1. 长度误差的测量

1) 用游标卡尺可以测量的尺寸

(1) 426(测量范围为 0 ~ 500 的游标卡尺)。

(2) 21、36、126(常用的游标卡尺)。

2) 用内径百分表可以测量的尺寸

(1) 2 × ϕ100(测量范围为 50 ~ 100 的内径百分表)。

(2) 2 × ϕ90(测量范围为 50 ~ 100 的内径百分表)。

3) 用专用量具可以测量的尺寸

(1) 用光滑极限量规塞规的通规和止规也可控制 2 × ϕ100、2 × ϕ90 的尺寸误差。

(2) 用综合位置度规可以控制 2 ×48、2 ×140、165 的理论正确尺寸。

2. 几何误差的测量

1) 用百分表测量平行度误差

将箱体的 126 左端面放在测量平台上,用百分表测量右端面使其平行度误差不大于 0.05。

2) 用专用量具测量几何误差

(1) 用综合同轴度规同时测量同轴度误差(不大于 0.015)和垂直度误差(0.010)。

(2) 用综合位置度规同时测量位置度误差(不大于 0.030)和平行度误差(0.012)。

3. 表面粗糙度的检测

(1) 2 × ϕ100 孔的表面可以用光学仪器检测,也可用表面粗糙度样板对照检验。

(2) 2 × ϕ90、126 的两个端面、426 的两个端面一般用表面粗糙度样板进行对照检查。

(3) 其他表面在实践中多用经验法(样板法)来检测。

本章知识梳理与总结

主要掌握两个典型零件的各自特点:轴类零件径向尺寸几何精度高于轴向尺寸几何精度;箱体类工件孔本身和孔间的几何精度高于其他表面的几何精度。注意较高精度的要求和未注公差几何量的要求。了解通用测量器具的选用原则、各种尺寸的合格范围以及使用常用量具的正确方法。

思考题与习题

7-1 国家的基础标准有几个?

7-2 为什么国家基础标准在实践中应用得最为广泛?

7-3 ϕ45m6 为什么可以用外径千分尺测量,还可以用光滑极限量规来控制?

7-4 2×45°的倒角尺寸怎样测量?

7-5 理论正确尺寸怎么测量? 为什么?

7-6 几何公差的综合量规如何检测工件?

参考文献

[1] 杨好学.互换性与技术测量.西安:西安电子科技大学出版社,2006.

[2] 国家标准化委员会.几何公差.北京:中国标准出版社,2008.

[3] 国家标准化委员会.表面结构表示法.北京:中国标准出版社,2006.

[4] 曾秀云.公差配合与技术测量.北京:机械工业出版社,2007.

[5] 方昆凡.公差与配合实用手册.北京:机械工业出版社,2006.

[6] 黄云清.公差与测量技术.北京:机械工业出版社,2002.

[7] 机械工程标准手册编委会.机械工程标准手册.北京:中国标准出版社,2006.

[8] 陈于萍,周兆元.互换性与测量技术基础.北京:机械工业出版社,2007.

[9] 任嘉慧.公差与配合手册.北京:机械工业出版社,2000.

[10] 甘永利.几何量公差与检测.上海:上海科学技术出版社,2001.

[11] 景旭文.互换性与测量技术基础.北京:中国标准出版社,2002.

[12] 孔庆华,刘传绍.极限配合与技术测量.上海:同济大学出版社,2002.

[13] 李柱.公差配合与技术测量.北京:高等教育出版社,2004.

[14] 马海荣.几何量精度设计与检测.北京:机械工业出版社,2004.

[15] 邹吉权.公差配合与技术测量.重庆:重庆大学出版社,2004.

[16] 韩进宏.互换性与技术测量.北京:机械工业出版社,2004.

[17] 郑建中.互换性与测量技术习题与解答.杭州:浙江大学出版社,2004.

[18] 胡华.公差配合与技术测量.北京:清华大学出版社,2005.

[19] 李晓沛,等.简明公差应用手册.上海:科学技术出版社,2005.

[20] 胡风兰.互换性与技术测量基础.北京:高等教育出版社,2005.